北京市

主要玉米品种信息图册

（第一册）

张连平　主编

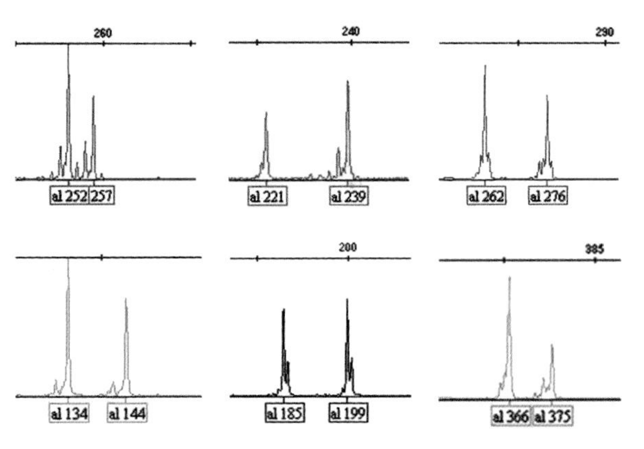

中国农业出版社

编辑委员会

主　　编　张连平

副 主 编　吴明生　唐　浩　贺长征　律宝春

参编人员　张连平　贾希海　唐　浩　贺长征
律宝春　吴明生　赵海艳　牛　茜
黄铃冰　云晓敏　宋　歌　彭瑞迪
叶翠玉　肖文静　贾倩倩　田慧芳
常雪艳　韩瑞玺　王凤华

前　言

优良的农作物品种是种子企业的核心竞争力，也是彰显种业发展水平的重要标志。北京作为我国种业科技创新中心之一，聚集了一批国内顶尖的科研育种单位和大型种子企业，近年来，育成了一大批优秀品种，对促进北京乃至全国农业生产起到了重要推动作用。

农作物品种标准样品是进行品种鉴定、判定品种真伪的实物依据，是加强品种权保护、打击品种侵权套牌违法行为的基础保障。加强农作物标准样品的管理与应用对进一步激发种业科技创新活力、提升北京种业发展水平、打造国际种业之都具有极其重要的意义。

从2010年开始，北京市启动了农作物标准样品征集和样品库建设工作，累计征集杂交玉米、小麦和大豆等6类农作物，共计666个品种的标准样品，并利用SSR分子标记技术构建了586个标准样品的DNA指纹，为北京市农作物品种的真实性鉴定及品种权保护提供了重要技术支撑。2017年在北京市科委重大科技项目《农作物品种鉴定及品种权保护关键技术研究》支持下，北京市种子管理站率先在全国种业系统中启动了重要农作物主要品种关键信息的采集工作，信息涵盖品种特征特性、品种DNA指纹和品种形态典型图片，历时一年，编辑成《北京市主要玉米品种信息图册》(第一册)。

全书分为两个部分，第一部分为132个玉米品种采集的信息，其中DNA指纹信息是基于《玉米品种鉴定技术规程 SSR标记法》(NY/T 1432—2014)，通过ABI 3500XL测序仪采集获得的；第二部分为玉米品种SSR标记鉴定和DUS测试技术标准文本。本书图文并茂、内容丰富，对开展玉米品种鉴定和品种保护工作具有重要的参考价值，是一本实用性很强的工具书，适合种子企业、管理机构、科研机构中种子检验、品种管理、品种试验及科研教学工作者使用。

由于该书涉及品种数量多、信息量大，加之作者水平有限，书中有错误在所难免，敬请广大读者批评指正！

著　者

2018年4月

目 录

第一部分 玉米品种信息

第二部分　玉米品种鉴定技术标准

第一部分 part 1

玉米品种信息

1.京科25

基本信息	
品种名称	京科25
亲本组合	父本：吉853　母本：J0045
审定编号	国审玉2004014、京审玉2003001
品种权号	CNA20040484.9
品种类型	普通玉米
育种单位	北京市农林科学院玉米研究中心
种子标样提交单位	北京顺鑫农科种业科技有限公司
2016年推广区域	北京、天津、河北中北部夏播区域
特征特性	
生育期	在京津唐地区夏播生育期96天，比对照唐抗5号晚3.5天
株型	半紧凑
株高	270cm
穗位高	110cm
叶片	幼苗叶鞘紫色，叶片绿色，叶缘紫色
雄穗	花药黄色，颖壳紫色
花丝颜色	红色
果穗	果穗近筒型，穗长18.18cm，穗行数14～16行，穗轴白色
籽粒	黄色，半硬粒型
百粒重	32.41g
籽粒容重	750g/L
粗淀粉含量	72.42%
粗蛋白含量	10.42%
粗脂肪含量	3.81%
赖氨酸含量	0.29%
抗病性	高抗丝黑穗病、矮花叶病，抗大斑病、小斑病和玉米螟，感茎腐病和弯孢菌叶斑病

幼　苗

株　形

雄　蕊

花　丝

果　型

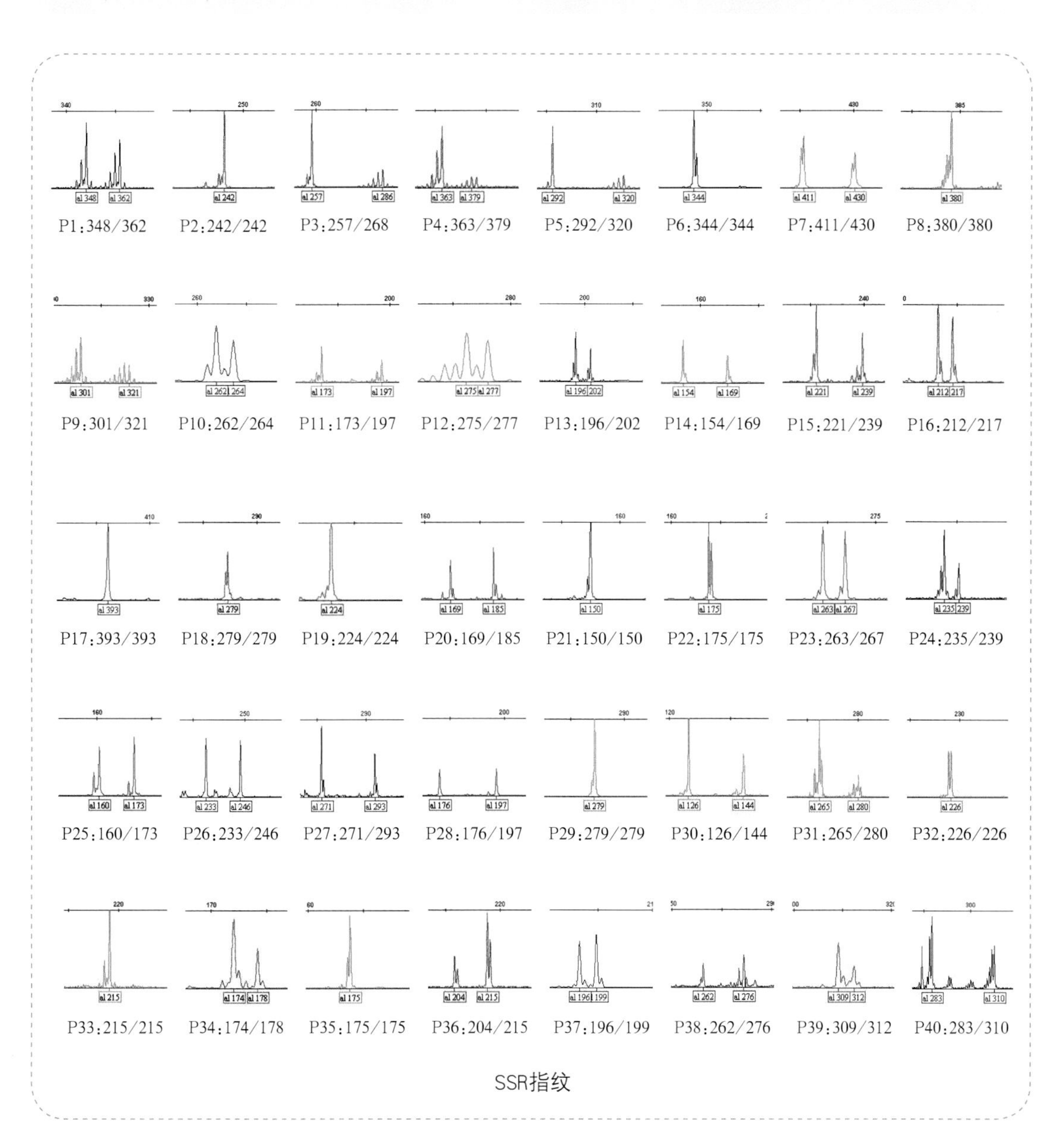
P1:348/362
P2:242/242
P3:257/268
P4:363/379
P5:292/320
P6:344/344
P7:411/430
P8:380/380
P9:301/321
P10:262/264
P11:173/197
P12:275/277
P13:196/202
P14:154/169
P15:221/239
P16:212/217
P17:393/393
P18:279/279
P19:224/224
P20:169/185
P21:150/150
P22:175/175
P23:263/267
P24:235/239
P25:160/173
P26:233/246
P27:271/293
P28:176/197
P29:279/279
P30:126/144
P31:265/280
P32:226/226
P33:215/215
P34:174/178
P35:175/175
P36:204/215
P37:196/199
P38:262/276
P39:309/312
P40:283/310

SSR指纹

2.京科528

基本信息	
品种名称	京科528
亲本组合	父本：J2437　母本：90110-2
审定编号	京审玉2008008
品种权号	CNA20090058.8
品种类型	普通玉米
育种单位	北京市农林科学院玉米研究中心
种子标样提交单位	北京顺鑫农科种业科技有限公司
2016年推广区域	北京、天津、内蒙古
特征特性	
生育期	北京地区夏播生育期平均104.2天
株型	紧凑
株高	256cm
穗位高	102cm
叶片	叶片深绿色，叶鞘深紫色
雄穗	护颖绿色，花药浅紫色
花丝颜色	花丝浅紫色
果穗	穗长18.15cm，穗粗5.0cm，穗行数12～14行，秃尖长1.65cm。穗粒重153.9g，出籽率80.9%，粒深1.1cm
籽粒	黄色，半硬粒型
百粒重	35.21g
籽粒容重	726g/L
粗淀粉含量	75.50%
粗蛋白含量	8.71%
粗脂肪含量	3.74%
赖氨酸含量	0.27%
抗病性	抗玉米大斑病、小斑病、矮花叶病，感弯孢菌叶斑病、茎腐病、丝黑穗病

幼　苗

株　形

雄　蕊

花　丝

果　型

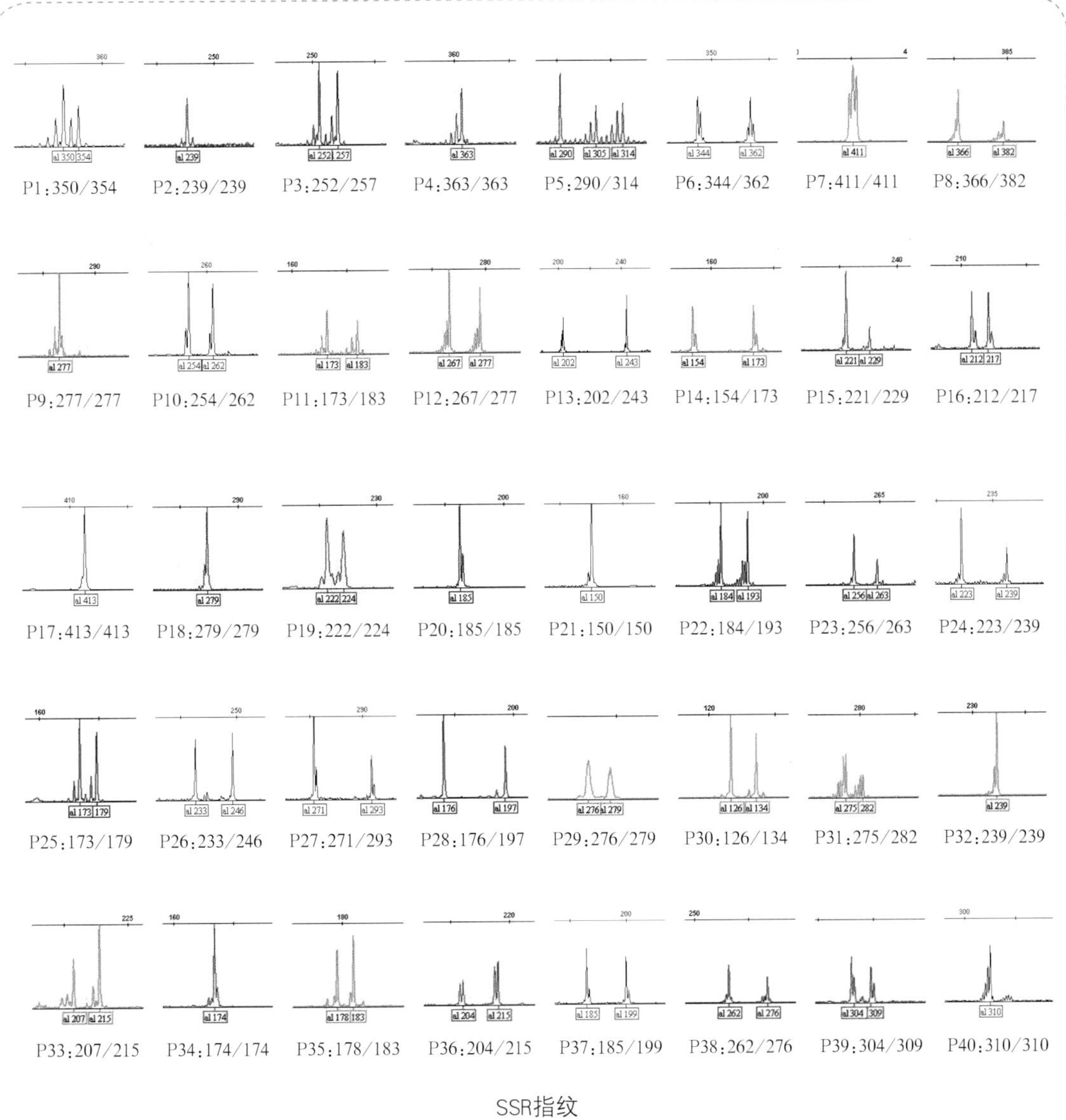
P1:350/354
P2:239/239
P3:252/257
P4:363/363
P5:290/314
P6:344/362
P7:411/411
P8:366/382
P9:277/277
P10:254/262
P11:173/183
P12:267/277
P13:202/243
P14:154/173
P15:221/229
P16:212/217
P17:413/413
P18:279/279
P19:222/224
P20:185/185
P21:150/150
P22:184/193
P23:256/263
P24:223/239
P25:173/179
P26:233/246
P27:271/293
P28:176/197
P29:276/279
P30:126/134
P31:275/282
P32:239/239
P33:207/215
P34:174/174
P35:178/183
P36:204/215
P37:185/199
P38:262/276
P39:304/309
P40:310/310

SSR指纹

3.京科665

基本信息	
品种名称	京科665
亲本组合	父本：京92　母本：京725
审定编号	国审玉2013003
品种权号	CNA20130317.9
品种类型	普通玉米
育种单位	北京市农林科学院玉米研究中心
种子标样提交单位	北京顺鑫农科种业科技有限公司
2016年推广区域	北京、天津、河北、山西、辽宁、吉林、内蒙古、陕西、黑龙江
特征特性	
生育期	在东华北春玉米区出苗至成熟128天，比对照郑单958早熟1天
株型	半紧凑
株高	294cm
穗位高	121cm
叶片	幼苗叶鞘紫色，叶片绿色，叶缘淡紫色
雄穗	花药淡紫色，颖壳淡紫色
花丝颜色	淡红色
果穗	筒型，穗长18cm，穗行数16 ~ 18行，穗轴红色
籽粒	黄色，半马齿型
百粒重	38.0g
籽粒容重	770g/L
粗淀粉含量	74.54%
粗蛋白含量	10.52%
粗脂肪含量	3.68%
赖氨酸含量	0.32%
抗病性	抗玉米螟，中抗大斑病、弯孢叶斑病和茎腐病，感丝黑穗病

幼　苗

株　形

雄　蕊

花　丝

果　型

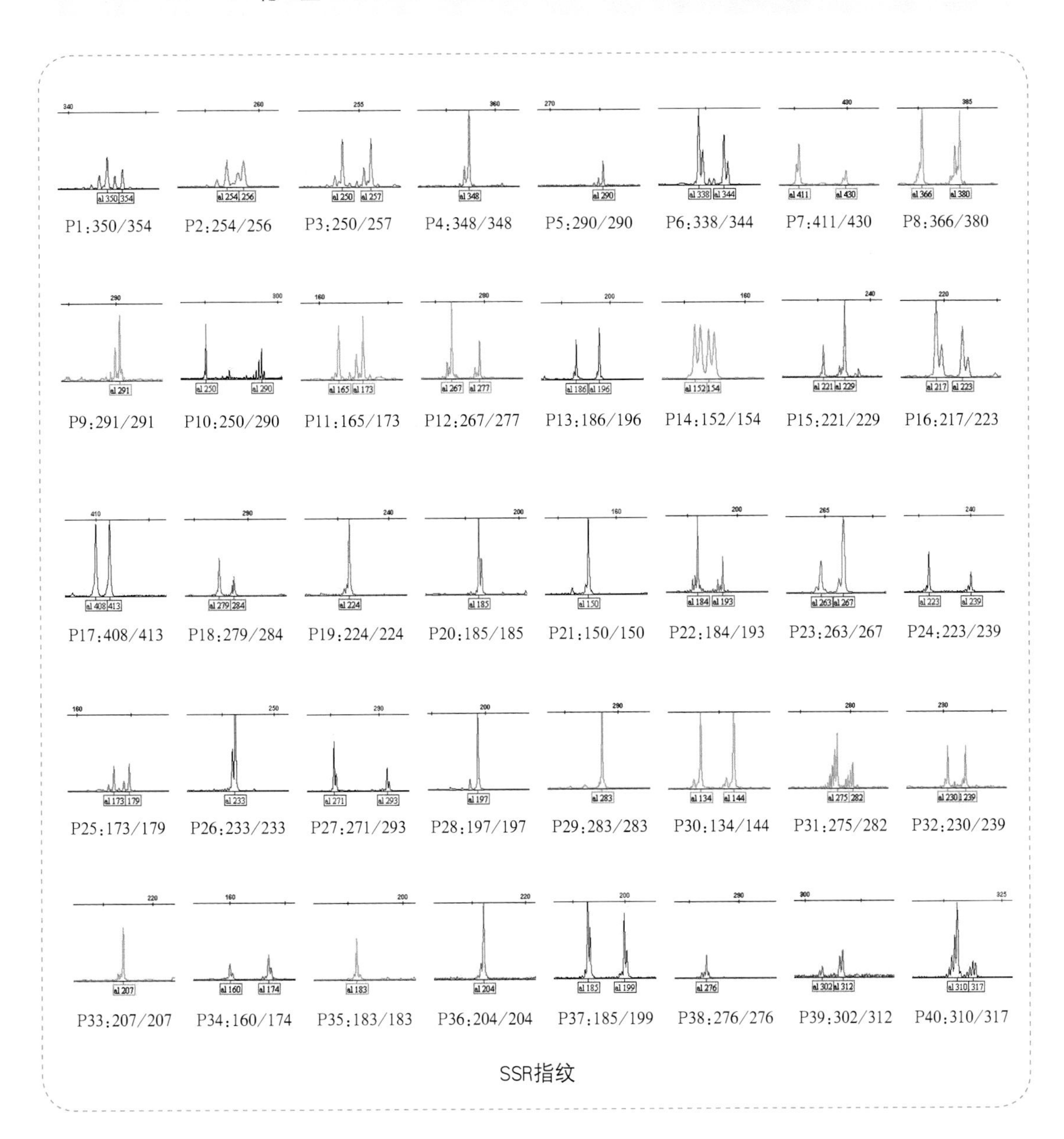
P1:350/354
P2:254/256
P3:250/257
P4:348/348
P5:290/290
P6:338/344
P7:411/430
P8:366/380
P9:291/291
P10:250/290
P11:165/173
P12:267/277
P13:186/196
P14:152/154
P15:221/229
P16:217/223
P17:408/413
P18:279/284
P19:224/224
P20:185/185
P21:150/150
P22:184/193
P23:263/267
P24:223/239
P25:173/179
P26:233/233
P27:271/293
P28:197/197
P29:283/283
P30:134/144
P31:275/282
P32:230/239
P33:207/207
P34:160/174
P35:183/183
P36:204/204
P37:185/199
P38:276/276
P39:302/312
P40:310/317

SSR指纹

4.京科968

基本信息	
品种名称	京科968
亲本组合	父本：京92　母本：京724
审定编号	国审玉2011007
品种权号	CNA20110219.0
品种类型	普通玉米
育种单位	北京市农林科学院玉米研究中心
种子标样提交单位	北京顺鑫农科种业科技有限公司
2016年推广区域	北京、天津、山西、内蒙古、辽宁、吉林、陕西、河北
特征特性	
生育期	在东华北地区出苗至成熟128天，与郑单958相当
株型	半紧凑
株高	296cm
穗位高	120cm
叶片	幼苗叶鞘淡紫色，叶片绿色，叶缘淡紫色；成株叶片数19片
雄穗	花药淡紫色，颖壳淡紫色
花丝颜色	红色
果穗	筒型，穗长18.6cm，穗行数16 ~ 18行，穗轴白色
籽粒	黄色，半马齿型
百粒重	39.5g
籽粒容重	767g/L
粗淀粉含量	75.42%
粗蛋白含量	10.54%
粗脂肪含量	3.41%
赖氨酸含量	0.30%
抗病性	高抗玉米螟，中抗大斑病、灰斑病、丝黑穗病、茎腐病和弯孢菌叶斑病

幼　苗

株　形

雄　蕊

花 丝

果 型

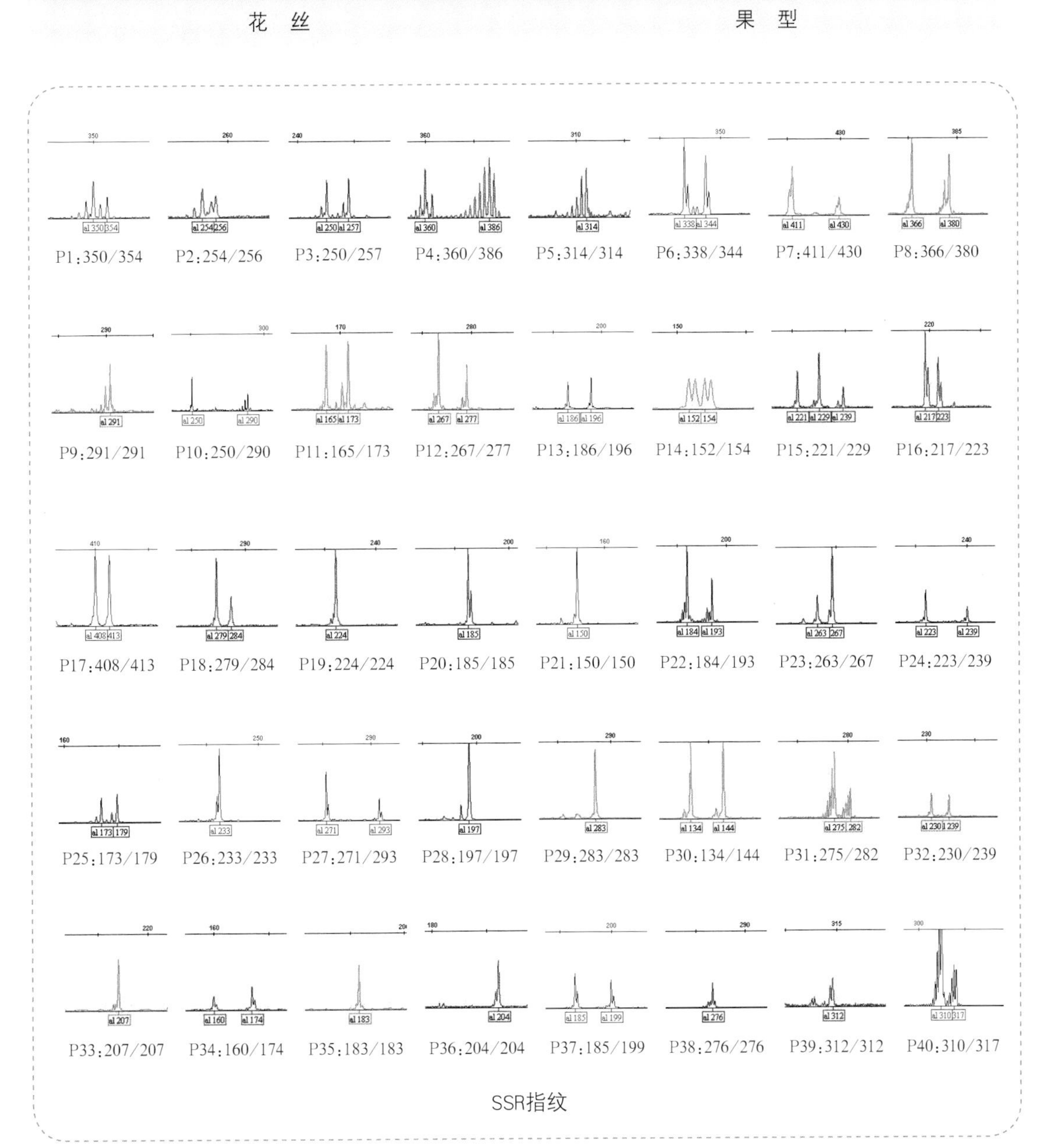
P1:350/354
P2:254/256
P3:250/257
P4:360/386
P5:314/314
P6:338/344
P7:411/430
P8:366/380
P9:291/291
P10:250/290
P11:165/173
P12:267/277
P13:186/196
P14:152/154
P15:221/229
P16:217/223
P17:408/413
P18:279/284
P19:224/224
P20:185/185
P21:150/150
P22:184/193
P23:263/267
P24:223/239
P25:173/179
P26:233/233
P27:271/293
P28:197/197
P29:283/283
P30:134/144
P31:275/282
P32:230/239
P33:207/207
P34:160/174
P35:183/183
P36:204/204
P37:185/199
P38:276/276
P39:312/312
P40:310/317
SSR指纹

5.京单28

基本信息	
品种名称	京单28
亲本组合	父本：京024　母本：郑58
审定编号	国审玉2007001、京审玉2006004
品种权号	CNA20050822.9
品种类型	普通玉米
育种单位	北京市农林科学院玉米研究中心
种子标样提交单位	北京顺鑫农科种业科技有限公司
2016年推广区域	北京、天津、河北
特征特性	
生育期	夏播生育期95～98天，春播生育期128天左右
株型	紧凑
株高	230～240cm左右
穗位高	90～95cm左右
叶片	幼苗叶鞘紫色，叶片绿色
雄穗	花药黄色，颖壳紫色
花丝颜色	绿色
果穗	穗长17～22cm，穗行数12～14行
籽粒	黄色，半马齿型
百粒重	36.59g
籽粒容重	742g/L
粗淀粉含量	70.03%
粗蛋白含量	11.66%
粗脂肪含量	4.26%
赖氨酸含量	0.34%
抗病性	抗大斑病、小斑病，感弯孢菌叶斑病、矮花叶病和茎腐病

幼　苗

株　形

雄　蕊

花　丝

果　型

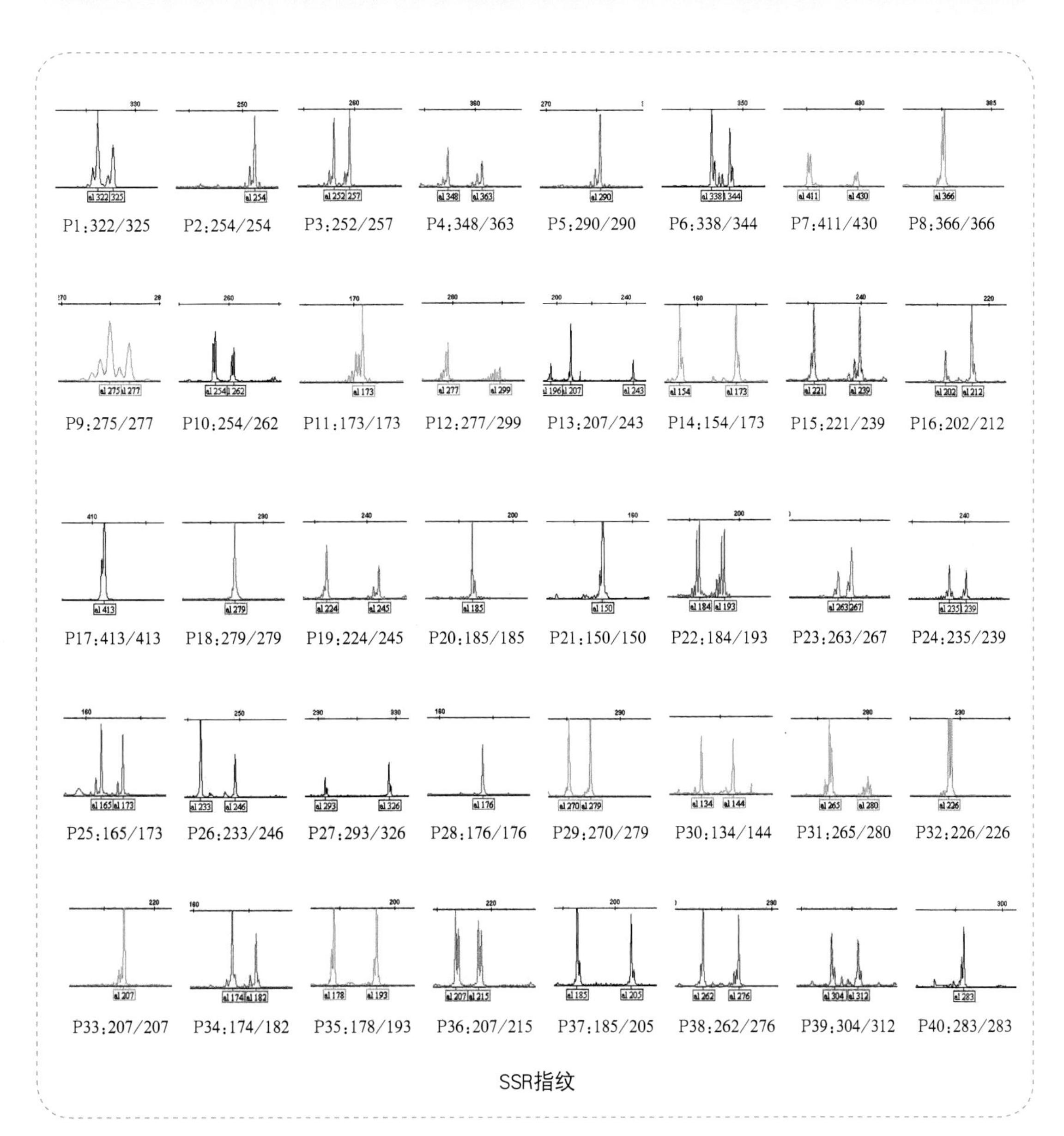
P1:322/325
P2:254/254
P3:252/257
P4:348/363
P5:290/290
P6:338/344
P7:411/430
P8:366/366
P9:275/277
P10:254/262
P11:173/173
P12:277/299
P13:207/243
P14:154/173
P15:221/239
P16:202/212
P17:413/413
P18:279/279
P19:224/245
P20:185/185
P21:150/150
P22:184/193
P23:263/267
P24:235/239
P25:165/173
P26:233/246
P27:293/326
P28:176/176
P29:270/279
P30:134/144
P31:265/280
P32:226/226
P33:207/207
P34:174/182
P35:178/193
P36:207/215
P37:185/205
P38:262/276
P39:304/312
P40:283/283

SSR指纹

6.京单38

基本信息	
品种名称	京单38
亲本组合	父本：京2416　母本：CH3
审定编号	京审玉2009005
品种类型	普通玉米
育种单位	北京市农林科学院玉米研究中心
种子标样提交单位	北京顺鑫农科种业科技有限公司
2016年推广区域	北京、天津、河北
特征特性	
生育期	北京地区夏播生育期平均102.5天
株型	紧凑
株高	233cm
穗位高	90cm
叶片	叶片绿色，叶鞘紫色
雄穗	花药淡紫色，雄穗分枝4～8个
花丝颜色	粉红色
果穗	穗长17.5cm，穗粗4.9cm，穗行数14行，穗粒重153.4g，出籽率83.6%，粒深1.2cm
籽粒	黄色，半马齿型
百粒重	38.42g
籽粒容重	724g/L
粗淀粉含量	74.48%
粗蛋白含量	8.32%
粗脂肪含量	4.08%
赖氨酸含量	0.27%
抗病性	中抗大斑病、抗小斑病和茎腐病，感弯孢菌叶斑病和矮花叶病

幼　苗

株　形

雄　蕊

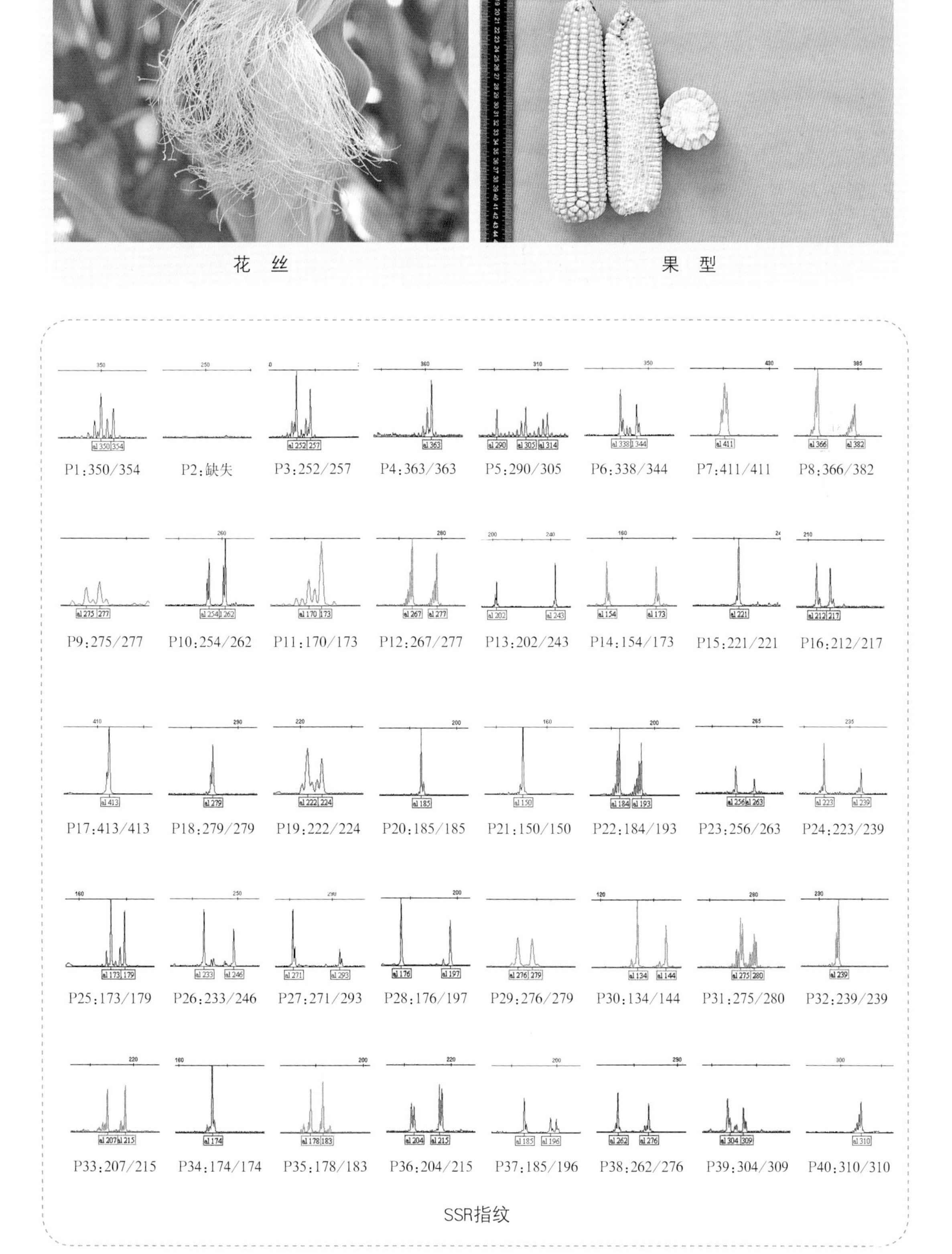
P1:350/354
P2:缺失
P3:252/257
P4:363/363
P5:290/305
P6:338/344
P7:411/411
P8:366/382
P9:275/277
P10:254/262
P11:170/173
P12:267/277
P13:202/243
P14:154/173
P15:221/221
P16:212/217
P17:413/413
P18:279/279
P19:222/224
P20:185/185
P21:150/150
P22:184/193
P23:256/263
P24:223/239
P25:173/179
P26:233/246
P27:271/293
P28:176/197
P29:276/279
P30:134/144
P31:275/280
P32:239/239
P33:207/215
P34:174/174
P35:178/183
P36:204/215
P37:185/196
P38:262/276
P39:304/309
P40:310/310

花　丝　　　　果　型

SSR指纹

7.京单68

基本信息	
品种名称	京单68
亲本组合	父本：京2416　母本：CH8
审定编号	国审玉2010003
品种权号	CNA20100205.7
品种类型	普通玉米
育种单位	北京市农林科学院玉米研究中心
种子标样提交单位	北京顺鑫农科种业科技有限公司
2016年推广区域	北京、天津、河北
特征特性	
生育期	在京津唐地区出苗至成熟98天，比京玉7号晚1天
株型	紧凑
株高	247cm
穗位高	99cm
叶片	幼苗叶鞘淡紫色，叶片绿色，叶缘淡紫色
雄穗	花药淡紫色，颖壳绿色
花丝颜色	淡紫色
果穗	筒型，穗长17cm，穗行数14行，穗轴白色
籽粒	黄色，半马齿型
百粒重	41.5g
籽粒容重	730g/L
粗淀粉含量	73.65%
粗蛋白含量	8.78%
粗脂肪含量	3.90%
赖氨酸含量	0.26%
抗病性	抗小斑病，中抗茎腐病，感大斑病和矮花叶病，高感弯孢菌叶斑病和玉米螟

幼　苗

株　形

雄　蕊

花 丝

果 型

P1:322/354 P2:254/254 P3:252/257 P4:348/363 P5:290/305 P6:338/344 P7:411/411 P8:366/366

P9:275/277 P10:254/262 P11:173/173 P12:277/299 P13:207/243 P14:154/173 P15:221/239 P16:202/212

P17:413/413 P18:279/279 P19:224/245 P20:185/185 P21:150/150 P22:184/193 P23:267/267 P24:235/239

P25:165/173 P26:233/246 P27:293/326 P28:176/176 P29:270/279 P30:134/144 P31:265/282 P32:226/226

P33:207/207 P34:174/174 P35:178/193 P36:207/215 P37:185/205 P38:262/276 P39:304/312 P40:283/317

SSR指纹

8.农华101

基本信息	
品种名称	农华101
亲本组合	父本：S121　母本：NH60
审定编号	国审玉2010008
品种类型	普通玉米
育种单位	北京金色农华种业科技有限公司
种子标样提交单位	北京金色农华种业科技有限公司
特征特性	
生育期	东华北地区出苗至成熟128天，与郑单958相当，需有效积温2 750℃左右；在黄淮海地区出苗至成熟100天，与郑单958相当
株型	紧凑
株高	296cm
穗位高	101cm
叶片	幼苗叶鞘浅紫色，叶片绿色，叶缘浅紫色；成株叶片数20 ~ 21片
雄穗	花药浅紫色，颖壳浅紫色
花丝颜色	浅紫色
果穗	长筒型，穗长18cm，穗行数16 ~ 18行，穗轴红色
籽粒	黄色，马齿型
百粒重	36.7g
籽粒容重	768g/L
粗淀粉含量	72.49%
粗蛋白含量	10.36%
粗脂肪含量	3.10%
赖氨酸含量	0.30%
抗病性	经丹东农业科学院和吉林省农业科学院植物保护研究所接种鉴定，抗灰斑病，中抗丝黑穗病、茎腐病、弯孢菌叶斑病和玉米螟，感大斑病；经河北省农林科学院植物保护研究所接种鉴定，中抗矮花叶病，感大斑病、小斑病、瘤黑粉病、茎腐病、弯孢菌叶斑病和玉米螟，高感褐斑病和南方锈病

幼　苗

株　形

雄　蕊

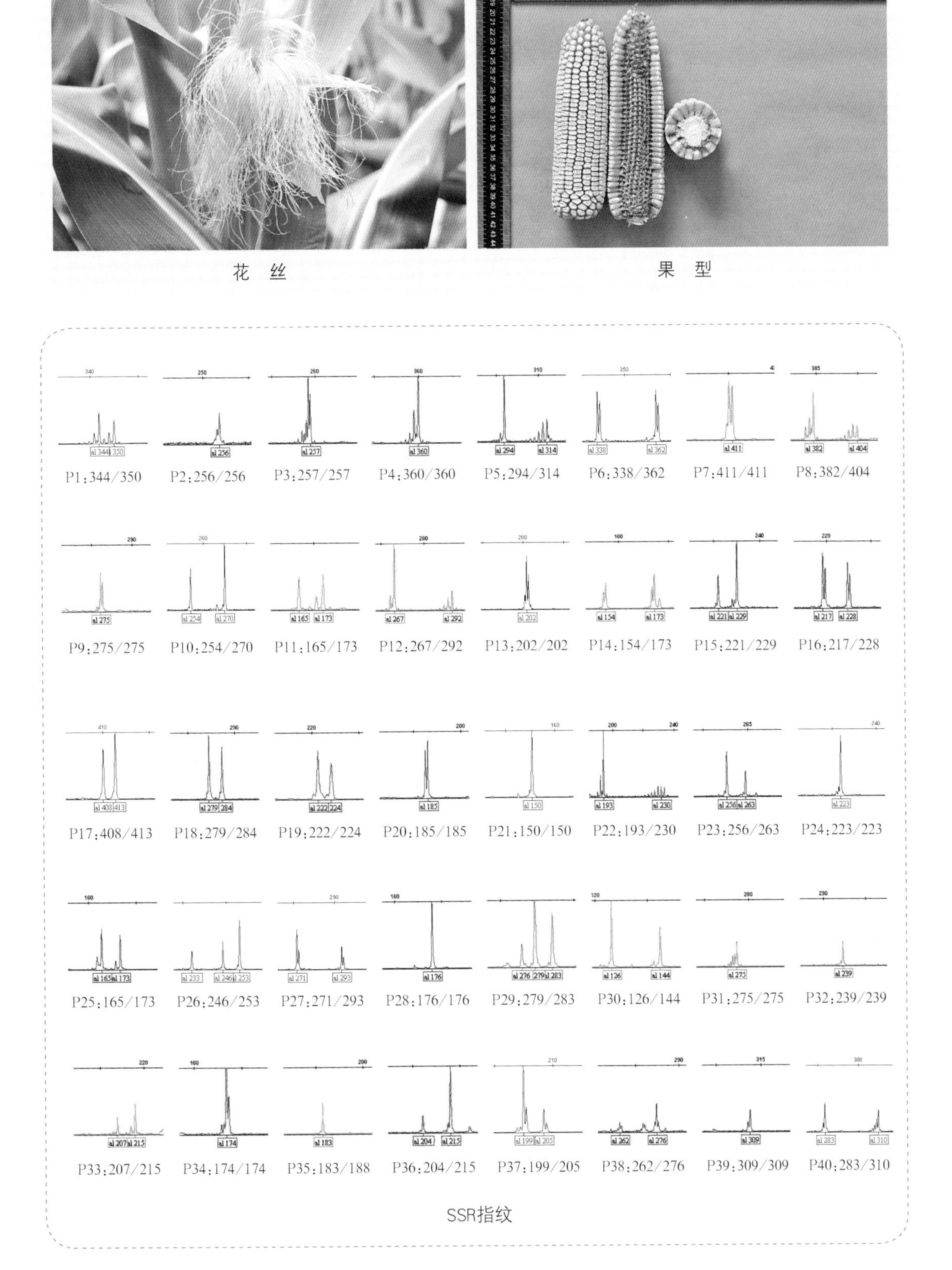
P1:344/350
P2:256/256
P3:257/257
P4:360/360
P5:294/314
P6:338/362
P7:411/411
P8:382/404
P9:275/275
P10:254/270
P11:165/173
P12:267/292
P13:202/202
P14:154/173
P15:221/229
P16:217/228
P17:408/413
P18:279/284
P19:222/224
P20:185/185
P21:150/150
P22:193/230
P23:256/263
P24:223/223
P25:165/173
P26:246/253
P27:271/293
P28:176/176
P29:279/283
P30:126/144
P31:275/275
P32:239/239
P33:207/215
P34:174/174
P35:183/188
P36:204/215
P37:199/205
P38:262/276
P39:309/309
P40:283/310

花　丝　　　　果　型

SSR指纹

9.农华205

基本信息	
品种名称	农华205
亲本组合	父本：B8328　母本：H985
审定编号	京审玉2014003
品种类型	普通玉米
育种单位	北京金色农华种业科技股份有限公司
种子标样提交单位	北京金色农华种业科技股份有限公司
特征特性	
生育期	春播出苗至成熟111天，比对照郑单958早2天
株型	半紧凑
株高	277cm
穗位高	97cm
空秆率	1.6%
叶片	幼苗叶鞘浅紫色，叶缘绿色，叶片绿色，成株叶片数20～21片
雄穗	花药浅紫色，颖壳绿色
花丝颜色	花丝浅紫色
果穗	果穗筒型，穗轴红色，穗长19.4cm，穗粗4.8cm，秃尖长0.3cm，穗行数14～18行，行粒数38.3粒，穗粒重193.7g，出籽率87.7%
籽粒	黄色，马齿型，粒深1.2cm
千粒重	352.0g
籽粒容重	746g/L
粗淀粉含量	74.03%
粗蛋白含量	9.99%
粗脂肪含量	3.56%
赖氨酸含量	0.31%
抗病性	接种鉴定抗大斑病，中抗小斑病、丝黑穗病、弯孢叶斑病和腐霉茎腐病，高感矮花叶病

幼　苗

株　形

雄　蕊

花　丝

果　型

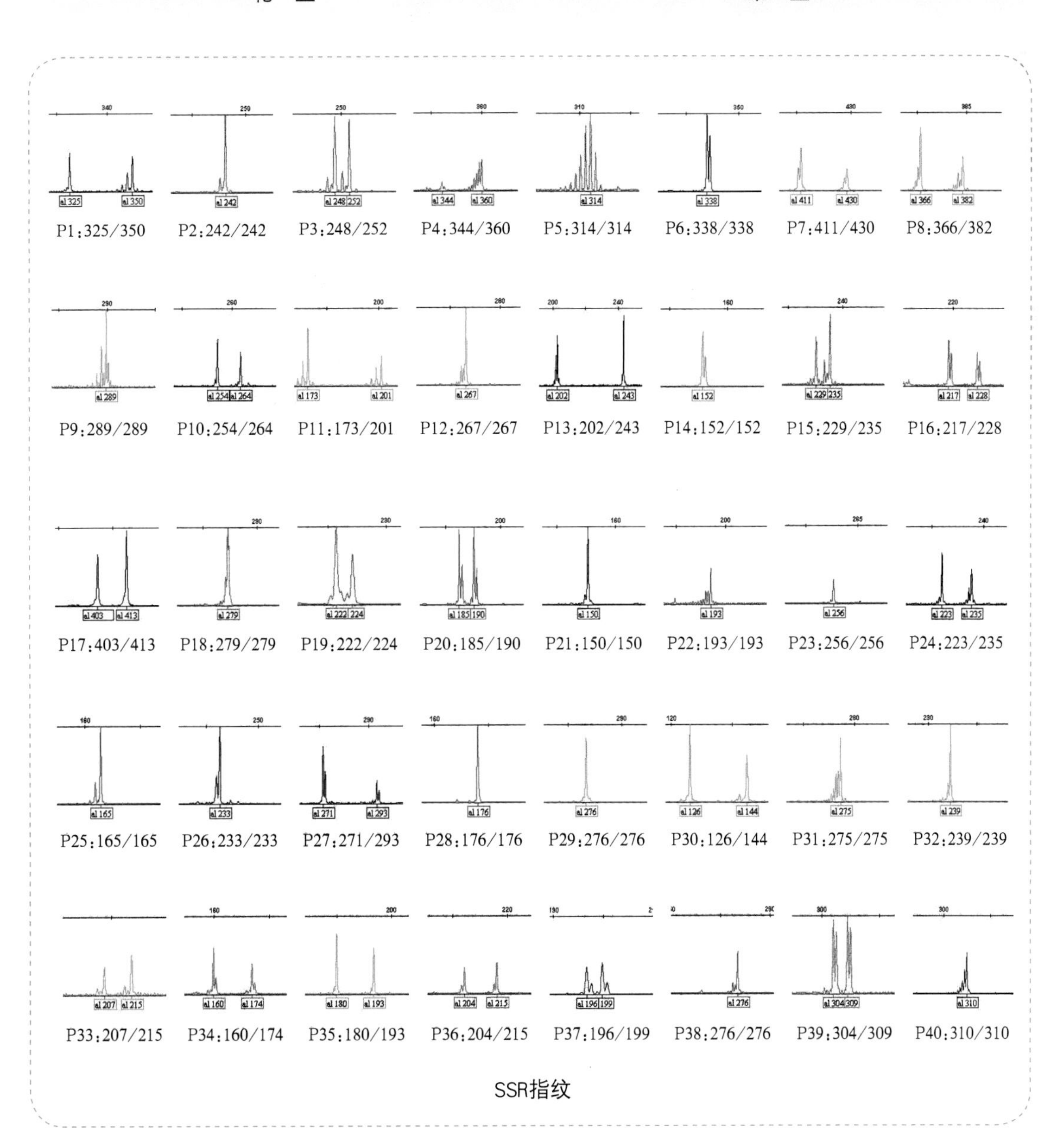
P1:325/350
P2:242/242
P3:248/252
P4:344/360
P5:314/314
P6:338/338
P7:411/430
P8:366/382
P9:289/289
P10:254/264
P11:173/201
P12:267/267
P13:202/243
P14:152/152
P15:229/235
P16:217/228
P17:403/413
P18:279/279
P19:222/224
P20:185/190
P21:150/150
P22:193/193
P23:256/256
P24:223/235
P25:165/165
P26:233/233
P27:271/293
P28:176/176
P29:276/276
P30:126/144
P31:275/275
P32:239/239
P33:207/215
P34:160/174
P35:180/193
P36:204/215
P37:196/199
P38:276/276
P39:304/309
P40:310/310

SSR指纹

10.奥玉2903

基本信息	
品种名称	奥玉2903
亲本组合	父本：OSL301　母本：OSL305
审定编号	黑审玉2014024
品种权号	CNA20140173.1
品种类型	普通玉米
育种单位	北京奥瑞金种业股份有限公司
种子标样提交单位	北京奥瑞金种业股份有限公司
2016年推广区域	黑龙江
特征特性	
生育期	在适应区出苗至成熟生育日数122天左右，需≥10℃活动积温2 500℃左右
株高	290cm
穗位高	100cm
叶片	幼苗期第一叶鞘浅紫色，叶片深绿色，成株可见16片叶
果穗	筒型，穗轴红色，穗长23.0cm，穗粗5.0cm，穗行数14 ~ 16行
籽粒	偏硬粒型，橘黄色
百粒重	29.5g
籽粒容重	730 ~ 774g/L
粗淀粉含量	73.77% ~ 75.47%
粗蛋白含量	8.98% ~ 9.42%
粗脂肪含量	3.62% ~ 4.86%
抗病性	大斑病3级，丝黑穗病发病率11.6% ~ 15.2%

幼　苗

株　形

雄　蕊

花 丝

果 型

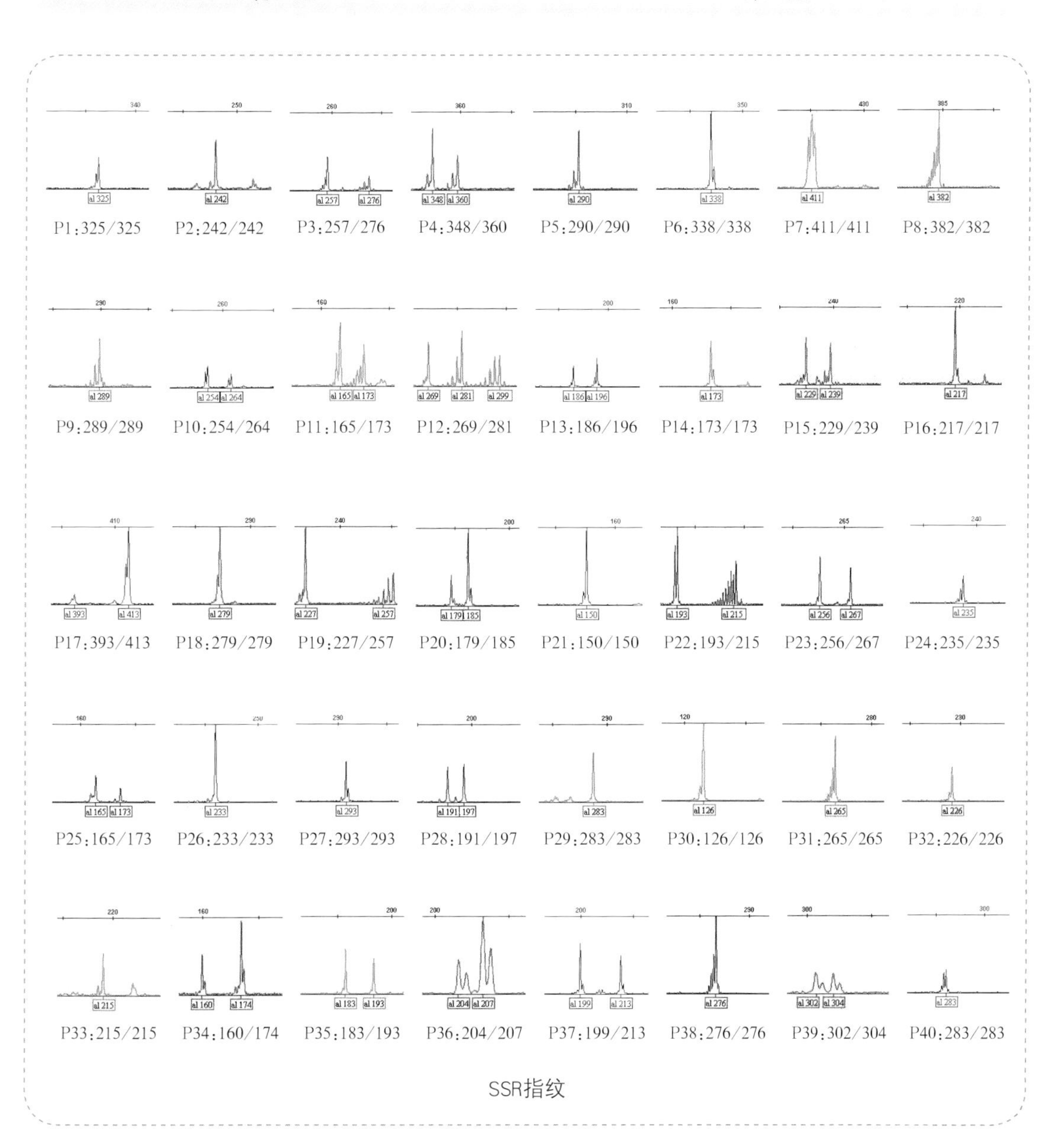
P1:325/325
P2:242/242
P3:257/276
P4:348/360
P5:290/290
P6:338/338
P7:411/411
P8:382/382
P9:289/289
P10:254/264
P11:165/173
P12:269/281
P13:186/196
P14:173/173
P15:229/239
P16:217/217
P17:393/413
P18:279/279
P19:227/257
P20:179/185
P21:150/150
P22:193/215
P23:256/267
P24:235/235
P25:165/173
P26:233/233
P27:293/293
P28:191/197
P29:283/283
P30:126/126
P31:265/265
P32:226/226
P33:215/215
P34:160/174
P35:183/193
P36:204/207
P37:199/213
P38:276/276
P39:302/304
P40:283/283

SSR指纹

11.奥玉3804

基本信息	
品种名称	奥玉3804
亲本组合	父本：丹598　母本：OSL266
审定编号	国审玉2013002
品种类型	普通玉米
育种单位	北京奥瑞金种业股份有限公司
种子标样提交单位	北京奥瑞金种业股份有限公司
特征特性	
生育期	在东华北春玉米区出苗至成熟129天，与对照郑单958相同
株型	半紧凑
株高	321cm
穗位高	114cm
叶片	幼苗叶鞘浅紫色，叶缘紫色，成株叶片数20片
雄穗	花药黄色，颖壳紫色
花丝颜色	绿色
果穗	筒型，穗长19cm，穗行数18行，穗轴白色
籽粒	黄色，半马齿型
百粒重	39g
籽粒容重	756g/L
粗淀粉含量	72.79%
粗蛋白含量	9.14%
粗脂肪含量	4.22%
赖氨酸含量	0.29%
抗病性	中抗大斑病，感丝黑穗病、茎腐病、弯孢叶斑病和玉米螟

幼　苗

株　形

雄　蕊

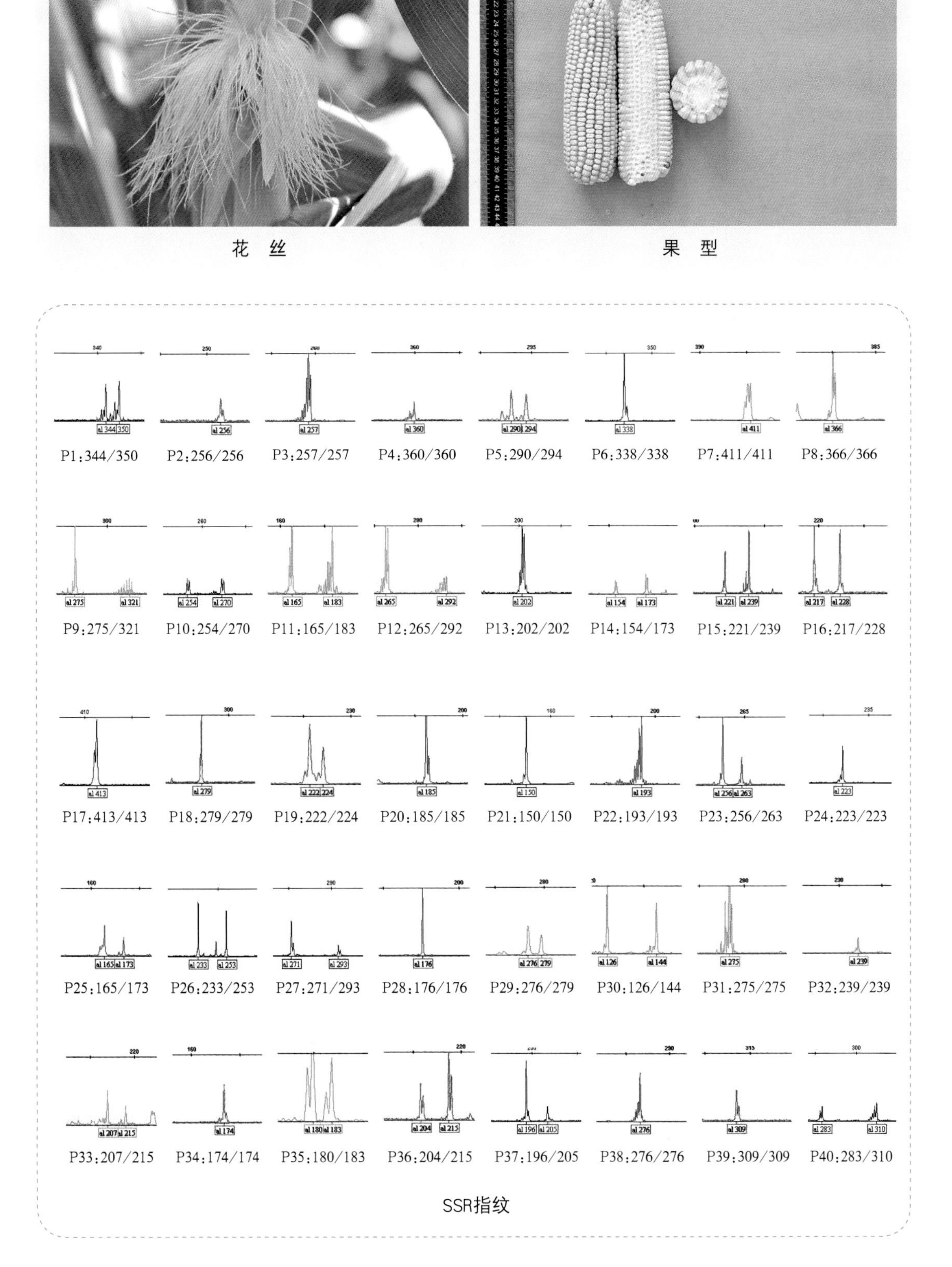
P1:344/350
P2:256/256
P3:257/257
P4:360/360
P5:290/294
P6:338/338
P7:411/411
P8:366/366
P9:275/321
P10:254/270
P11:165/183
P12:265/292
P13:202/202
P14:154/173
P15:221/239
P16:217/228
P17:413/413
P18:279/279
P19:222/224
P20:185/185
P21:150/150
P22:193/193
P23:256/263
P24:223/223
P25:165/173
P26:233/253
P27:271/293
P28:176/176
P29:276/279
P30:126/144
P31:275/275
P32:239/239
P33:207/215
P34:174/174
P35:180/183
P36:204/215
P37:196/205
P38:276/276
P39:309/309
P40:283/310

花　丝

果　型

SSR指纹

12.奥育7020

基本信息	
品种名称	奥育7020
亲本组合	父本：OSL264-1　母本：OSL267-1
审定编号	黑审玉2015023
品种权号	CNA20140174.0
品种类型	普通玉米
育种单位	北京奥瑞金种业股份有限公司
种子标样提交单位	北京奥瑞金种业股份有限公司
2016年推广区域	黑龙江
特征特性	
生育期	适应区出苗至成熟生育日数为121天左右，需≥10℃活动积温2 415℃左右
株高	300cm
穗位高	110cm
叶片	幼苗期第一叶鞘浅紫色，叶片绿色；成株可见15片叶
果穗	圆筒型，穗轴红色，穗长23.0cm，穗粗5.0cm，穗行数16 ～ 18行
籽粒	偏马齿型，黄色
百粒重	30.1g
籽粒容重	712 ～ 744g/L
粗淀粉含量	74.06%～ 74.37%
粗蛋白含量	8.47%～ 10.27%
粗脂肪含量	3.90%～ 4.09%
抗病性	中感大斑病，丝黑穗病发病率16.7%～ 22.0%

幼　苗

株　形

雄　蕊

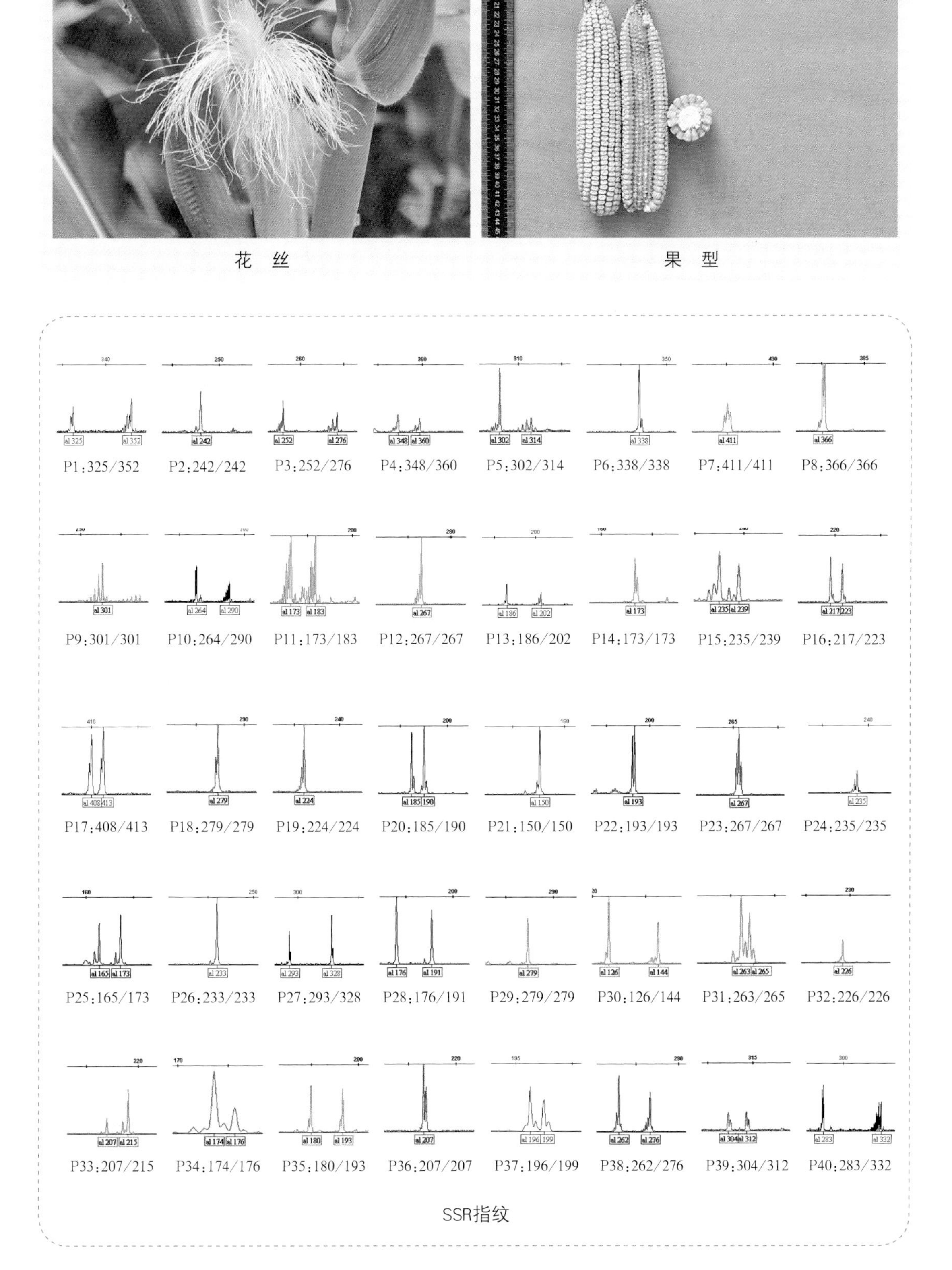
P1:325/352
P2:242/242
P3:252/276
P4:348/360
P5:302/314
P6:338/338
P7:411/411
P8:366/366
P9:301/301
P10:264/290
P11:173/183
P12:267/267
P13:186/202
P14:173/173
P15:235/239
P16:217/223
P17:408/413
P18:279/279
P19:224/224
P20:185/190
P21:150/150
P22:193/193
P23:267/267
P24:235/235
P25:165/173
P26:233/233
P27:293/328
P28:176/191
P29:279/279
P30:126/144
P31:263/265
P32:226/226
P33:207/215
P34:174/176
P35:180/193
P36:207/207
P37:196/199
P38:262/276
P39:304/312
P40:283/332

花　丝

果　型

SSR指纹

13.正成018

基本信息	
品种名称	正成018
亲本组合	父本：OSL372　母本：OSL371
审定编号	甘审玉20170014
品种类型	普通玉米
育种单位	北京奥瑞金种业股份有限公司
种子标样提交单位	北京奥瑞金种业股份有限公司
特征特性	
生育期	生育期138天，与对照先玉335相当
株型	半紧凑
株高	321cm
穗位高	119cm
叶片	幼苗叶鞘紫色，叶缘紫色，成株叶片数19片
雄穗	花药紫色，护颖紫色
花丝颜色	紫色
果穗	筒型，穗轴红色，穗长17.4cm，穗行数17.2行，行粒数38.0粒
籽粒	黄色，半马齿型
千粒重	347.6g
籽粒容重	756g/L
粗淀粉含量	72.90%
粗蛋白含量	8.22%
粗脂肪含量	3.55%
赖氨酸含量	0.27%
抗病性	抗禾谷镰孢茎腐病和轮枝镰孢穗腐病，感丝黑穗病和大斑病

幼　苗

株　形

雄　蕊

花　丝　　　　果　型

P1:350/350　P2:缺失　P3:248/252　P4:360/360　P5:290/290　P6:338/362　P7:411/411　P8:382/382

P9:303/303　P10:254/290　P11:173/183　P12:267/267　P13:186/202　P14:152/173　P15:229/239　P16:217/217

P17:408/413　P18:279/284　P19:222/224　P20:190/190　P21:150/166　P22:230/230　P23:259/267　P24:223/235

P25:165/165　P26:233/233　P27:271/297　P28:176/197　P29:276/276　P30:126/144　P31:263/275　P32:239/239

P33:207/215　P34:160/174　P35:180/183　P36:204/204　P37:185/196　P38:262/276　P39:309/312　P40:310/332

SSR指纹

14.联创808

基本信息	
品种名称	联创808
亲本组合	父本：CT3354　母本：CT3566
审定编号	国审玉2015015
品种权号	CNA20130129.7
品种类型	普通玉米
育种单位	北京联创种业股份有限公司
种子标样提交单位	北京联创种业股份有限公司
2016年推广区域	北京、天津、河北、山西、河南、山东、江苏、安徽、陕西
特征特性	
生育期	黄淮海夏玉米区出苗至成熟102天，比郑单958早熟1天
株型	半紧凑
株高	285cm
穗位高	102cm
叶片	幼苗叶鞘紫色，叶片绿色，叶缘绿色；成株叶片数19～20片
雄穗	花药浅紫色，颖壳绿色
花丝颜色	浅绿-浅紫色
果穗	筒型，穗长18.3cm，穗行数14～16行，穗轴红色
籽粒	黄色，半马齿型
百粒重	32.9g
籽粒容重	765g/L
粗淀粉含量	74.46%
粗蛋白含量	9.65%
粗脂肪含量	3.06%
赖氨酸含量	0.29%
抗病性	中抗大斑病，感小斑病、粗缩病和茎腐病，高感弯孢叶斑病、瘤黑粉病和粗缩病

幼　苗

株　形

雄　蕊

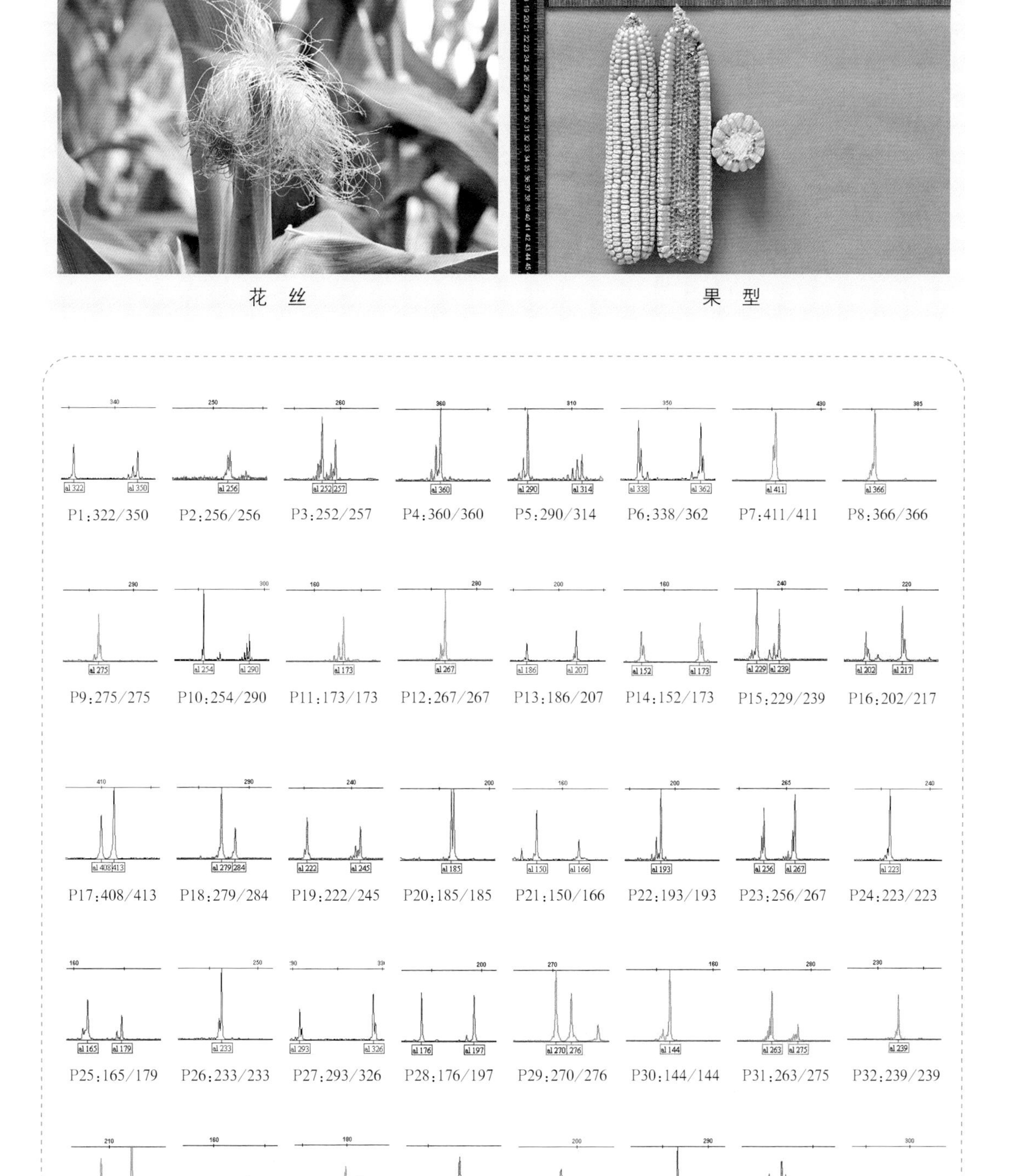
P1:322/350
P2:256/256
P3:252/257
P4:360/360
P5:290/314
P6:338/362
P7:411/411
P8:366/366
P9:275/275
P10:254/290
P11:173/173
P12:267/267
P13:186/207
P14:152/173
P15:229/239
P16:202/217
P17:408/413
P18:279/284
P19:222/245
P20:185/185
P21:150/166
P22:193/193
P23:256/267
P24:223/223
P25:165/179
P26:233/233
P27:293/326
P28:176/197
P29:270/276
P30:144/144
P31:263/275
P32:239/239
P33:207/215
P34:160/174
P35:180/183
P36:204/207
P37:196/199
P38:276/276
P39:309/312
P40:283/310

花　丝　　　　果　型

SSR指纹

15. 裕丰303

基本信息	
品种名称	裕丰303
亲本组合	父本：CT3354　母本：CT1669
审定编号	国审玉2015010
品种权号	CNA20130128.8
品种类型	普通玉米
育种单位	北京联创种业股份有限公司
种子标样提交单位	北京联创种业股份有限公司
2016年推广区域	北京、天津、河北、内蒙古、山西、辽宁、吉林、河南、山东、河北、陕西、安徽、江苏
特征特性	
生育期	东华北春玉米区出苗至成熟125天，与郑单958相当；黄淮海夏玉米区出苗至成熟102天，与郑单958相当
株型	半紧凑
株高	东华北春玉米区296cm，黄淮海夏玉米区270cm
穗位高	东华北春玉米区105cm，黄淮海夏玉米区97cm
叶片	幼苗叶鞘紫色，叶缘绿色；成株叶片数20片
雄穗	花药淡紫色，颖壳绿色
花丝颜色	淡紫到紫色
果穗	筒型，东华北春玉米区穗长19cm，穗行数16行，穗轴红色；黄淮海夏玉米区穗长17cm，穗行数14～16行
籽粒	黄色，半马齿型
百粒重	东华北春玉米区36.9g，黄淮海夏玉米区33.9g
籽粒容重	东华北春玉米区766g/L，黄淮海夏玉米区778g/L
粗淀粉含量	东华北春玉米区74.65%，黄淮海夏玉米区72.70%
粗蛋白含量	东华北春玉米区10.83%，黄淮海夏玉米区10.45%
粗脂肪含量	东华北春玉米区3.40%，黄淮海夏玉米区3.12%
赖氨酸含量	东华北春玉米区0.31%，黄淮海夏玉米区0.32%
抗病性	东华北春玉米区高抗镰孢茎腐病，中抗弯孢叶斑病，感大斑病、丝黑穗病和灰斑病；黄淮海夏玉米区中抗弯孢菌叶斑病，感小斑病、大斑病、茎腐病，高感瘤黑粉病、粗缩病和穗腐病

幼　苗

株　形

雄　蕊

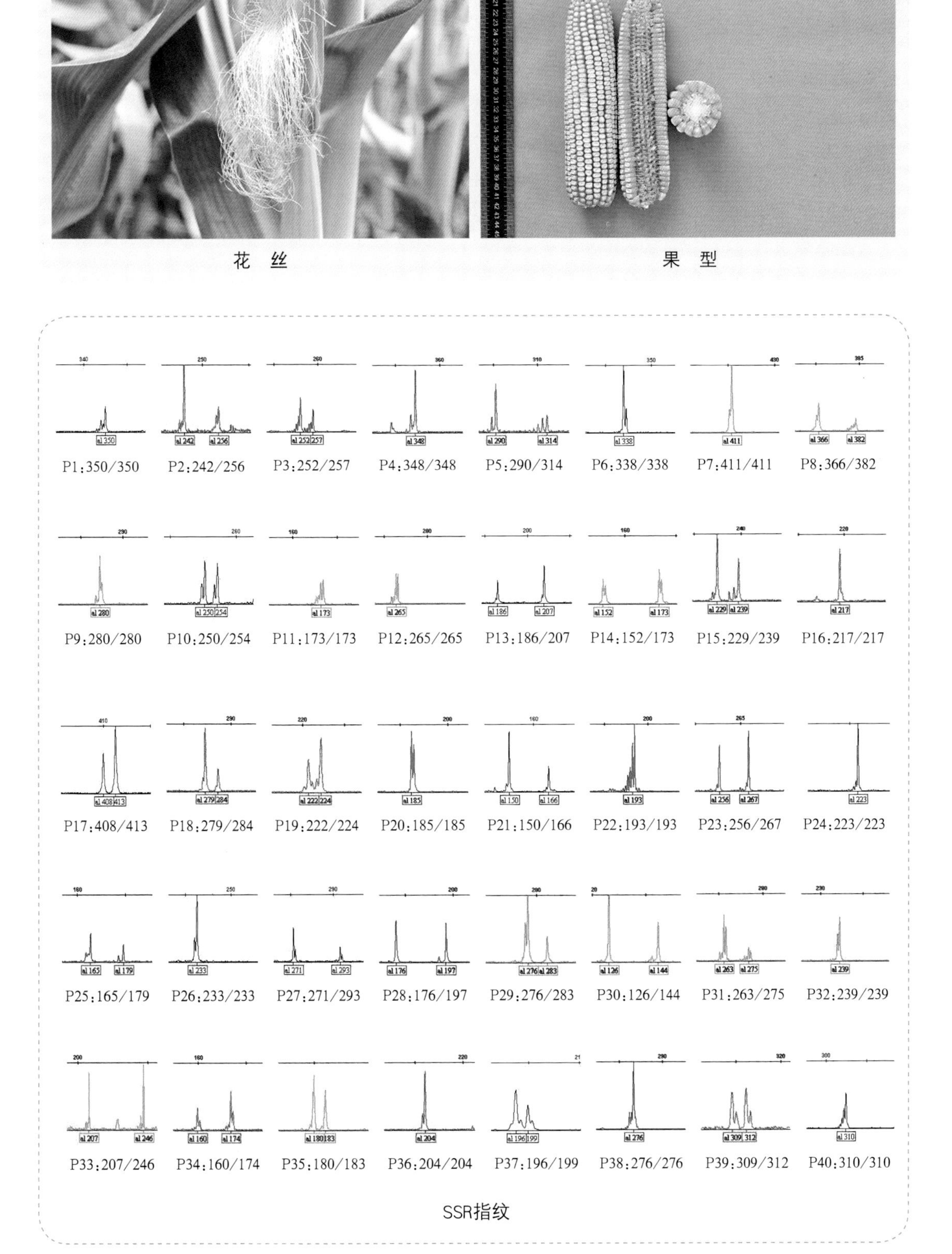
P1：350/350
P2：242/256
P3：252/257
P4：348/348
P5：290/314
P6：338/338
P7：411/411
P8：366/382
P9：280/280
P10：250/254
P11：173/173
P12：265/265
P13：186/207
P14：152/173
P15：229/239
P16：217/217
P17：408/413
P18：279/284
P19：222/224
P20：185/185
P21：150/166
P22：193/193
P23：256/267
P24：223/223
P25：165/179
P26：233/233
P27：271/293
P28：176/197
P29：276/283
P30：126/144
P31：263/275
P32：239/239
P33：207/246
P34：160/174
P35：180/183
P36：204/204
P37：196/199
P38：276/276
P39：309/312
P40：310/310

花　丝

果　型

SSR指纹

16. 中科玉505

基本信息	
品种名称	中科玉505
亲本组合	父本：CT3354　母本：CT1668
审定编号	豫审玉2016002
品种权号	CNA20160560.0
品种类型	普通玉米
育种单位	北京联创种业股份有限公司
种子标样提交单位	北京联创种业股份有限公司
2016年推广区域	陕西、河南、山东
特征特性	
生育期	夏播生育期98～104天
株型	半紧凑
株高	275 ～ 279.1cm
穗位高	98 ～ 116.4cm
叶片	芽鞘紫色，叶片中绿，第一叶尖端圆到匙形；总叶片数19 ～ 20片
雄穗	颖片绿色，花药浅紫色，雄穗一级分枝5个左右
花丝颜色	浅紫-紫色
果穗	筒型，穗长18 ～ 18.9cm，穗粗4.5 ～ 5cm，穗行数14 ～ 18行，行粒数35.0 ～ 35.4粒，出籽率87.1 ～ 88.3%，秃尖长1.2 ～ 1.3cm，穗轴红色
籽粒	黄色，半马齿型
百粒重	32.9 ～ 38.82g
籽粒容重	740g/L
粗淀粉含量	75.38%
粗蛋白含量	10.31%
粗脂肪含量	3.86%
赖氨酸含量	0.32%
抗病性	2013年河南农业大学植保学院、河南科技学院人工接种鉴定：抗大斑病、弯孢菌叶斑病、茎基腐病、矮花叶病、瘤黑粉病，中抗玉米螟、小斑病；2014年河南农业大学植保学院鉴定：高抗瘤黑粉病，抗玉米螟、弯孢菌叶斑病、锈病，中抗小斑病和穗腐病，感茎基腐病

幼　苗

株　形

雄　蕊

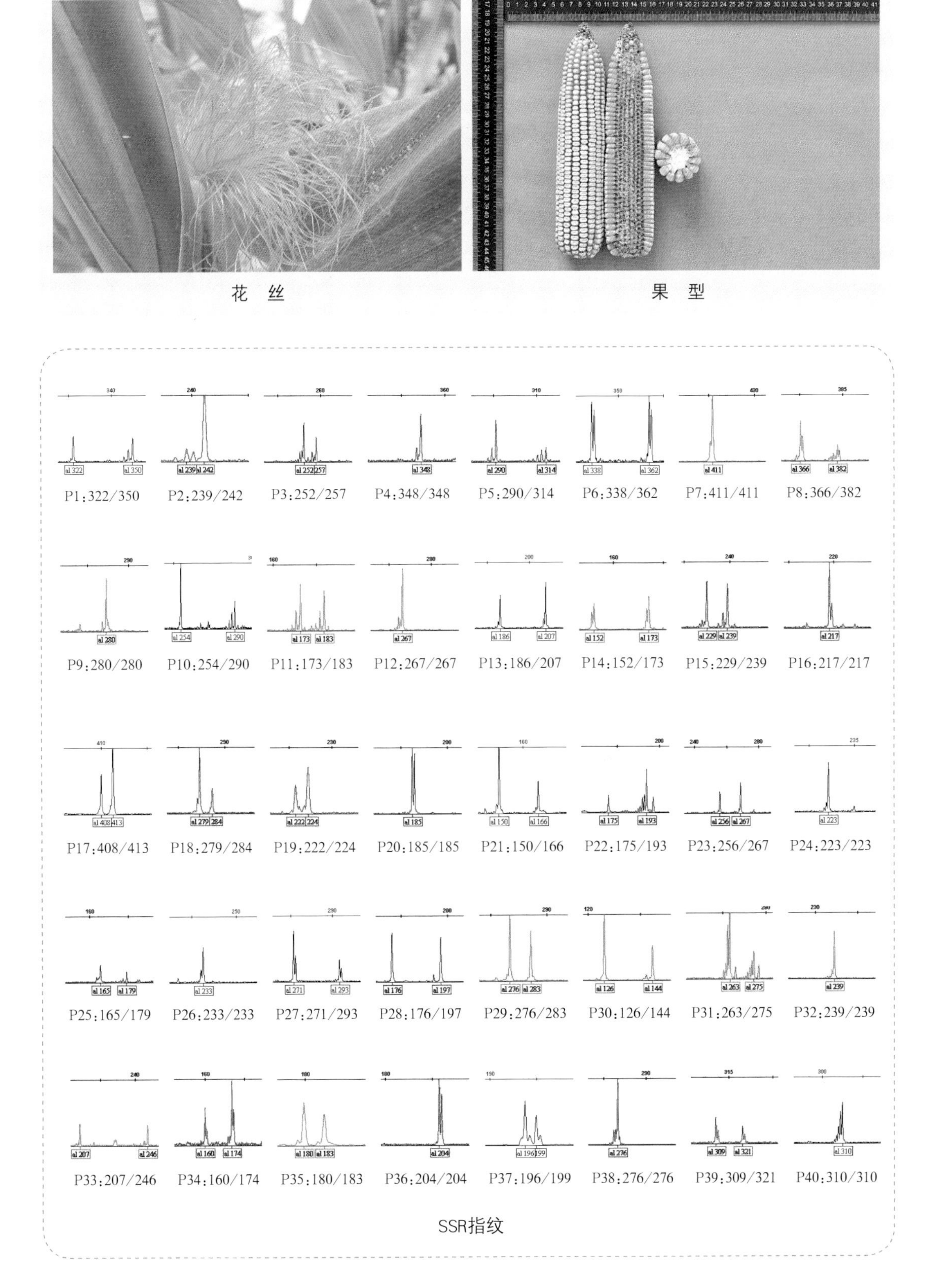
P1:322/350
P2:239/242
P3:252/257
P4:348/348
P5:290/314
P6:338/362
P7:411/411
P8:366/382
P9:280/280
P10:254/290
P11:173/183
P12:267/267
P13:186/207
P14:152/173
P15:229/239
P16:217/217
P17:408/413
P18:279/284
P19:222/224
P20:185/185
P21:150/166
P22:175/193
P23:256/267
P24:223/223
P25:165/179
P26:233/233
P27:271/293
P28:176/197
P29:276/283
P30:126/144
P31:263/275
P32:239/239
P33:207/246
P34:160/174
P35:180/183
P36:204/204
P37:196/199
P38:276/276
P39:309/321
P40:310/310

花　丝

果　型

SSR指纹

17.中科4号

基本信息	
品种名称	中科4号
亲本组合	父本：9801　母本：CT019
审定编号	豫审玉2004006
品种权号	CNA20040033.9
品种类型	普通玉米
育种单位	北京联创种业股份有限公司
种子标样提交单位	北京联创种业股份有限公司
2016年推广区域	安徽、陕西、河南、山东、山西
特征特性	
生育期	夏播生育期96 ~ 99天
株型	半紧凑
株高	260 ~ 270cm
穗位高	100 ~ 104cm
叶片	幼苗叶鞘浅紫色；成株叶片为绿色、叶缘紫红色，叶片数20 ~ 21片
雄穗	颖片淡紫色，花药淡绿色
花丝颜色	淡粉色
果穗	中间型，果穗长19cm左右，果穗粗4.9 ~ 5.2cm；穗行数14 ~ 16行，行粒数36，穗轴白色，出籽率84%左右
籽粒	偏硬粒型，籽粒黄色有白顶
百粒重	35.0g左右
籽粒容重	764g/L
粗淀粉含量	72.38%
粗蛋白含量	10.54%
粗脂肪含量	4.07%
赖氨酸含量	0.30%
抗病性	中抗大斑病（5级），高抗小斑病（1级），高抗矮花叶病（幼苗病株率0%），高抗弯孢菌叶斑病（1级），高抗瘤黑粉病（0%），感茎腐病（35.6%），中抗玉米螟（5.7级）

幼　苗

株　形

雄　蕊

花　丝

果　型

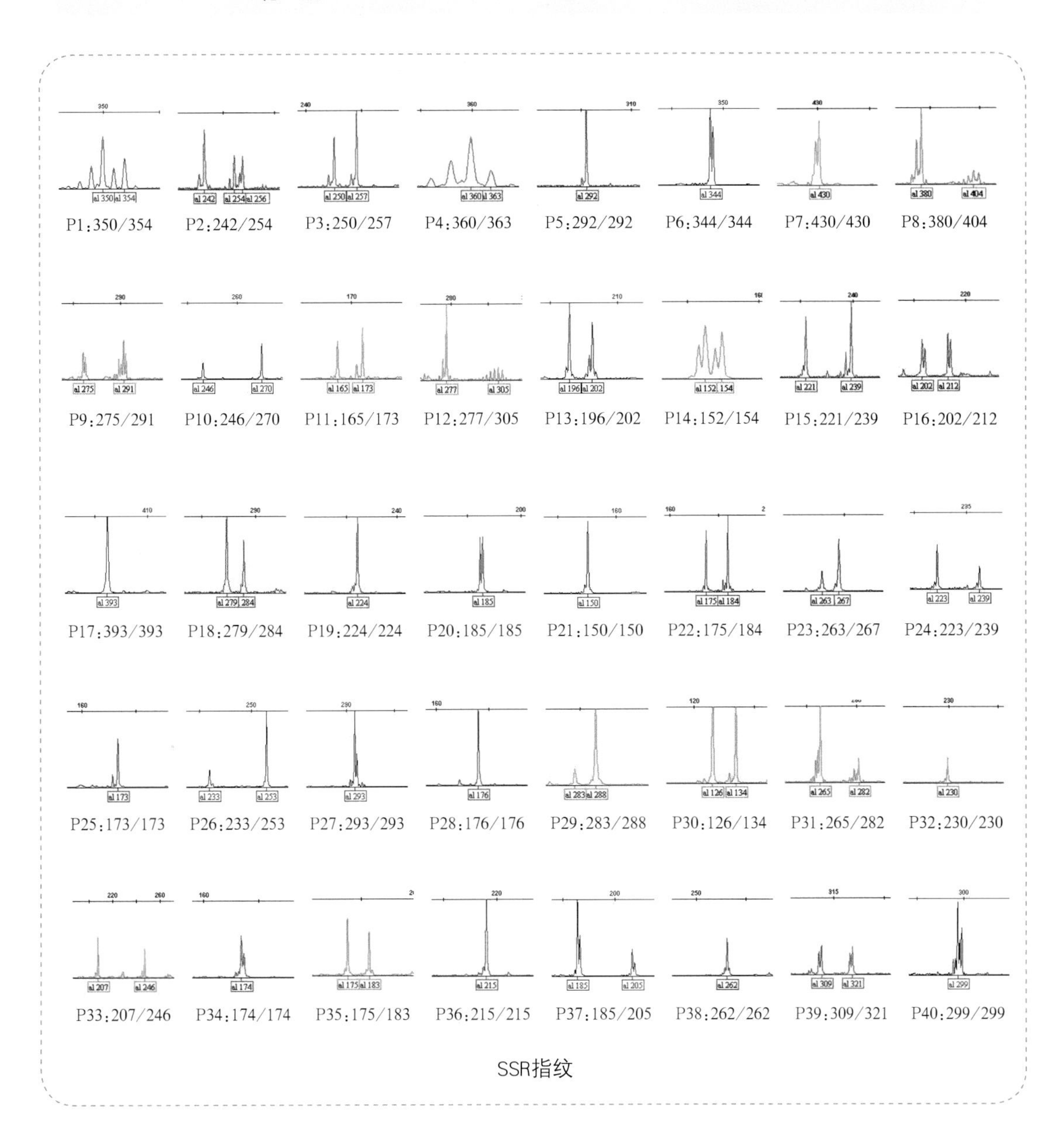
P1:350/354
P2:242/254
P3:250/257
P4:360/363
P5:292/292
P6:344/344
P7:430/430
P8:380/404
P9:275/291
P10:246/270
P11:165/173
P12:277/305
P13:196/202
P14:152/154
P15:221/239
P16:202/212
P17:393/393
P18:279/284
P19:224/224
P20:185/185
P21:150/150
P22:175/184
P23:263/267
P24:223/239
P25:173/173
P26:233/253
P27:293/293
P28:176/176
P29:283/288
P30:126/134
P31:265/282
P32:230/230
P33:207/246
P34:174/174
P35:175/183
P36:215/215
P37:185/205
P38:262/262
P39:309/321
P40:299/299

SSR指纹

18. 中科982

基本信息	
品种名称	中科982
亲本组合	父本：CT9882　母本：CT019
审定编号	皖玉2013005
品种权号	CNA20090912.4
品种类型	普通玉米
育种单位	北京联创种业股份有限公司
种子标样提交单位	北京联创种业股份有限公司
2016年推广区域	安徽
特征特性	
生育期	99天左右，与对照品种（弘大8号）相当
株型	中间
株高	255cm左右
穗位高	94cm左右
叶片	幼苗第一叶叶鞘紫色
雄穗	雄穗一级分枝数中多
花丝颜色	紫色
果穗	中间型，穗轴白色，穗长17cm左右，穗粗4.9cm左右，秃顶0.4cm左右，穗行数14行左右，行粒数33粒左右，出籽率84%左右
籽粒	硬粒型，纯橘黄色
百粒重	33.8g左右
粗淀粉含量	73.30%
粗蛋白含量	9.89%
粗脂肪含量	4.62%
抗病性	2010年抗小斑病（病级3级），中抗南方锈病（病级5级），高感纹枯病（病指75），中抗茎腐病（发病率22.2%）；2011年中抗小斑病（病级5级），高抗南方锈病（病级1级），感纹枯病（病指56），中抗茎腐病（发病率20%）

幼　苗

株　形

雄　蕊

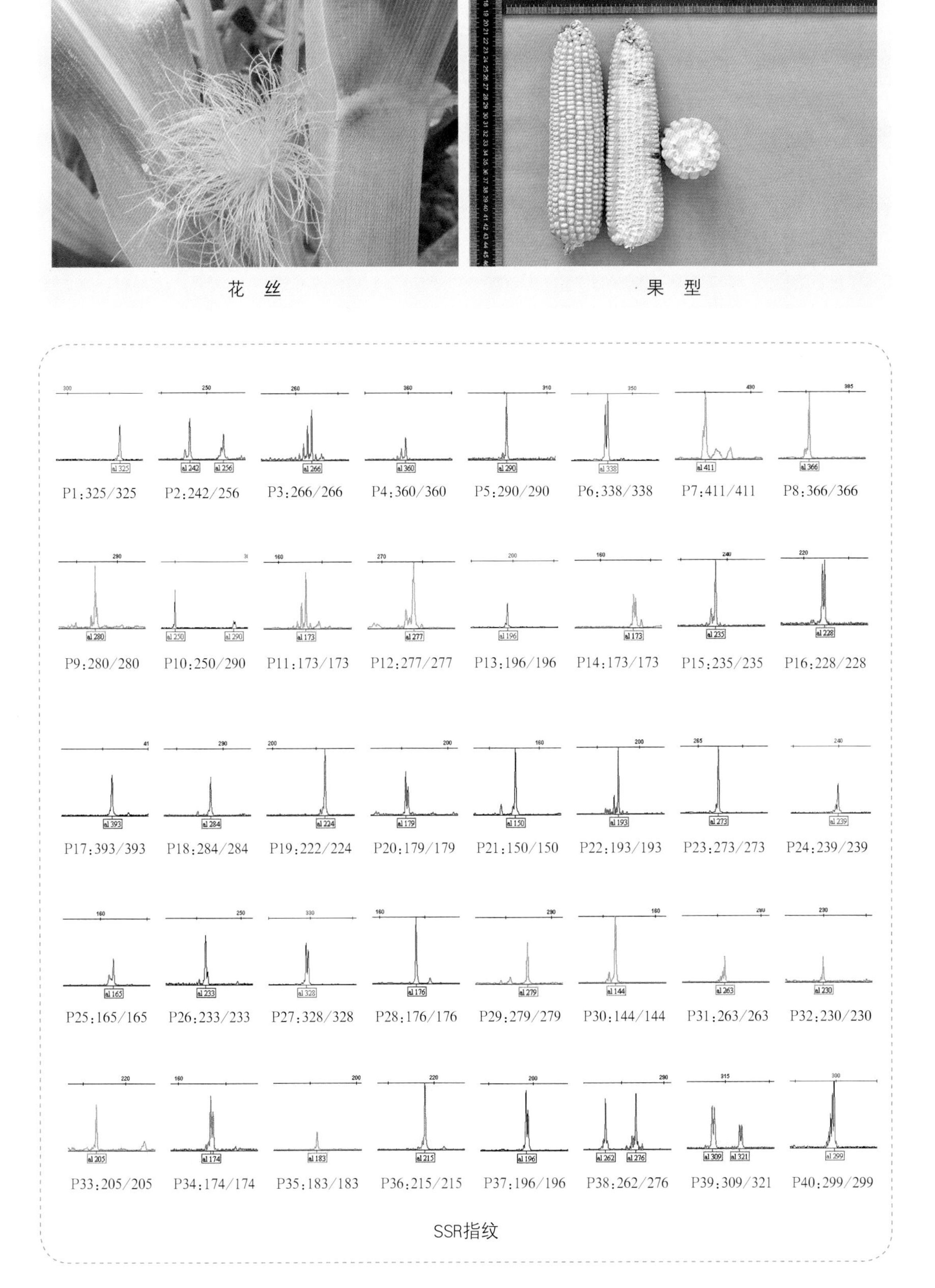
P1:325/325
P2:242/256
P3:266/266
P4:360/360
P5:290/290
P6:338/338
P7:411/411
P8:366/366
P9:280/280
P10:250/290
P11:173/173
P12:277/277
P13:196/196
P14:173/173
P15:235/235
P16:228/228
P17:393/393
P18:284/284
P19:222/224
P20:179/179
P21:150/150
P22:193/193
P23:273/273
P24:239/239
P25:165/165
P26:233/233
P27:328/328
P28:176/176
P29:279/279
P30:144/144
P31:263/263
P32:230/230
P33:205/205
P34:174/174
P35:183/183
P36:215/215
P37:196/196
P38:262/276
P39:309/321
P40:299/299

花　丝　　　　果　型

SSR指纹

19.郑单958

基本信息	
品种名称	郑单958
亲本组合	父本：昌7-2　母本：郑58
审定编号	京审玉2008005、国审玉20000009
品种类型	普通玉米
育种单位	河南省农科院粱作所
种子标样提交单位	北京德农种业有限公司
特征特性	
生育期	北京地区春播生育期平均119.9天
株型	紧凑
株高	269cm
穗位高	119cm
空杆率	3.0%
雄穗	分枝11个，花药黄色
花丝颜色	粉红色
果穗	穗长17.4cm，穗粗5.3cm，穗行数14～16行，穗粒重184.3g，出籽率88.4%
籽粒	黄色，半硬粒型，粒深1.2cm
千粒重	360.4g
籽粒容重	759.6g/L
粗淀粉含量	75.46%
粗蛋白含量	8.47%
粗脂肪含量	3.88%
赖氨酸含量	0.25%
抗病性	接种鉴定抗玉米大斑病、小斑病、茎腐病、丝黑穗病，感弯孢菌叶斑病

幼　苗

株　形

雄　蕊

花　丝

果　型

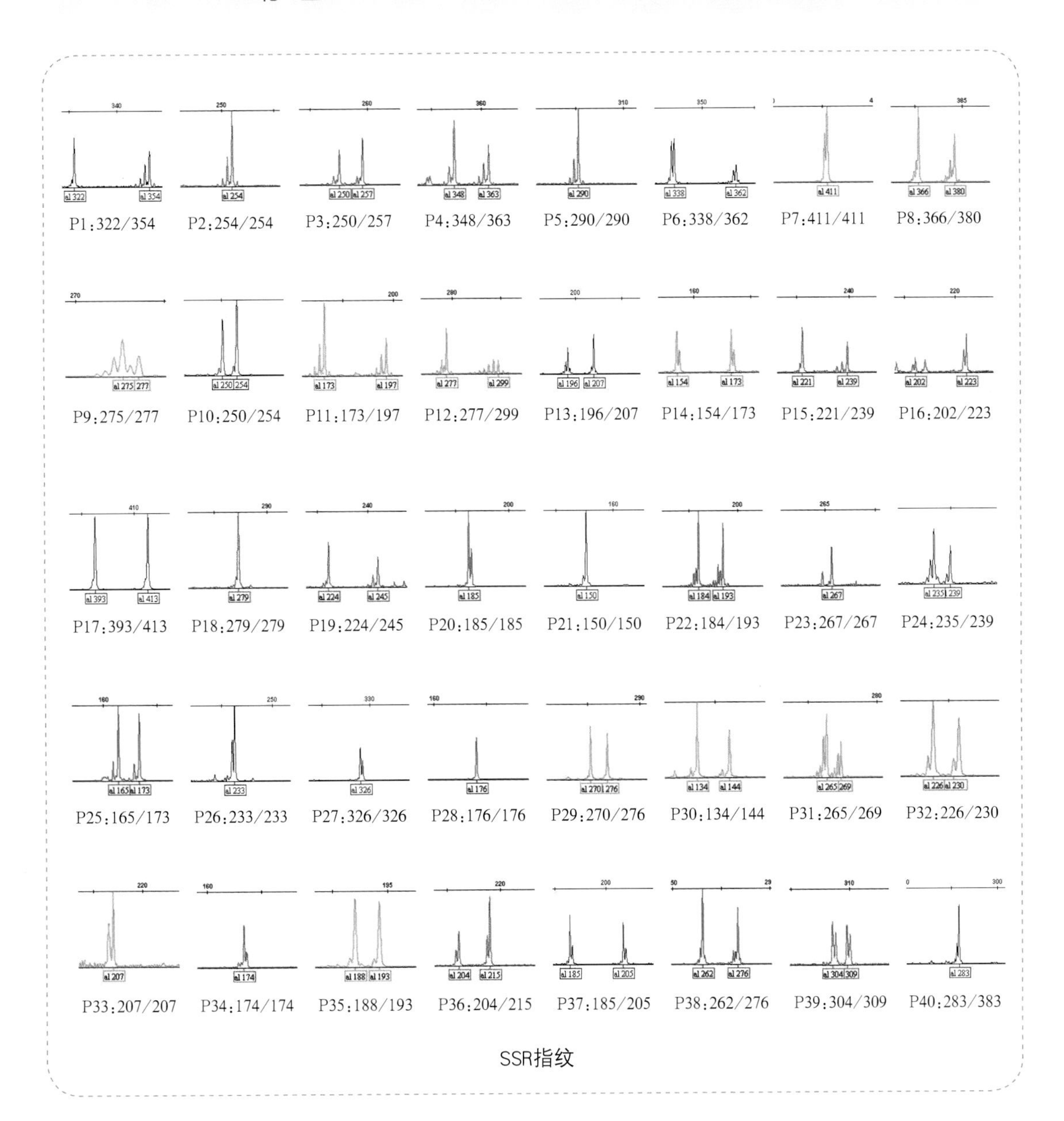
P1:322/354
P2:254/254
P3:250/257
P4:348/363
P5:290/290
P6:338/362
P7:411/411
P8:366/380
P9:275/277
P10:250/254
P11:173/197
P12:277/299
P13:196/207
P14:154/173
P15:221/239
P16:202/223
P17:393/413
P18:279/279
P19:224/245
P20:185/185
P21:150/150
P22:184/193
P23:267/267
P24:235/239
P25:165/173
P26:233/233
P27:326/326
P28:176/176
P29:270/276
P30:134/144
P31:265/269
P32:226/230
P33:207/207
P34:174/174
P35:188/193
P36:204/215
P37:185/205
P38:262/276
P39:304/309
P40:283/383

SSR指纹

20.华农138

基本信息	
品种名称	华农138
亲本组合	父本：京66　母本：B105
审定编号	国审玉2014013、津审玉2010003、陕审玉2014004、冀审玉2015007号、新审玉2016年第15号
品种权号	CNA20110713.1
品种类型	普通玉米
育种单位	北京华农伟业种子科技有限公司 天津科润津丰种业有限责任公司
种子标样提交单位	北京华农伟业种子科技有限公司
2016年推广区域	山东、河南、山西、山西、江苏、安徽、北京、天津、河北、内蒙古、新疆
特征特性	
生育期	黄淮海夏玉米区出苗至成熟102天，与对照相当
株型	半紧凑
株高	281cm
穗位高	102cm
叶片	幼苗叶鞘紫色，叶缘紫色；成株叶片数19片
雄穗	花药浅紫色，颖壳紫色
花丝颜色	浅紫色
果穗	长筒型，穗长17.5cm，穗行数16行，穗轴红色
籽粒	黄色，半马齿型
百粒重	37g
籽粒容重	792g/L
粗淀粉含量	72.17%
粗蛋白含量	9.29%
粗脂肪含量	3.78%
赖氨酸含量	0.3%
抗病性	抗腐霉茎腐病，中抗小斑病，感镰孢茎腐病、大斑病和弯孢叶斑病，高感粗缩病、瘤黑粉病和南方锈病

幼　苗

株　形

雄　蕊

花　丝

果　型

P1:350/350　P2:缺失　P3:252/257　P4:348/348　P5:292/292　P6:338/362　P7:411/411　P8:366/378

P9:275/275　P10:254/290　P11:173/183　P12:267/267　P13:186/202　P14:152/173　P15:229/239　P16:217/217

P17:408/413　P18:279/284　P19:222/245　P20:185/185　P21:150/166　P22:193/193　P23:256/267　P24:223/223

P25:165/179　P26:233/233　P27:271/293　P28:176/197　P29:270/276　P30:126/144　P31:265/275　P32:226/239

P33:207/207　P34:160/174　P35:180/183　P36:204/204　P37:196/199　P38:276/276　P39:309/312　P40:283/310

SSR指纹

21. 华农292

基本信息	
品种名称	华农292
亲本组合	父本：HN002　母本：HN029
审定编号	蒙审玉2014023号、黑审玉2015021
品种权号	CNA20110714.0
品种类型	普通玉米
育种单位	北京华农伟业种子科技有限公司
种子标样提交单位	北京华农伟业种子科技有限公司
2016年推广区域	内蒙古、黑龙江
特征特性	
生育期	在适应区出苗至成熟生育日数为116～122天，需≥10℃活动积温2 400℃以上
株型	半紧凑
株高	280cm
穗位高	95cm
叶片	幼苗期第一叶鞘紫色，叶片深绿色；成株可见16片叶，茎绿色
雄穗	一级分枝9个，护颖绿色，花药橙色
花丝颜色	黄色
果穗	筒型，穗轴白色，穗长21cm，穗粗5cm，穗行数14～16行
籽粒	黄色，偏马齿型
百粒重	37.1g
籽粒容重	737～772g/L
粗淀粉含量	73.81%～75.49%
粗蛋白含量	7.46%～9.82%
粗脂肪含量	3.68%～4.28%
抗病性	中感~感大斑病，感丝黑穗病发病率14.1%～21.2%。中抗弯孢叶斑病（5MR），高抗茎腐病（0% HR），中抗玉米螟（5.9MR）

幼　苗

株　形

雄　蕊

花 丝

果 型

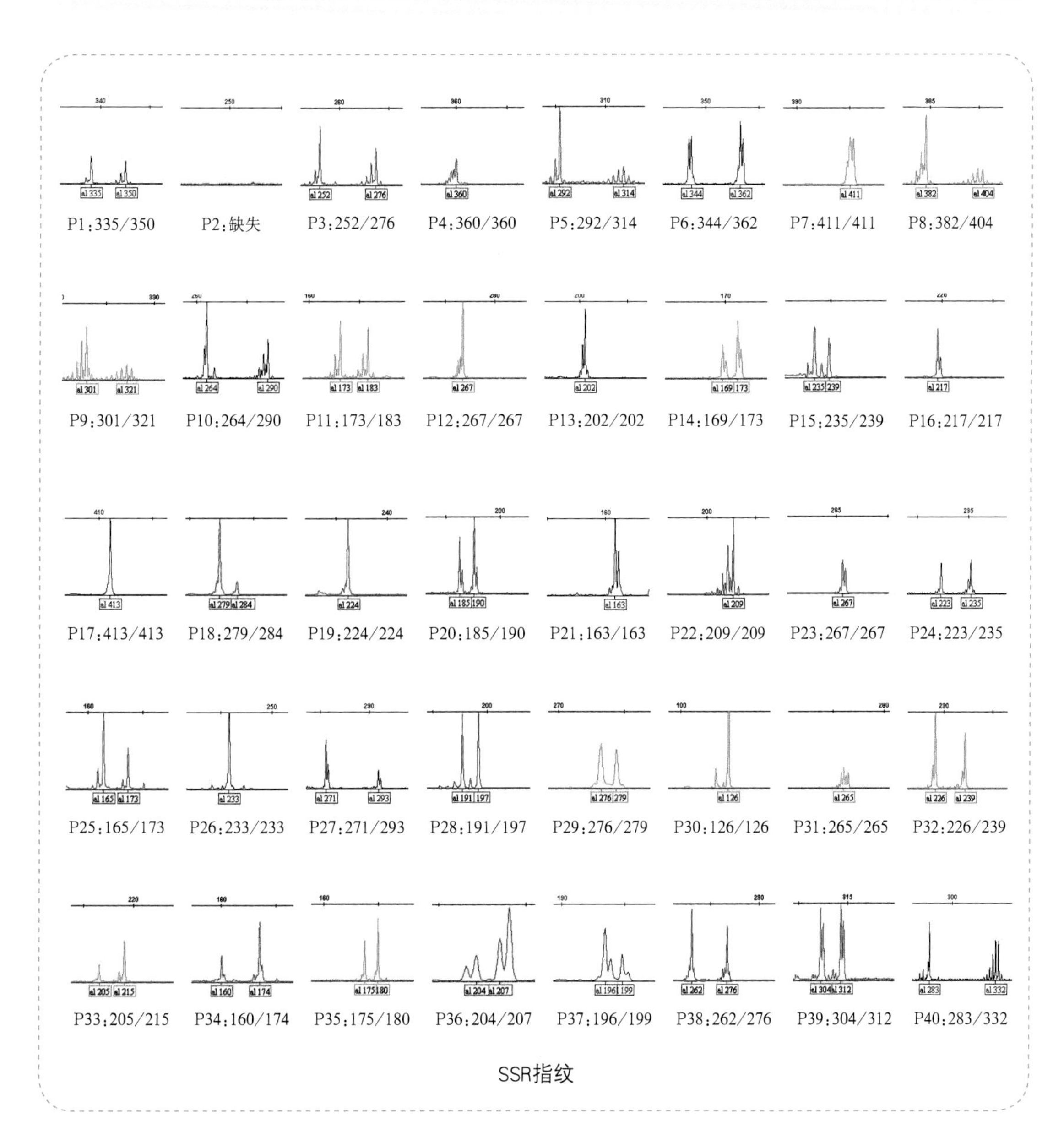
P1:335/350
P2:缺失
P3:252/276
P4:360/360
P5:292/314
P6:344/362
P7:411/411
P8:382/404
P9:301/321
P10:264/290
P11:173/183
P12:267/267
P13:202/202
P14:169/173
P15:235/239
P16:217/217
P17:413/413
P18:279/284
P19:224/224
P20:185/190
P21:163/163
P22:209/209
P23:267/267
P24:223/235
P25:165/173
P26:233/233
P27:271/293
P28:191/197
P29:276/279
P30:126/126
P31:265/265
P32:226/239
P33:205/215
P34:160/174
P35:175/180
P36:204/207
P37:196/199
P38:262/276
P39:304/312
P40:283/332

SSR指纹

22. 华农866

基本信息	
品种名称	华农866
亲本组合	父本：京66　母本：B280
审定编号	国审玉2014001、冀审玉2014019号、陕审玉2017011号
品种权号	CNA20110715.9
品种类型	普通玉米
育种单位	北京华农伟业种子科技有限公司
种子标样提交单位	北京华农伟业种子科技有限公司
2016年推广区域	辽宁、吉林、内蒙古、河北、天津、北京、山西、陕西、甘肃，黄淮海夏播区
特征特性	
生育期	东华北春玉米区出苗至成熟126天，比郑单958早1天，夏播区从播种到成熟102.9天
株型	半紧凑
株高	307cm
穗位高	116cm
叶片	幼苗叶鞘紫色，叶缘紫色；成株叶片数20片
雄穗	花药紫色，颖壳紫色
花丝颜色	红色
果穗	长筒型，穗长19cm，穗行数16行，穗轴红色
籽粒	黄色，马齿型
百粒重	37.5g
籽粒容重	春播757g/L，夏播743g/L
粗淀粉含量	春播75.26%，夏播76.20%
粗蛋白含量	春播9.11%，夏播9.79%
粗脂肪含量	春播3.92%，夏播3.16%
赖氨酸含量	春播0.29%，夏播0.29%
抗病性	春播区：中抗弯孢叶斑病和灰斑病，感大斑病、丝黑穗病和镰孢茎腐病；夏播区：高抗黑粉病，中抗茎腐病和穗腐病，感小斑病，高感大斑病

幼　苗

株　形

雄　蕊

花　丝　　　　　　　　果　型

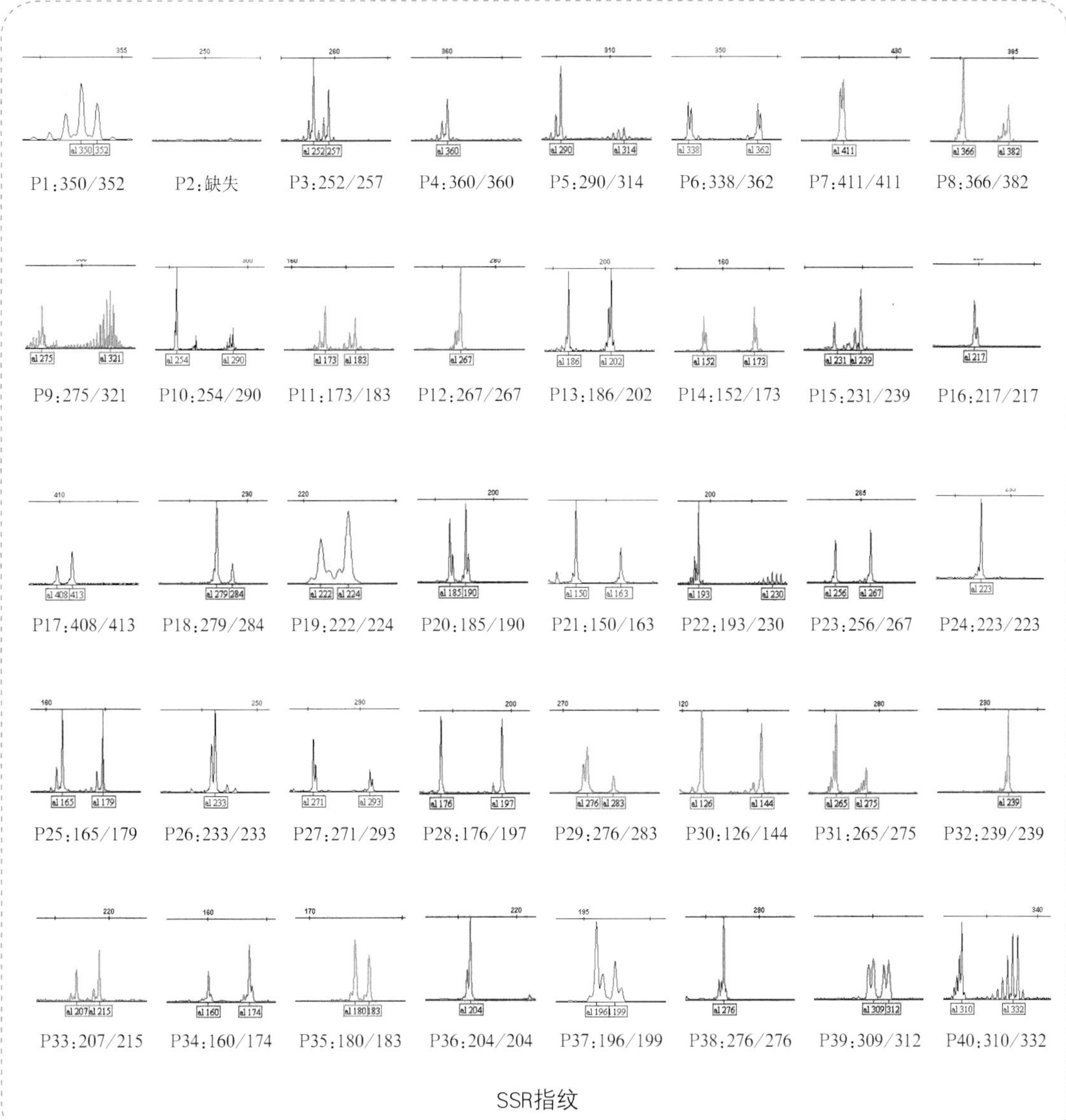
P1:350/352
P2:缺失
P3:252/257
P4:360/360
P5:290/314
P6:338/362
P7:411/411
P8:366/382
P9:275/321
P10:254/290
P11:173/183
P12:267/267
P13:186/202
P14:152/173
P15:231/239
P16:217/217
P17:408/413
P18:279/284
P19:222/224
P20:185/190
P21:150/163
P22:193/230
P23:256/267
P24:223/223
P25:165/179
P26:233/233
P27:271/293
P28:176/197
P29:276/283
P30:126/144
P31:265/275
P32:239/239
P33:207/215
P34:160/174
P35:180/183
P36:204/204
P37:196/199
P38:276/276
P39:309/312
P40:310/332

SSR指纹

23.华农887

基本信息	
品种名称	华农887
亲本组合	父本：京66　母本：B8
审定编号	国审玉2014011、国审玉20170020、蒙审玉2014014号
品种权号	CNA20110716.8
品种类型	普通玉米
种子标样提交单位	北京华农伟业种子科技有限公司
2016年推广区域	辽宁、吉林、黑龙江、河北、陕西、山西、北京、天津、宁夏、甘肃、新疆，黄淮海区域
特征特性	
生育期	东北早熟春玉米区出苗至成熟131天，与先玉335相当；东华北春播区出苗至成熟123天，西北春玉米区出苗至成熟132天，黄淮海夏播生育期102天，平均比对照品种郑单958早1 ～ 2天
株型	半紧凑
株高	316cm
穗位高	117cm
叶片	幼苗叶鞘紫色，叶缘紫色，成株叶片数21片
雄穗	花药浅紫色，颖壳紫色
花丝颜色	紫色
果穗	长筒型，穗长20cm，穗行数16行，穗轴红色
籽粒	黄色，半马齿型
百粒重	38.7g
籽粒容重	东北早熟区：726g/L，东华北：775g/L，西北春：768g/L，黄淮海：768g/L
粗淀粉含量	东北早熟区：74.0%，东华北：75.68%，西北春：73.85%，黄淮海：73.80%
粗蛋白含量	东北早熟区：8.8%，东华北：9.56%，西北春：9.72%，黄淮海：11.01%
粗脂肪含量	东北早熟区：4.0%，东华北：4.01%，西北春：3.96%，黄淮海：3.51%
赖氨酸含量	东北早熟区：0.3%，东华北：0.28%，西北春：0.32%，黄淮海：0.35%
抗病性	东北早熟区：抗镰孢茎腐病和灰斑病，感大斑病、弯孢菌叶斑病和丝黑穗病；东华北春播区：感大斑病，感灰斑病，抗茎腐病，中抗丝黑穗病，高抗穗腐病；西北春播区：感大斑病，感禾谷镰孢穗腐病，抗丝黑穗病，中抗腐霉茎腐病；黄淮海夏播区：感小斑病、穗腐病、瘤黑粉病和茎腐病，抗弯孢叶斑病，高感粗缩病

幼　苗

株　形

雄　蕊

花　丝

果　型

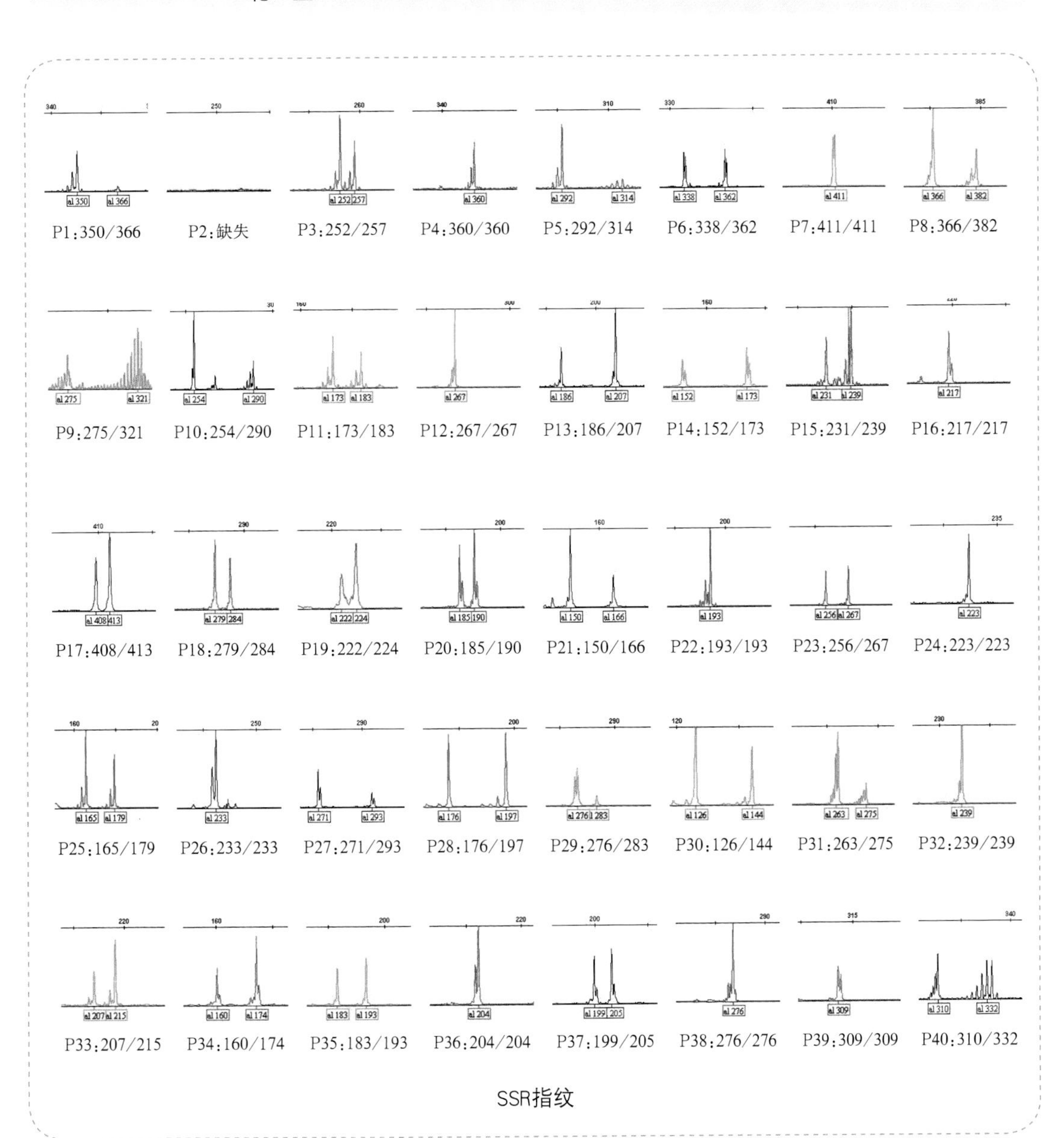
P1:350/366
P2:缺失
P3:252/257
P4:360/360
P5:292/314
P6:338/362
P7:411/411
P8:366/382
P9:275/321
P10:254/290
P11:173/183
P12:267/267
P13:186/207
P14:152/173
P15:231/239
P16:217/217
P17:408/413
P18:279/284
P19:222/224
P20:185/190
P21:150/166
P22:193/193
P23:256/267
P24:223/223
P25:165/179
P26:233/233
P27:271/293
P28:176/197
P29:276/283
P30:126/144
P31:263/275
P32:239/239
P33:207/215
P34:160/174
P35:183/193
P36:204/204
P37:199/205
P38:276/276
P39:309/309
P40:310/332

SSR指纹

24.华农1107

基本信息	
品种名称	华农1107
亲本组合	父本：HN002　母本：B8
审定编号	国审玉20170013
品种权号	CNA20150582.5
品种类型	普通玉米
育种单位	北京华农伟业种子科技有限公司
种子标样提交单位	北京华农伟业种子科技有限公司
2016年推广区域	黑龙江、吉林、内蒙古
特征特性	
生育期	东北早熟春玉米区出苗至成熟126天，比对照吉单27早熟1天
株型	紧凑
株高	282cm
穗位高	103cm
叶片	绿色，叶缘白色；成株叶片数18片
雄穗	花药紫色，颖壳绿色
花丝颜色	绿色
果穗	筒型，穗长20.7cm，穗行数16行，穗轴白色
籽粒	黄色，半马齿型
百粒重	38.6g
籽粒容重	755g/L
粗淀粉含量	75.28%
粗蛋白含量	8.00%
粗脂肪含量	4.44%
赖氨酸含量	0.25%
抗病性	感大斑病、丝黑穗病和灰斑病，抗茎腐病，中抗穗腐病

幼　苗

株　形

雄　蕊

花　丝

果　型

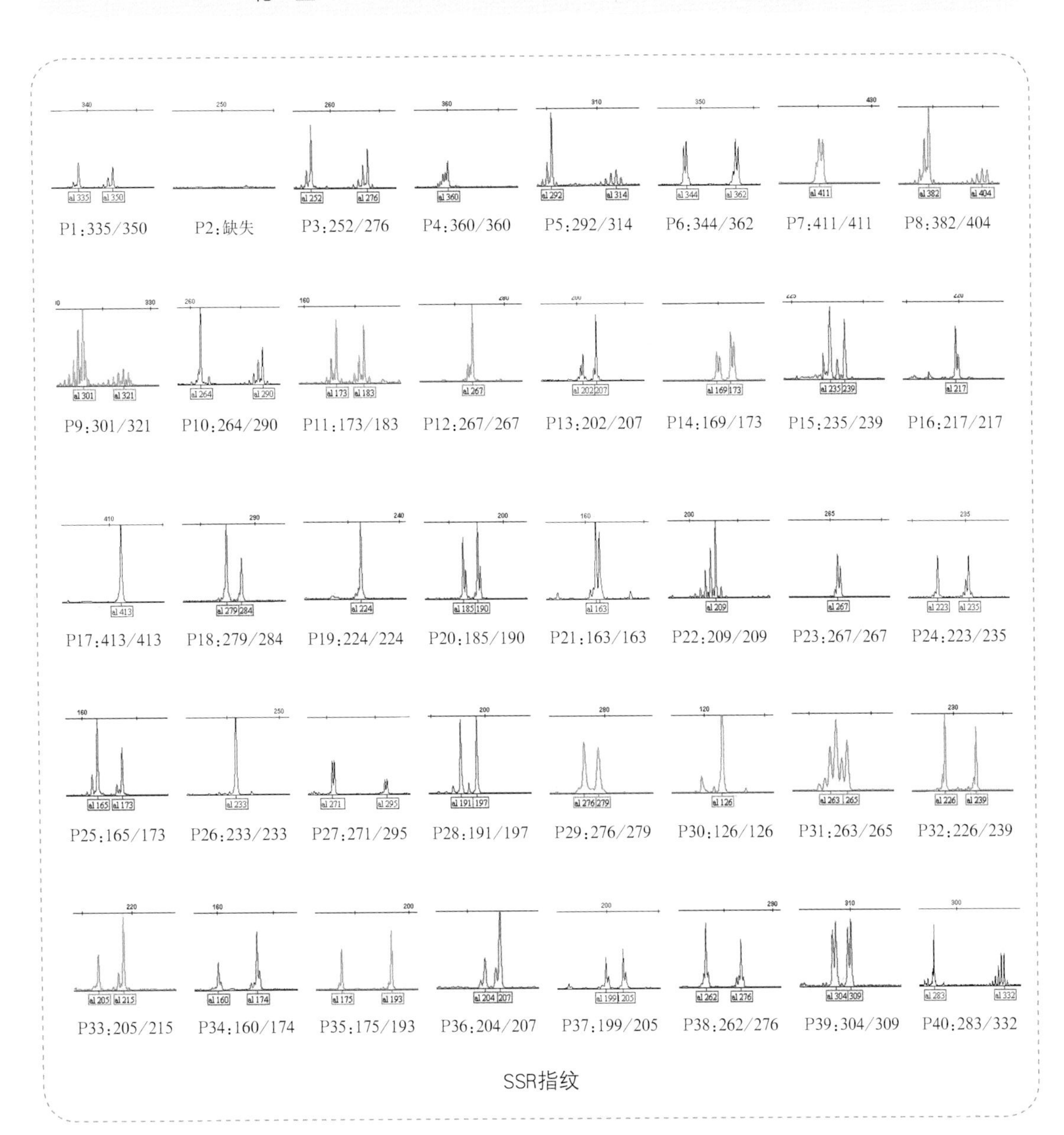
P1:335/350
P2:缺失
P3:252/276
P4:360/360
P5:292/314
P6:344/362
P7:411/411
P8:382/404
P9:301/321
P10:264/290
P11:173/183
P12:267/267
P13:202/207
P14:169/173
P15:235/239
P16:217/217
P17:413/413
P18:279/284
P19:224/224
P20:185/190
P21:163/163
P22:209/209
P23:267/267
P24:223/235
P25:165/173
P26:233/233
P27:271/295
P28:191/197
P29:276/279
P30:126/126
P31:263/265
P32:226/239
P33:205/215
P34:160/174
P35:175/193
P36:204/207
P37:199/205
P38:262/276
P39:304/309
P40:283/332

SSR指纹

25.必祥101

基本信息	
品种名称	必祥101
亲本组合	父本：HN002　母本：B280
审定编号	蒙审玉2015031号
品种类型	普通玉米
育种单位	北京华农伟业种子科技有限公司
种子标样提交单位	北京华农伟业种子科技有限公司
2016年推广区域	内蒙古、吉林、黑龙江、甘肃、新疆、宁夏、河北等相同生态类型区
特征特性	
生育期	在适宜区出苗至成熟生育日数为118 ~ 127天
株型	半紧凑
株高	267cm
穗位高	95cm
叶片	幼苗：叶片绿色，叶鞘紫色；20片叶
雄穗	一级分枝6 ~ 8个，护颖绿色，花药绿色
花丝颜色	浅绿色
果穗	长筒型，粉轴，穗长18.7cm，穗粗5.0cm，秃尖0.8cm，穗行数14 ~ 16行，行粒数38.0，单穗粒重209.3g，出籽率82.5%
籽粒	黄色，马齿型
百粒重	36.1g
籽粒容重	778g/L
粗淀粉含量	73.94%
粗蛋白含量	10.11%
粗脂肪含量	3.91%
赖氨酸含量	0.29%
抗病性	感大斑病（7S），中抗弯孢病（5MR），高抗丝黑穗病（0% HR），中抗茎腐病（14.3% MR），中抗玉米螟（5.0MR）

幼　苗

株　形

雄　蕊

花　丝

果　型

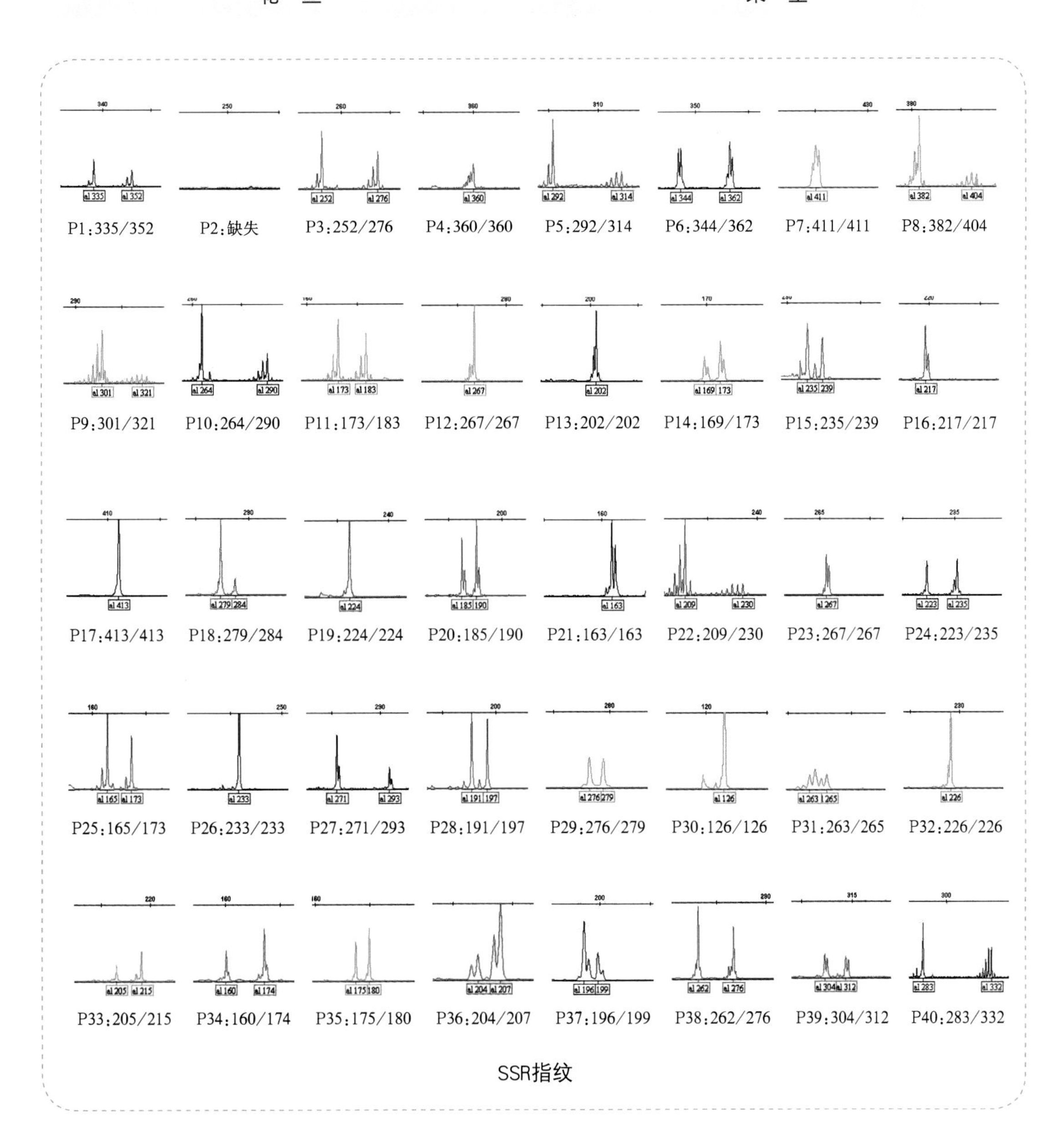
P1:335/352
P2:缺失
P3:252/276
P4:360/360
P5:292/314
P6:344/362
P7:411/411
P8:382/404
P9:301/321
P10:264/290
P11:173/183
P12:267/267
P13:202/202
P14:169/173
P15:235/239
P16:217/217
P17:413/413
P18:279/284
P19:224/224
P20:185/190
P21:163/163
P22:209/230
P23:267/267
P24:223/235
P25:165/173
P26:233/233
P27:271/293
P28:191/197
P29:276/279
P30:126/126
P31:263/265
P32:226/226
P33:205/215
P34:160/174
P35:175/180
P36:204/207
P37:196/199
P38:262/276
P39:304/312
P40:283/332

SSR指纹

26. 屯玉556

基本信息	
品种名称	屯玉556
亲本组合	父本：T5320　母本：10WY22
审定编号	国审玉2016606
品种类型	普通玉米
育种单位	北京屯玉种业有限责任公司
种子标样提交单位	北京屯玉种业有限责任公司
特征特性	
生育期	东华北中熟春播区出苗至成熟128天，与对照吉单535相当
株型	半紧凑
株高	262cm
穗位高	94cm
叶片	幼苗叶鞘紫色，叶片绿色
雄穗	花药紫色
花丝颜色	绿色
果穗	锥型，穗长19.0cm，穗粗5.3cm，穗行数16～18行，行粒数36.8粒，穗轴红色
籽粒	黄色，半马齿型
百粒重	35.4g
籽粒容重	744g/L
粗淀粉含量	73.17%
粗蛋白含量	8.40%
粗脂肪含量	4.13%
抗病性	高抗镰孢茎腐病，中抗腐霉茎腐病和镰孢穗腐病，感大斑病、弯孢菌叶斑病、灰斑病和丝黑穗病

幼　苗

株　形

雄　蕊

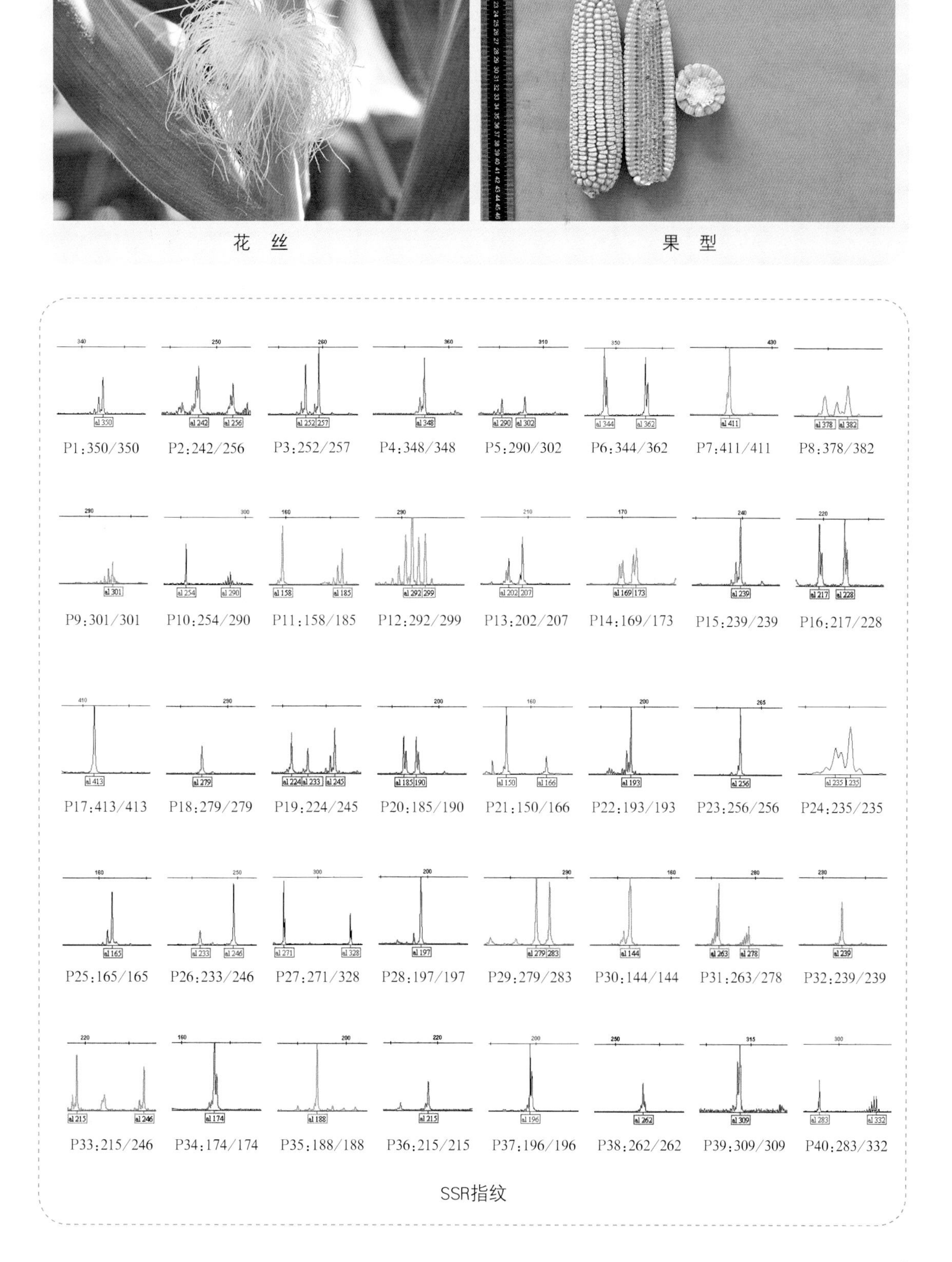
P1:350/350
P2:242/256
P3:252/257
P4:348/348
P5:290/302
P6:344/362
P7:411/411
P8:378/382
P9:301/301
P10:254/290
P11:158/185
P12:292/299
P13:202/207
P14:169/173
P15:239/239
P16:217/228
P17:413/413
P18:279/279
P19:224/245
P20:185/190
P21:150/166
P22:193/193
P23:256/256
P24:235/235
P25:165/165
P26:233/246
P27:271/328
P28:197/197
P29:279/283
P30:144/144
P31:263/278
P32:239/239
P33:215/246
P34:174/174
P35:188/188
P36:215/215
P37:196/196
P38:262/262
P39:309/309
P40:283/332

花　丝

果　型

SSR指纹

27.屯玉4911

基本信息	
品种名称	屯玉4911
亲本组合	父本：T5202　母本：T3351
审定编号	国审玉2015605
品种类型	普通玉米
育种单位	北京屯玉种业有限责任公司
种子标样提交单位	北京屯玉种业有限责任公司
2016年推广区域	吉林、河北唐山
特征特性	
生育期	东华北春玉米区出苗至成熟128天，比对照郑单958早2天
株型	紧凑
株高	279cm
穗位高	109cm
叶片	幼苗叶鞘紫色，第一叶片尖端形状椭圆形；成株叶片数18～19片
雄穗	花药紫色
花丝颜色	浅紫色
果穗	筒型，穗长18.5cm，穗粗5.2cm，穗行数16.3行，穗轴白色
籽粒	黄色，半马齿型
百粒重	37.9g
籽粒容重	788g/L
粗淀粉含量	71.25%
粗蛋白含量	10.35%
粗脂肪含量	3.94%
赖氨酸含量	0.33%
抗病性	中抗大斑病、感腐霉茎腐病、弯孢叶斑病、灰斑病、丝黑穗病

幼　苗

株　形

雄　蕊

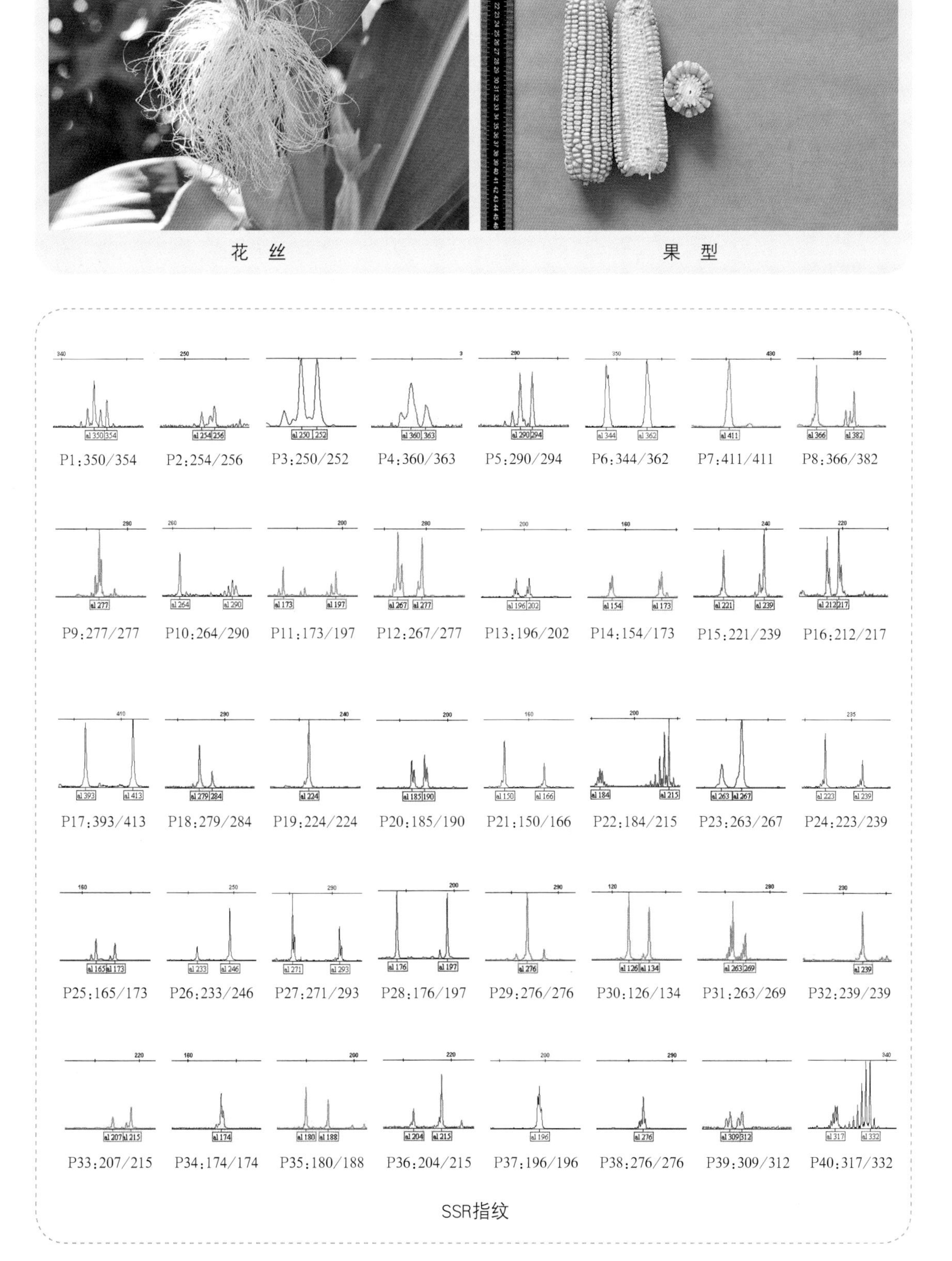
P1:350/354
P2:254/256
P3:250/252
P4:360/363
P5:290/294
P6:344/362
P7:411/411
P8:366/382
P9:277/277
P10:264/290
P11:173/197
P12:267/277
P13:196/202
P14:154/173
P15:221/239
P16:212/217
P17:393/413
P18:279/284
P19:224/224
P20:185/190
P21:150/166
P22:184/215
P23:263/267
P24:223/239
P25:165/173
P26:233/246
P27:271/293
P28:176/197
P29:276/276
P30:126/134
P31:263/269
P32:239/239
P33:207/215
P34:174/174
P35:180/188
P36:204/215
P37:196/196
P38:276/276
P39:309/312
P40:317/332

花　丝

果　型

SSR指纹

28. 中地77号

基本信息	
品种名称	中地77号
亲本组合	父本：HF295　母本：HF352
审定编号	国审玉2009009
品种权号	CNA20090236.3
品种类型	普通玉米
育种单位	中地种业（集团）有限公司
种子标样提交单位	中地种业（集团）有限公司
2016年推广区域	内蒙古、宁夏、河北、辽宁
特征特性	
生育期	东华北春玉米区生育期128天，与郑单958相当；西北春玉米区生育期133天，与沈单16号相当；需有效积温2 800℃左右
株型	紧凑
株高	289cm
穗位高	129cm
叶片	幼苗叶鞘紫红色，叶片深绿色；成株叶片数21～22片
雄穗	花药绿色，颖壳黄色，雄穗分枝数7～11个
花丝颜色	浅紫色
果穗	长筒型，穗长20cm，穗粗6.3cm，穗行数16～18行，行粒数41粒，穗轴粉色，单株粒重235.7g
籽粒	橘黄色，半硬粒型
百粒重	36.3g
籽粒容重	经农业部谷物品质监督检验测试中心（北京）测定773g/L，经农业部谷物及制品质量监督检验测试中心（哈尔滨）测定763g/L
粗淀粉含量	经农业部谷物品质监督检验测试中心（北京）测定74.29%，经农业部谷物及制品质量监督检验测试中心（哈尔滨）测定73.34%
粗蛋白含量	经农业部谷物品质监督检验测试中心（北京）测定8.50%，经农业部谷物及制品质量监督检验测试中心（哈尔滨）测定9.88%
粗脂肪含量	经农业部谷物品质监督检验测试中心（北京）测定3.48%，经农业部谷物及制品质量监督检验测试中心（哈尔滨）测定3.75 %
赖氨酸含量	经农业部谷物品质监督检验测试中心（北京）测定0.28%，经农业部谷物及制品质量监督检验测试中心（哈尔滨）测定0.30%
抗病性	经丹东农业科学院、吉林省农业科学院植物保护研究所两年接种鉴定抗大斑病、灰斑病和玉米螟，中抗茎腐病和弯孢菌叶斑病，感丝黑穗病；经中国农业科学院作物科学研究所两年接种鉴定中抗小斑病和茎腐病，感大斑病、丝黑穗病和矮花叶病，高感玉米螟

幼　苗

株　形

雄　蕊

花　丝

果　型

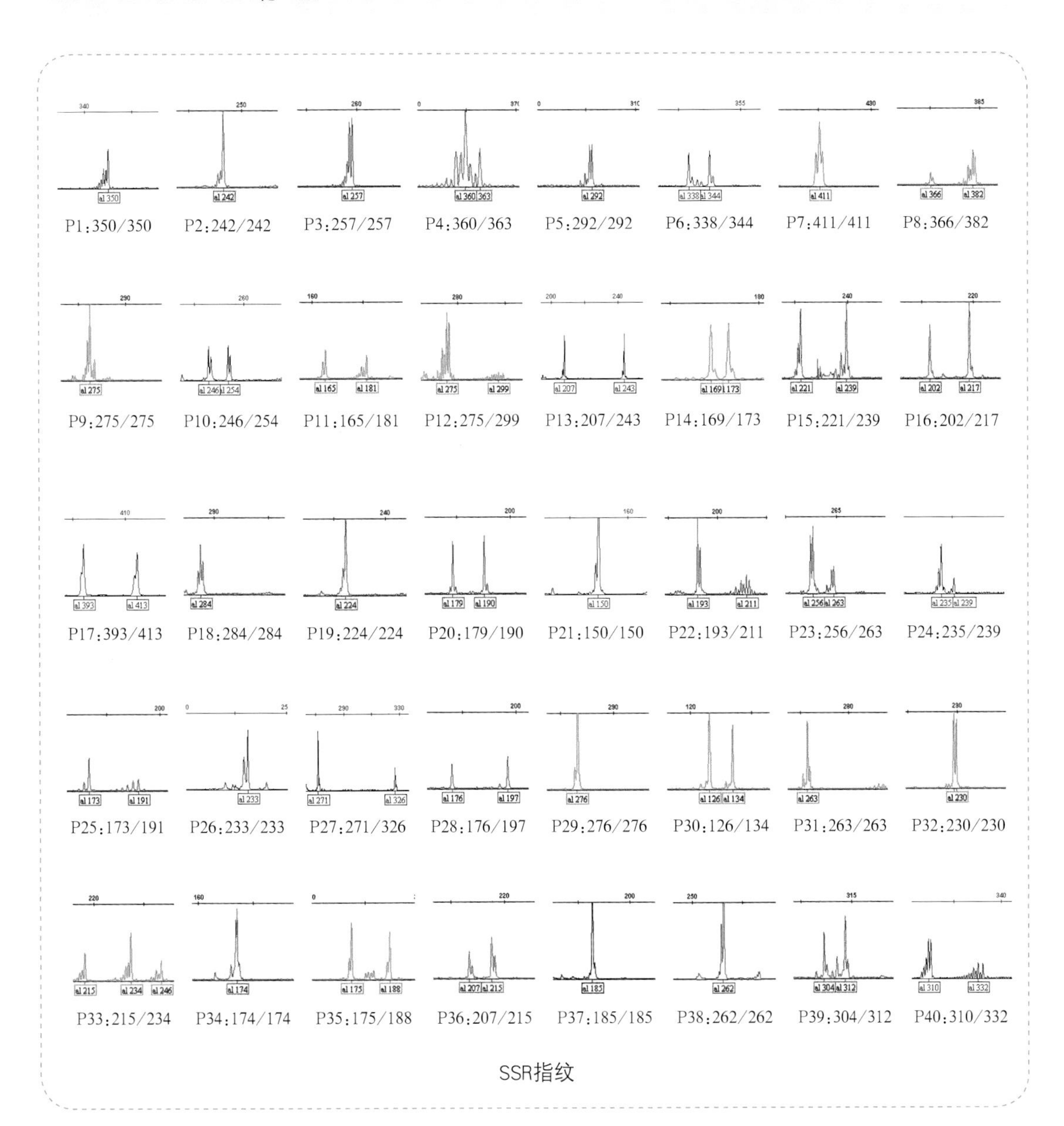
P1:350/350
P2:242/242
P3:257/257
P4:360/363
P5:292/292
P6:338/344
P7:411/411
P8:366/382
P9:275/275
P10:246/254
P11:165/181
P12:275/299
P13:207/243
P14:169/173
P15:221/239
P16:202/217
P17:393/413
P18:284/284
P19:224/224
P20:179/190
P21:150/150
P22:193/211
P23:256/263
P24:235/239
P25:173/191
P26:233/233
P27:271/326
P28:176/197
P29:276/276
P30:126/134
P31:263/263
P32:230/230
P33:215/234
P34:174/174
P35:175/188
P36:207/215
P37:185/185
P38:262/262
P39:304/312
P40:310/332

SSR指纹

29.中地79

基本信息	
品种名称	中地79
亲本组合	父本：ZY332　母本：ZY30
审定编号	辽审玉2013025
品种类型	普通玉米
育种单位	中地种业（集团）有限公司
种子标样提交单位	中地种业（集团）有限公司
2016年推广区域	辽宁
特征特性	
生育期	辽宁省春播生育期131天左右，比对照郑单958早1天
株型	半紧凑
株高	296cm左右
穗位高	136cm左右
叶片	幼苗叶鞘紫色，成株大约21片叶
雄穗	花药绿色
花丝颜色	绿色
果穗	筒型，穗长大约20.6cm，穗行数16～22行，穗轴白色，出籽率83.2%
籽粒	黄色，穗中部籽粒类型为硬粒型
百粒重	34.7g
籽粒容重	762g/L
粗淀粉含量	75.24%
粗蛋白含量	9.82%
粗脂肪含量	3.53%
赖氨酸含量	0.33%
抗病性	中抗大斑病（1～5级），中抗灰斑病（1～5级），高感弯孢叶斑病（3～9级），中抗茎基腐病（1～5级），中抗丝黑穗病（病株率0.0～5.8%）

幼　苗

株　形

雄　蕊

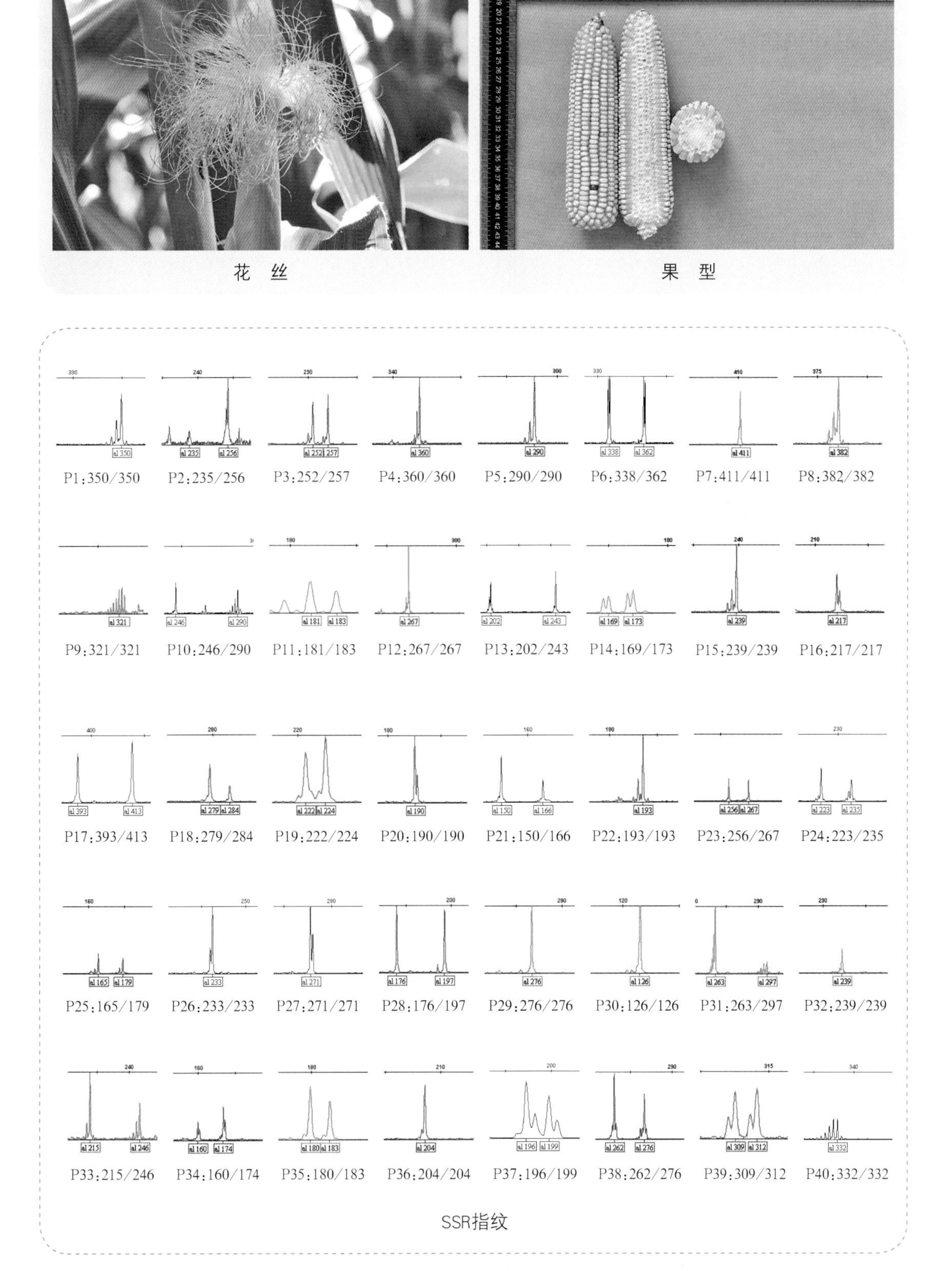
P1:350/350
P2:235/256
P3:252/257
P4:360/360
P5:290/290
P6:338/362
P7:411/411
P8:382/382
P9:321/321
P10:246/290
P11:181/183
P12:267/267
P13:202/243
P14:169/173
P15:239/239
P16:217/217
P17:393/413
P18:279/284
P19:222/224
P20:190/190
P21:150/166
P22:193/193
P23:256/267
P24:223/235
P25:165/179
P26:233/233
P27:271/271
P28:176/197
P29:276/276
P30:126/126
P31:263/297
P32:239/239
P33:215/246
P34:160/174
P35:180/183
P36:204/204
P37:196/199
P38:262/276
P39:309/312
P40:332/332

花　丝

果　型

SSR指纹

30. 中地88

基本信息	
品种名称	中地88
亲本组合	父本：D2-7　母本：M3-11
审定编号	国审玉20176072
品种类型	普通玉米
育种单位	山西省农业科学院玉米研究所 北京中地种业科技有限公司
种子标样提交单位	中地种业（集团）有限公司
2016年推广区域	山西
特征特性	
生育期	西北春玉米区出苗至成熟132天，比郑单958早1天；黄淮海夏播玉米区出苗至成熟101天
株型	西北春玉米区紧凑，黄淮海夏播玉米区半紧凑
株高	西北春玉米区295cm，黄淮海夏播玉米区295cm
穗位高	西北春玉米区125cm，黄淮海夏播玉米区114cm
叶片	幼苗叶鞘紫色，叶片绿色，叶缘白色，西北春玉米区成株叶片数19片；黄淮海夏播玉米区成株叶片数20片
雄穗	花药黄色，颖壳浅紫色
花丝颜色	浅紫色
果穗	筒型，西北春玉米区穗长18.6cm，穗行数16～18行，穗轴红色；黄淮海夏播玉米区穗长17.5cm，穗行数16行
籽粒	黄色，半马齿型
百粒重	西北春玉米区37.2g，黄淮海夏播玉米区36.9g
籽粒容重	西北春玉米区770g/L，黄淮海夏播玉米区780g/L
粗淀粉含量	西北春玉米区76.07%，黄淮海夏播玉米区74.27%
粗蛋白含量	西北春玉米区8.63%，黄淮海夏播玉米区9.59%
粗脂肪含量	西北春玉米区3.54%，黄淮海夏播玉米区3.47%
赖氨酸含量	西北春玉米区0.31%，黄淮海夏播玉米区0.32%
抗病性	西北春玉米区高抗茎腐病，中抗大斑病、禾谷镰孢穗腐病，感丝黑穗病；黄淮海夏播玉米区中抗小斑病，中抗弯孢叶斑病，中抗茎腐病，高感瘤黑粉病，抗粗缩病

幼　苗

株　形

雄　蕊

花　丝　　　　果　型

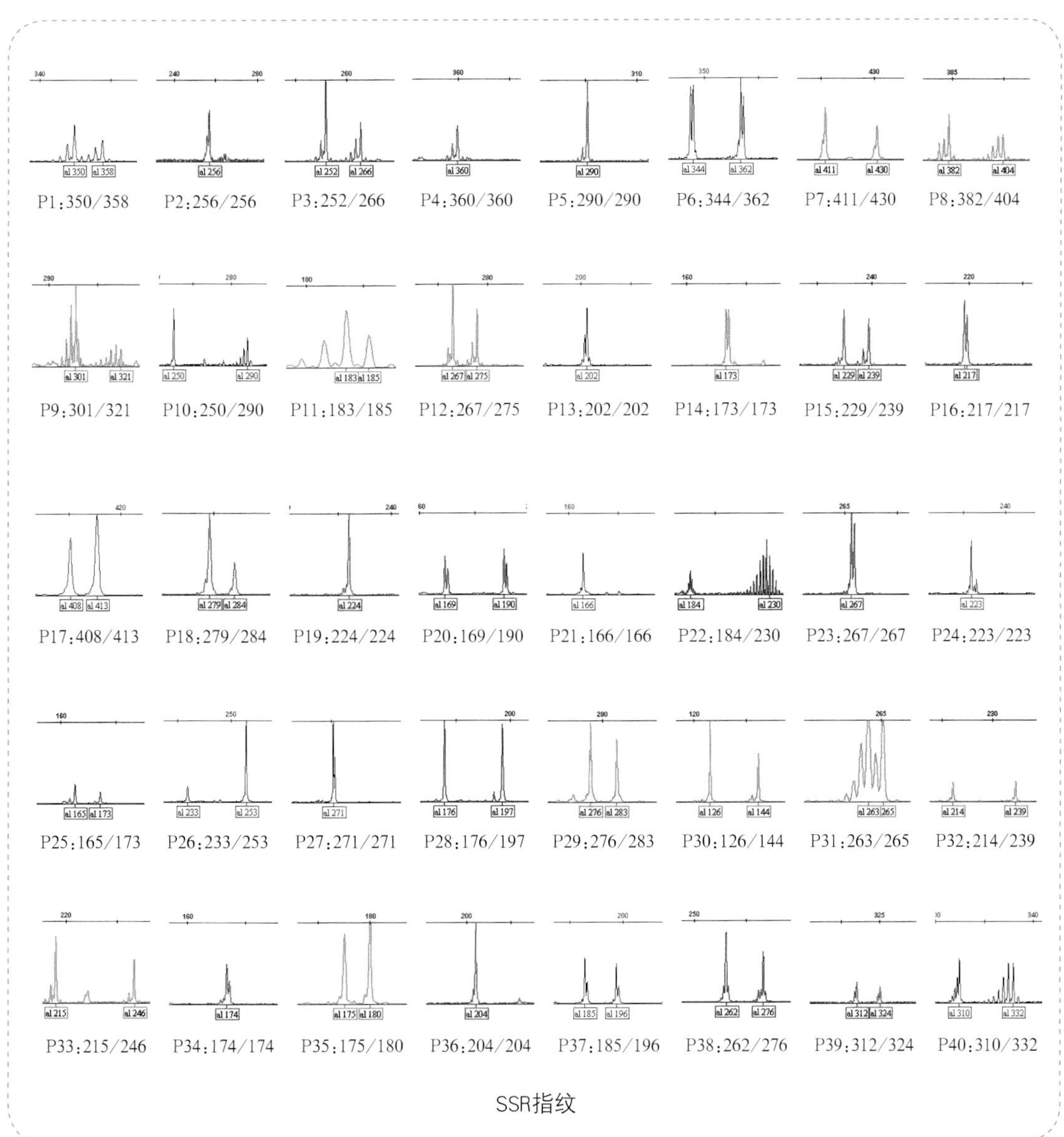
P1:350/358
P2:256/256
P3:252/266
P4:360/360
P5:290/290
P6:344/362
P7:411/430
P8:382/404
P9:301/321
P10:250/290
P11:183/185
P12:267/275
P13:202/202
P14:173/173
P15:229/239
P16:217/217
P17:408/413
P18:279/284
P19:224/224
P20:169/190
P21:166/166
P22:184/230
P23:267/267
P24:223/223
P25:165/173
P26:233/253
P27:271/271
P28:176/197
P29:276/283
P30:126/144
P31:263/265
P32:214/239
P33:215/246
P34:174/174
P35:175/180
P36:204/204
P37:185/196
P38:262/276
P39:312/324
P40:310/332

SSR指纹

31.中地175

基本信息	
品种名称	中地175
亲本组合	父本：Q317　母本：H446
审定编号	冀审玉2014022号
品种类型	普通玉米
育种单位	河北省农林科学院旱作农业研究所 北京中地种业科技有限公司
种子标样提交单位	中地种业（集团）有限公司
2016年推广区域	河北
特征特性	
生育期	河北省北部春播区125天左右，太行山区春播区117天左右
株型	半紧凑
株高	河北省北部春播区295cm，太行山区春播区286cm
穗位高	河北省北部春播区120cm，太行山区春播区112cm
叶片	幼苗叶鞘紫色
雄穗	雄穗分枝11 ～ 15个，花药浅紫色
花丝颜色	浅紫色
果穗	锥型，穗轴白色，河北省北部春播区穗长20.8cm，穗行数18行，秃尖0.5cm，出籽率82.4%；太行山区春播区穗长20.3cm，穗行数16行，秃尖0.3cm，出籽率86.0%
籽粒	黄色，马齿型
百粒重	河北省北部春播区36.72g，太行山区春播区39.64g
籽粒容重	778g/L
粗淀粉含量	73.65%
粗蛋白含量	8.53%
粗脂肪含量	3.72%
赖氨酸含量	0.29%
抗病性	2011年河北省农林科学院植物保护研究所鉴定，中抗丝黑穗病、小斑病、茎腐病，感大斑病；2012年吉林省农业科学院植物保护研究所鉴定，中抗茎腐病、玉米螟，感丝黑穗病、大斑病、弯孢菌叶斑病

幼　苗

株　形

雄　蕊

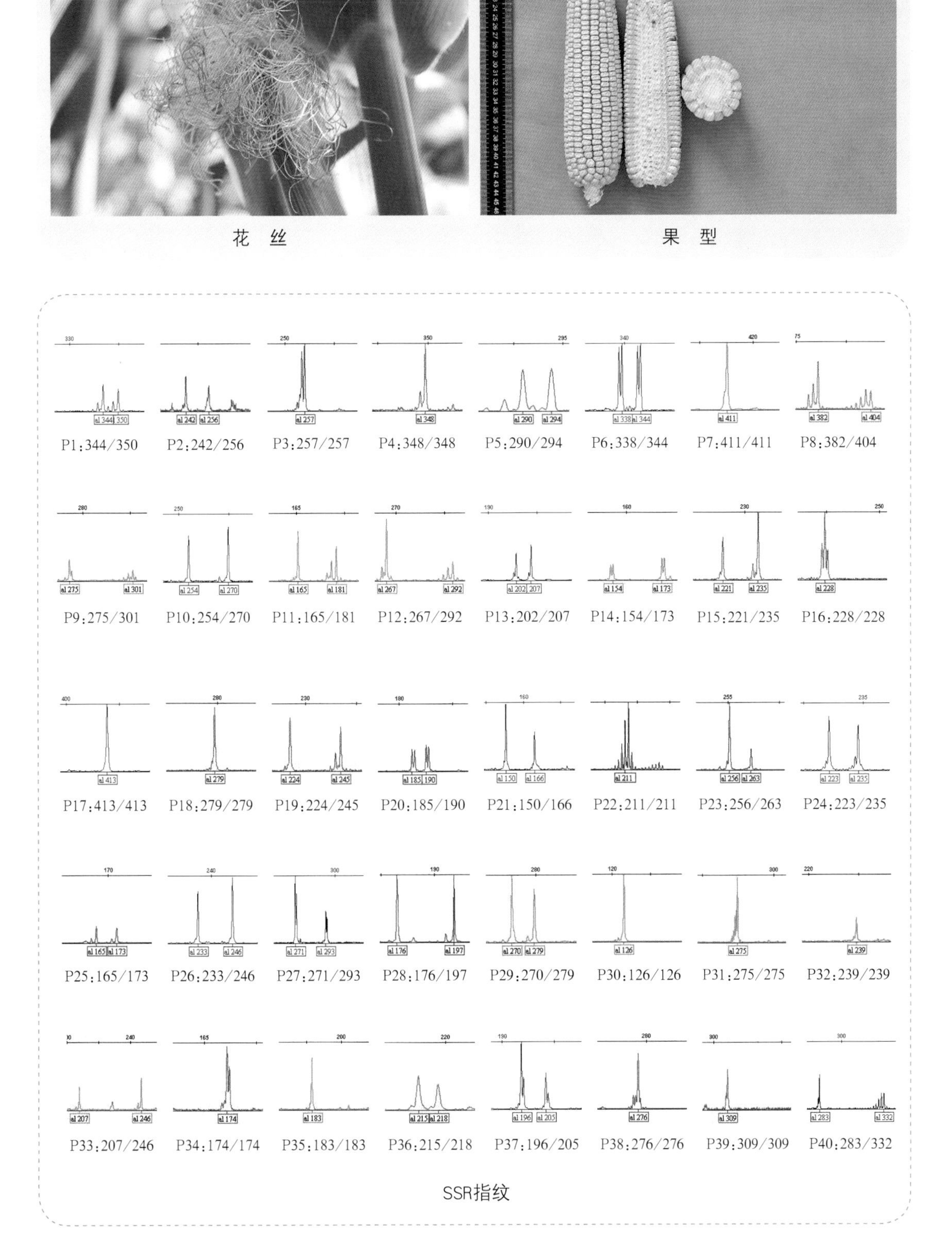
P1:344/350
P2:242/256
P3:257/257
P4:348/348
P5:290/294
P6:338/344
P7:411/411
P8:382/404
P9:275/301
P10:254/270
P11:165/181
P12:267/292
P13:202/207
P14:154/173
P15:221/235
P16:228/228
P17:413/413
P18:279/279
P19:224/245
P20:185/190
P21:150/166
P22:211/211
P23:256/263
P24:223/235
P25:165/173
P26:233/246
P27:271/293
P28:176/197
P29:270/279
P30:126/126
P31:275/275
P32:239/239
P33:207/246
P34:174/174
P35:183/183
P36:215/218
P37:196/205
P38:276/276
P39:309/309
P40:283/332

花 丝

果 型

SSR指纹

32.中地606

基本信息	
品种名称	中地606
亲本组合	父本：D117　母本：1024
审定编号	蒙审玉2015003号
品种类型	普通玉米
育种单位	中地种业（集团）有限公司
种子标样提交单位	中地种业（集团）有限公司
2016年推广区域	内蒙古
特征特性	
株型	半紧凑
株高	257cm
穗位高	90cm
叶片	叶片绿紫色，叶鞘紫色；17.8片叶
雄穗	一级分枝6～8个，护颖绿色，花药紫色
花丝颜色	浅紫色
果穗	长锥型，粉轴，穗长18.9cm，穗粗5.0cm，秃尖0.1cm，穗行数14～16，行粒数38.7，单穗粒重222.0g，出籽率82.0%
籽粒	马齿型，黄色
百粒重	39g
籽粒容重	763g/L
粗淀粉含量	74.33%
粗蛋白含量	10.56%
粗脂肪含量	3.71%
赖氨酸含量	0.27%
抗病性	感大斑病（7S），感弯孢病（7S），感丝黑穗病（13.2% S），中抗茎腐病（19.4% MR），感玉米螟（6.3S）

幼　苗

株　形

雄　蕊

花　丝

果　型

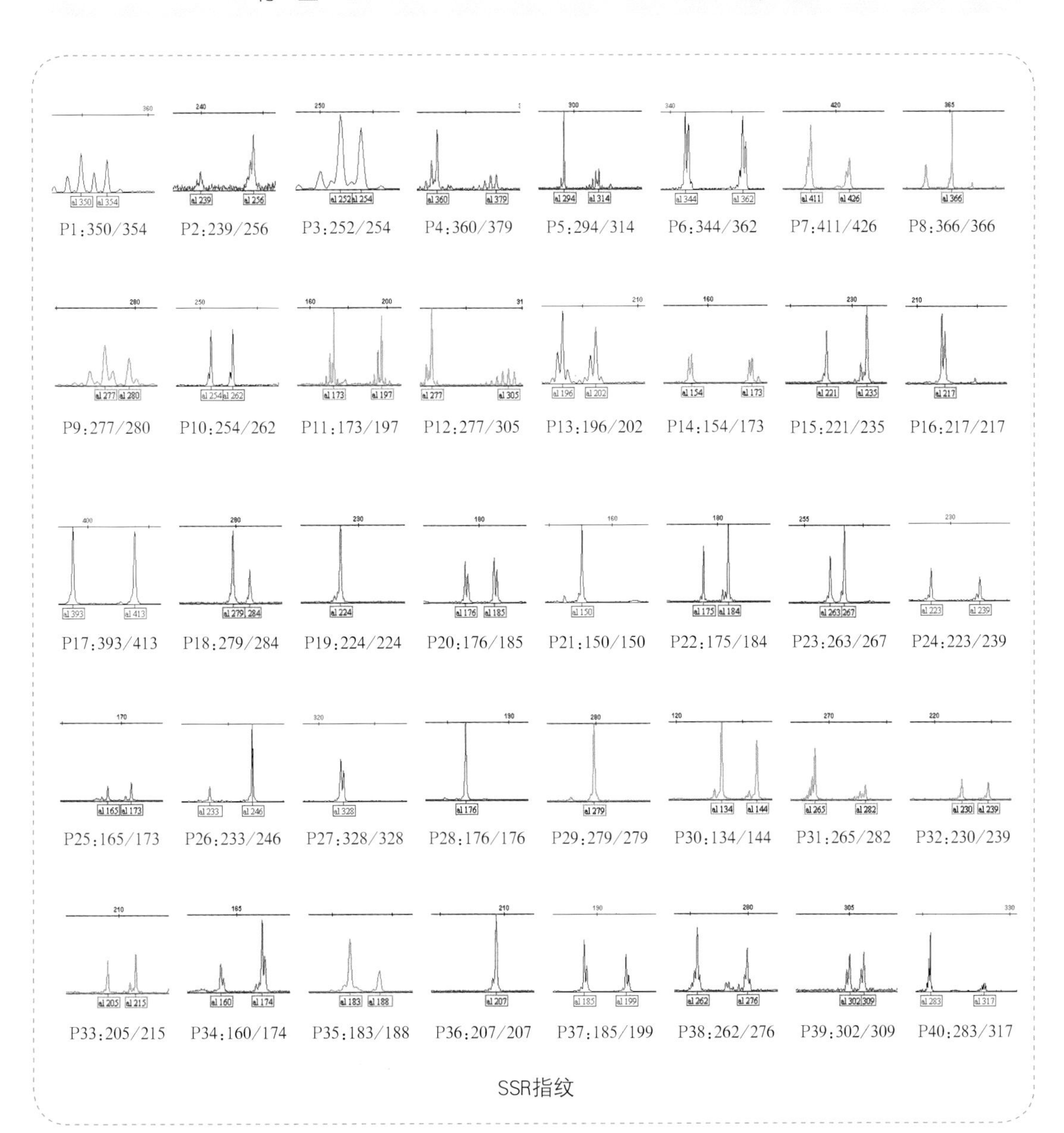
P1:350/354
P2:239/256
P3:252/254
P4:360/379
P5:294/314
P6:344/362
P7:411/426
P8:366/366
P9:277/280
P10:254/262
P11:173/197
P12:277/305
P13:196/202
P14:154/173
P15:221/235
P16:217/217
P17:393/413
P18:279/284
P19:224/224
P20:176/185
P21:150/150
P22:175/184
P23:263/267
P24:223/239
P25:165/173
P26:233/246
P27:328/328
P28:176/176
P29:279/279
P30:134/144
P31:265/282
P32:230/239
P33:205/215
P34:160/174
P35:183/188
P36:207/207
P37:185/199
P38:262/276
P39:302/309
P40:283/317

SSR指纹

33.中元999

基本信息	
品种名称	中元999
亲本组合	父本：ZY269　母本：ZY268
审定编号	辽审玉2017028
品种类型	普通玉米
育种单位	中地种业（集团）有限公司 沈阳中元种业有限公司
种子标样提交单位	中地种业（集团）有限公司
特征特性	
生育期	辽宁省春播生育期130天，比对照郑单958短1天左右
株型	半紧凑
株高	313cm左右
穗位高	126cm左右
叶片	成株大约20片叶
雄穗	雄穗分枝7～9个，花药浅紫色
花丝颜色	浅紫色
果穗	筒型，穗长大约20.5cm，穗行数16～18行，穗轴红色，出籽率86.1%
籽粒	黄色，半马齿型
百粒重	39.0g
籽粒容重	770g/L
粗淀粉含量	10.2%
粗蛋白含量	3.45%
粗脂肪含量	73.71%
抗病性	中抗大斑病（1～5级），中抗灰斑病（1～5级），中抗弯孢叶斑病（1～5级），中抗茎腐病（病株率0.0～16.7%），感丝黑穗病（病株率0.0～11.0%），倒伏（折）率0.5（0.5）%

幼　苗

株　形

雄　蕊

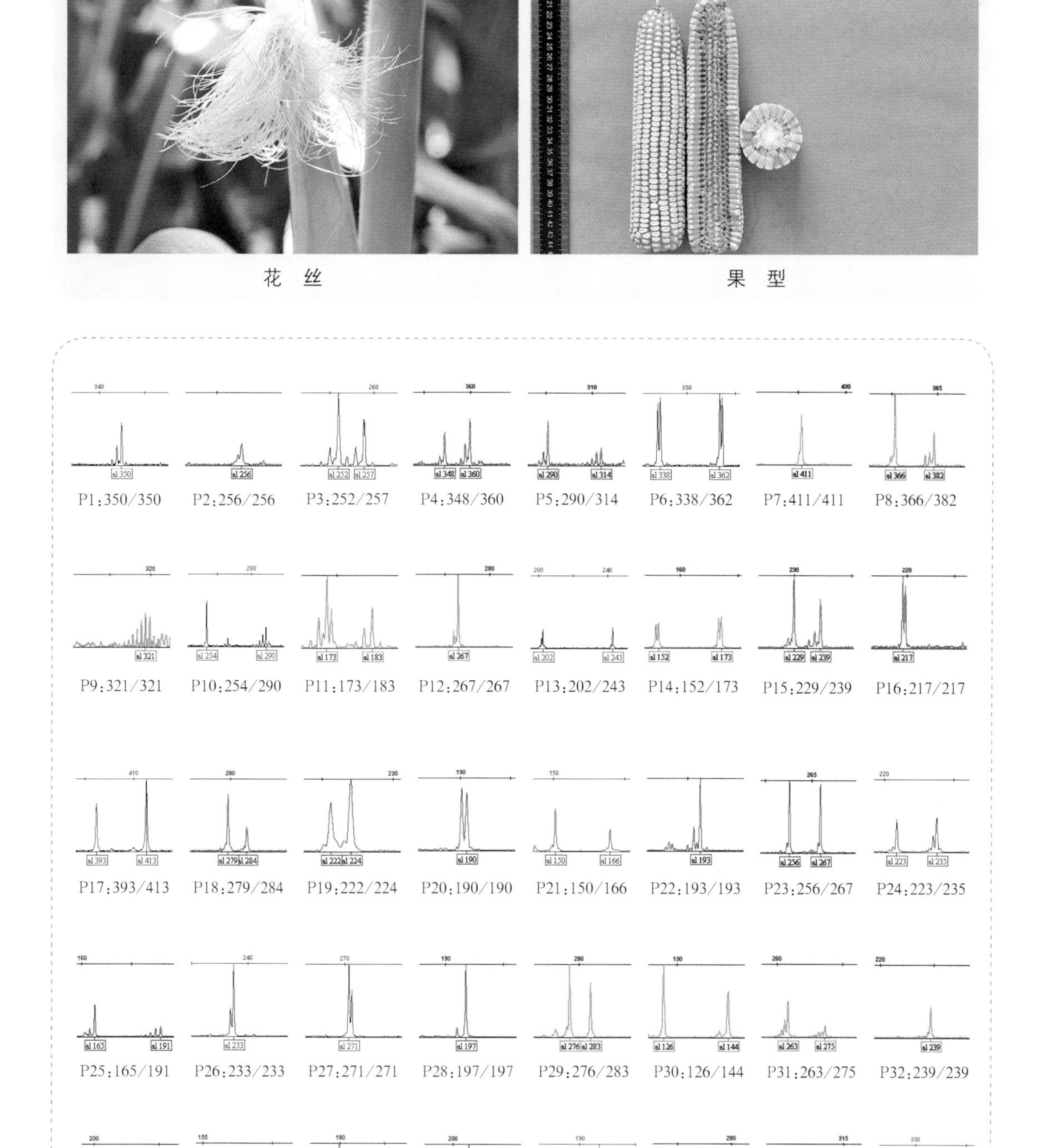
P1:350/350
P2:256/256
P3:252/257
P4:348/360
P5:290/314
P6:338/362
P7:411/411
P8:366/382
P9:321/321
P10:254/290
P11:173/183
P12:267/267
P13:202/243
P14:152/173
P15:229/239
P16:217/217
P17:393/413
P18:279/284
P19:222/224
P20:190/190
P21:150/166
P22:193/193
P23:256/267
P24:223/235
P25:165/191
P26:233/233
P27:271/271
P28:197/197
P29:276/283
P30:126/144
P31:263/275
P32:239/239
P33:207/215
P34:160/174
P35:180/183
P36:204/204
P37:185/196
P38:262/276
P39:309/312
P40:332/332

花　丝　　　果　型

SSR指纹

34. 中地9988

基本信息	
品种名称	中地9988
亲本组合	父本：ZY21　母本：ZY20
审定编号	晋审玉2016028
品种类型	普通玉米
育种单位	中地种业（集团）有限公司
种子标样提交单位	中地种业（集团）有限公司
2016年推广区域	辽宁
特征特性	
生育期	山西春播中晚熟玉米区生育期129天左右，与对照先玉335相当
株型	紧凑
株高	283cm
穗位高	107cm
叶片	幼苗第一叶叶鞘紫色，叶尖端圆到尖到圆形，叶缘紫色；总叶片数20片
雄穗	雄穗主轴与分枝角度中，侧枝姿态直，一级分枝5～9个，最高位侧枝以上的主轴长20～25cm，花药紫色，颖壳绿色
花丝颜色	浅紫色
果穗	筒型，穗轴红色，穗长20.3cm，穗行16～18行，行粒数39粒，出籽率87.7%
籽粒	黄色，粒型半马齿型，籽粒顶端淡黄色
百粒重	37g
籽粒容重	761.0g/L
粗淀粉含量	72.42%
粗蛋白含量	10.66%
粗脂肪含量	3.55%
抗病性	抗粗缩病，中抗大斑病、穗腐病、茎基腐，感矮花叶病、丝黑穗病

幼　苗

株　形

雄　蕊

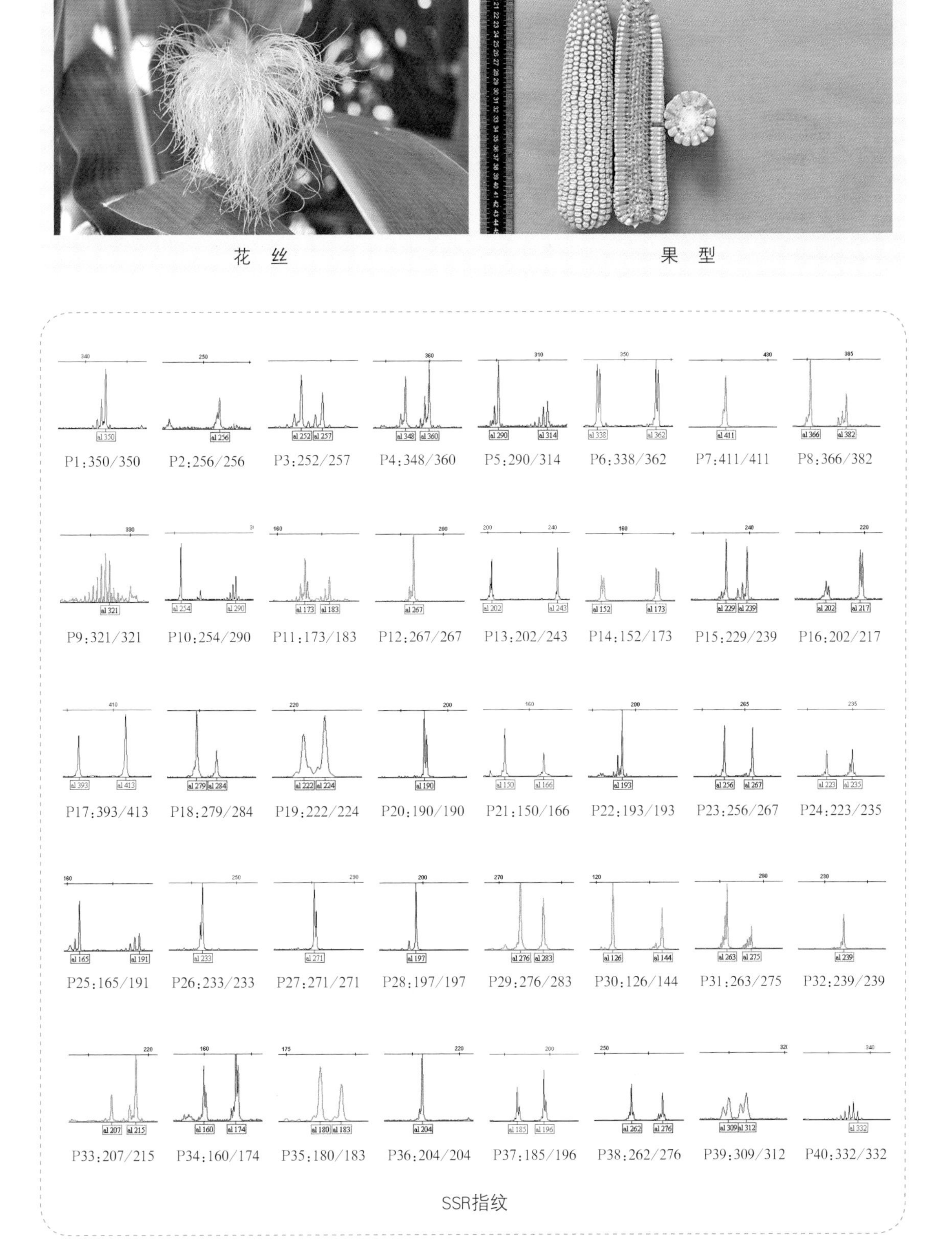
P1:350/350
P2:256/256
P3:252/257
P4:348/360
P5:290/314
P6:338/362
P7:411/411
P8:366/382
P9:321/321
P10:254/290
P11:173/183
P12:267/267
P13:202/243
P14:152/173
P15:229/239
P16:202/217
P17:393/413
P18:279/284
P19:222/224
P20:190/190
P21:150/166
P22:193/193
P23:256/267
P24:223/235
P25:165/191
P26:233/233
P27:271/271
P28:197/197
P29:276/283
P30:126/144
P31:263/275
P32:239/239
P33:207/215
P34:160/174
P35:180/183
P36:204/204
P37:185/196
P38:262/276
P39:309/312
P40:332/332

花 丝

果 型

SSR指纹

35.豫青贮23

基本信息	
品种名称	豫青贮23
亲本组合	父本：115　母本：9383
审定编号	国审玉2008022
品种权号	CNA20060869.X
品种类型	青贮玉米
育种单位	河南省大京九种业有限公司
种子标样提交单位	北京大京九农业开发有限公司
2017年推广区域	北京、天津、河北、辽宁、吉林、黑龙江、内蒙古、西藏等地
特征特性	
生育期	东北华北地区出苗至青贮收获期117天
株型	半紧凑
株高	330cm
穗位高	130cm
叶片	幼苗叶鞘紫色，叶片浓绿色，叶缘紫色；成株叶片数18 ~ 19片
雄穗	花药黄色，颖壳紫色
花丝颜色	粉红色
果穗	圆筒形
籽粒	半马齿型
百粒重	32.2g
籽粒容重	836g/L
全株青贮干物质淀粉含量	33.15%
全株青贮干物质粗蛋白含量	9.30%
全株青贮干物质中性洗涤纤维含量	46.72%
全株青贮干物质酸性洗涤纤维含量	19.63%
抗病性	高抗矮花叶病，中抗大斑病和纹枯病，感丝黑穗病，高感小斑病

幼　苗

株　形

雄　蕊

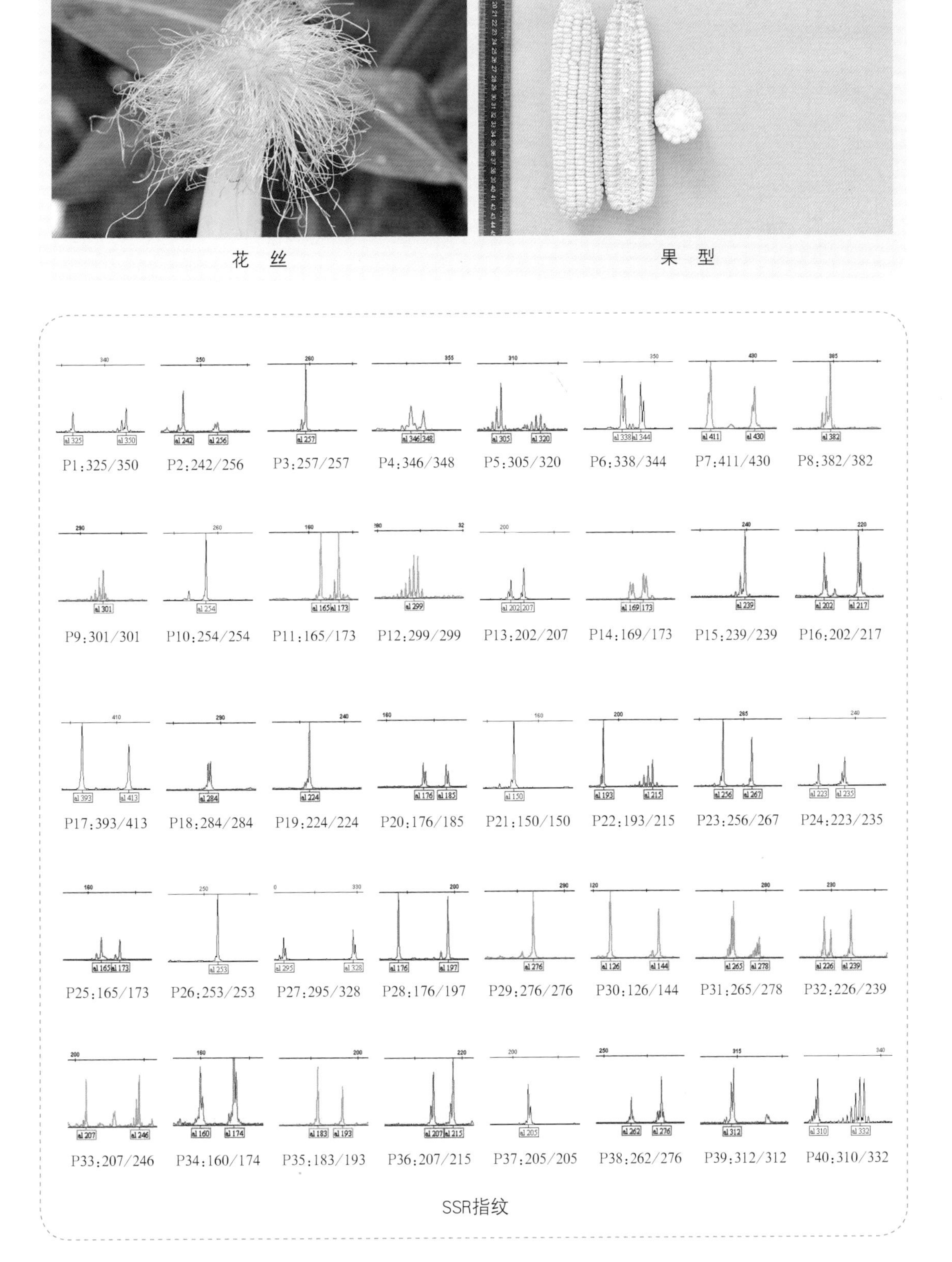
P1:325/350
P2:242/256
P3:257/257
P4:346/348
P5:305/320
P6:338/344
P7:411/430
P8:382/382
P9:301/301
P10:254/254
P11:165/173
P12:299/299
P13:202/207
P14:169/173
P15:239/239
P16:202/217
P17:393/413
P18:284/284
P19:224/224
P20:176/185
P21:150/150
P22:193/215
P23:256/267
P24:223/235
P25:165/173
P26:253/253
P27:295/328
P28:176/197
P29:276/276
P30:126/144
P31:265/278
P32:226/239
P33:207/246
P34:160/174
P35:183/193
P36:207/215
P37:205/205
P38:262/276
P39:312/312
P40:310/332

花　丝

果　型

SSR指纹

36.大京九6号

基本信息	
品种名称	大京九6号
亲本组合	父本：L72　母本：H35
审定编号	国审玉20176112
品种权号	CNA20120557.9
品种类型	普通玉米
育种单位	河南省大京九种业有限公司
种子标样提交单位	北京大京九农业开发有限公司
2017年推广区域	河南、山西、陕西
特征特性	
生育期	河南、山西、陕西夏玉米区出苗至成熟100天，与对照品种郑单958生育期相当
株型	紧凑
株高	249cm
穗位高	95cm
叶片	幼苗叶鞘紫色，第一幼叶卵圆型，叶片绿色，叶缘浅紫色；成株叶片数19片
雄穗	颖壳绿色
花丝颜色	浅紫色
果穗	筒型，穗长16～18cm，穗行数16行，穗轴红色
籽粒	黄色，半马齿型
百粒重	36.8g
籽粒容重	800g/L
粗淀粉含量	73.58%
粗蛋白含量	9.12%
粗脂肪含量	5.14%
赖氨酸含量	0.27%
抗病性	经中国农业科学院作物科学研究所2016接种鉴定，高感粗缩病，感小斑病、禾谷镰孢穗腐病，中抗弯孢叶斑病，抗瘤黑粉病，高抗镰孢茎腐病；经西北农林大学植保学院2016接种鉴定，中抗大斑病；抗穗腐病、小斑病，高抗茎腐病

幼　苗

株　形

雄　蕊

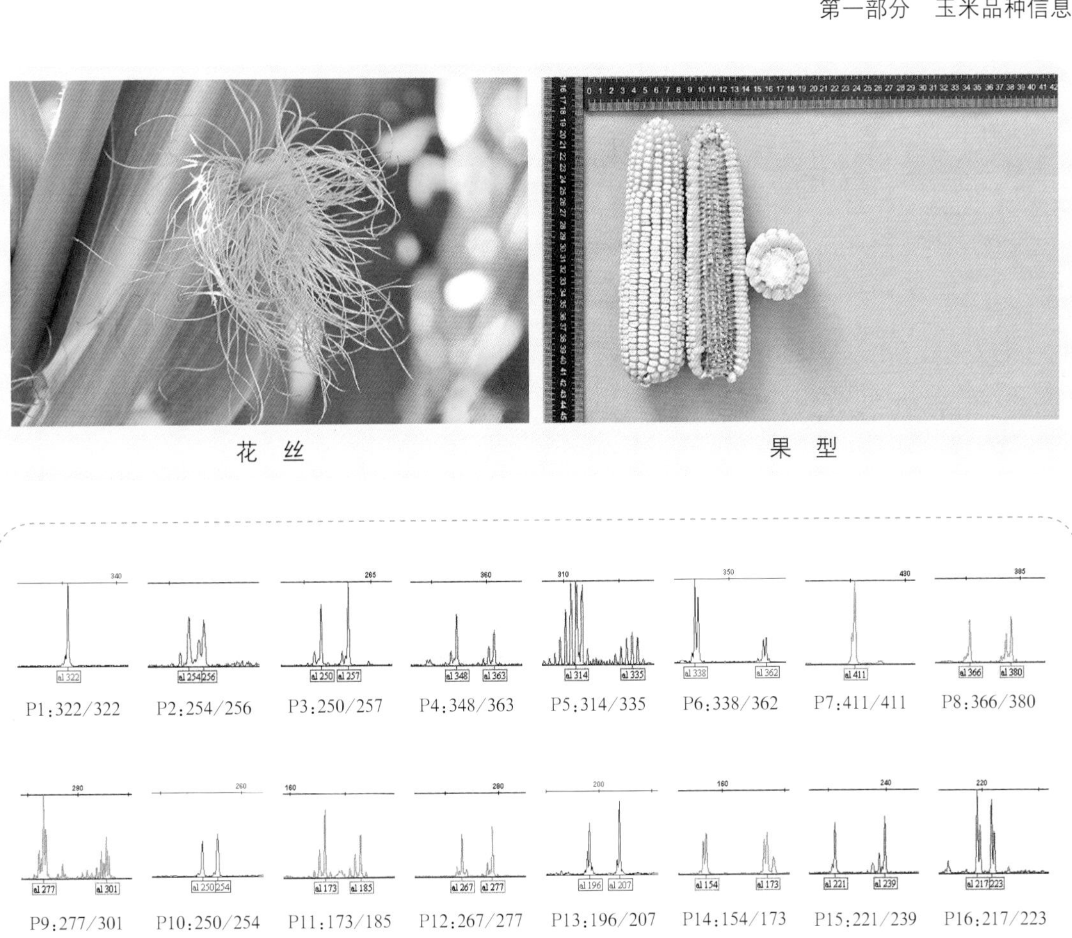

花　丝　　　　　　　　果　型

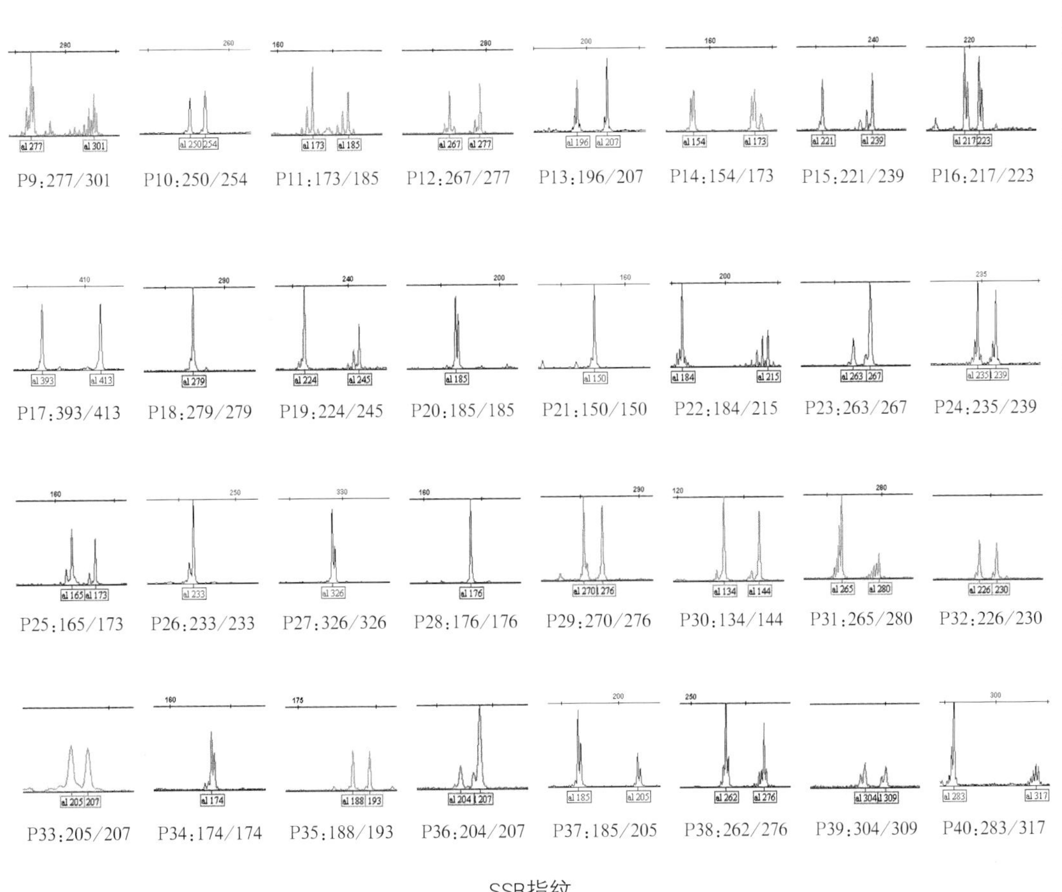
P1:322/322
P2:254/256
P3:250/257
P4:348/363
P5:314/335
P6:338/362
P7:411/411
P8:366/380
P9:277/301
P10:250/254
P11:173/185
P12:267/277
P13:196/207
P14:154/173
P15:221/239
P16:217/223
P17:393/413
P18:279/279
P19:224/245
P20:185/185
P21:150/150
P22:184/215
P23:263/267
P24:235/239
P25:165/173
P26:233/233
P27:326/326
P28:176/176
P29:270/276
P30:134/144
P31:265/280
P32:226/230
P33:205/207
P34:174/174
P35:188/193
P36:204/207
P37:185/205
P38:262/276
P39:304/309
P40:283/317

SSR指纹

37.大京九26

基本信息	
品种名称	大京九26
亲本组合	父本：2193　母本：9889
审定编号	国审玉20170049
品种权申请号	20160006.2
品种类型	青贮玉米
育种单位	河南省大京九种业有限公司
种子标样提交单位	北京大京九农业开发有限公司
2017年推广区域	内蒙古、黑龙江、吉林、辽宁、北京、河北、天津、山西、新疆、陕西、甘肃、宁夏
特征特性	
生育期	东华北、西北春玉米区出苗至收获123天，比对照雅玉青贮26早2天
株型	半紧凑
株高	337cm
穗位高	161cm
叶片	幼苗叶鞘浅紫色，叶片深绿色，叶缘紫色；成株叶片数20片
雄穗	花药黄色，颖壳绿色
花丝颜色	紫红色
果穗	长筒型，穗长22cm，穗行数16～18行，穗轴白色
籽粒	黄色、马齿型
百粒重	36.0g
籽粒容重	801g/L
全株青贮干物质淀粉含量	31.32%
全株青贮干物质粗粗蛋白含量	8.14%
全株青贮干物质中性洗涤纤维含量	40.81%
全株青贮干物质酸性洗涤纤维含量	17.09%
抗病性	抗小斑病，中抗弯孢叶斑病，感大斑病、纹枯病、丝黑穗病

幼　苗

株　形

雄　蕊

花　丝

果　型

250 250 360 310 350 430 385

al 346 350　al 242 al 256　al 248 250　al 346　al 292　al 335 al 344　al 411 al 430　al 380

P1:346/350　P2:242/256　P3:248/250　P4:346/346　P5:292/292　P6:335/344　P7:411/430　P8:380/380

290 240 160 280 200 170

al 291 al 301　al 246 al 254　al 165 al 177　al 277　al 196 al 243　al 169 173　al 229 231　al 202 207

P9:291/301　P10:246/254　P11:165/177　P12:277/277　P13:196/243　P14:169/173　P15:229/231　P16:202/207

410 290 240 160 170 260 230

al 393 al 413　al 279 284　al 224　al 173 176　al 150　al 175 al 184　al 263 267　al 216 al 223

P17:393/413　P18:279/284　P19:224/224　P20:173/176　P21:150/150　P22:175/184　P23:263/267　P24:216/223

160 250 160 290 120 280 220

al 173　al 253　al 293 295　al 176　al 283　al 134 al 144　al 282 al 297　al 226 230

P25:173/173　P26:253/253　P27:293/295　P28:176/176　P29:283/283　P30:134/144　P31:282/297　P32:226/230

200 160 160 220 200 250 310 300

al 207 al 246　al 160 al 178　al 175　al 215　al 185　al 262　al 309 312　al 310 al 317

P33:207/246　P34:160/178　P35:175/175　P36:215/215　P37:185/185　P38:262/262　P39:309/312　P40:310/317

SSR指纹

38.潞玉36

基本信息	
品种名称	潞玉36
亲本组合	父本：LZF　母本：LZM2-184
审定编号	国审玉2013005
品种权号	CNA20130321.3
品种类型	普通玉米
育种单位	山西潞玉种业股份有限公司
种子标样提交单位	中农发种业集团股份有限公司
2016年推广区域	东北、华北春播区
特征特性	
生育期	139天，比对照沈单16号晚1天
株型	半紧凑
株高	291cm
穗位高	119cm
叶片	幼苗叶鞘深紫色，叶片绿色，叶缘紫色；成株叶片数21片
雄穗	花药紫色，颖壳绿间紫色
花丝颜色	粉红色
果穗	筒形，穗长19.8cm，穗行数16.2行，行粒数38.8粒，穗轴白色
籽粒	黄色、半马齿型
百粒重	35.87g
籽粒容重	799.9g/L
粗淀粉含量	75.18%
粗蛋白含量	8.97%
粗脂肪含量	4.83%
赖氨酸含量	0.231%
抗病性	高抗茎腐病、瘤黑粉病和红叶病，中抗矮花叶病，感大斑病和丝黑穗病

幼　苗

株　形

雄　蕊

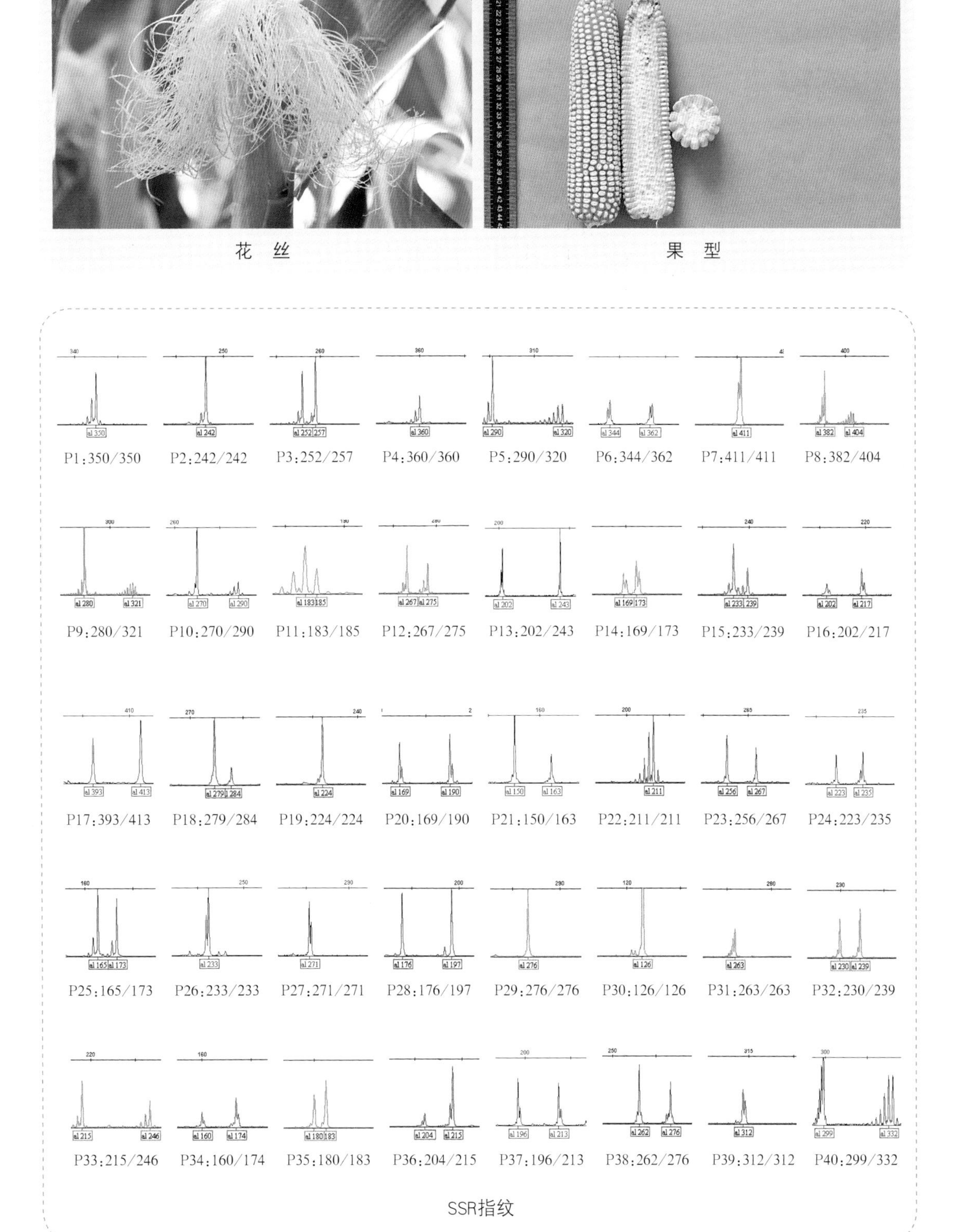
P1:350/350
P2:242/242
P3:252/257
P4:360/360
P5:290/320
P6:344/362
P7:411/411
P8:382/404
P9:280/321
P10:270/290
P11:183/185
P12:267/275
P13:202/243
P14:169/173
P15:233/239
P16:202/217
P17:393/413
P18:279/284
P19:224/224
P20:169/190
P21:150/163
P22:211/211
P23:256/267
P24:223/235
P25:165/173
P26:233/233
P27:271/271
P28:176/197
P29:276/276
P30:126/126
P31:263/263
P32:230/239
P33:215/246
P34:160/174
P35:180/183
P36:204/215
P37:196/213
P38:262/276
P39:312/312
P40:299/332

花　丝

果　型

SSR指纹

39. 潞玉50

基本信息	
品种名称	潞玉50
亲本组合	父本：LZA10　母本：LZA15
审定编号	晋审玉2013017
品种类型	普通玉米
育种单位	山西潞玉种业股份有限公司
种子标样提交单位	中农发种业集团股份有限公司
2016年推广区域	山西
特征特性	
生育期	127天左右，与对照先玉335相当
株型	紧凑
株高	260cm
穗位高	95cm
叶片	幼苗第一叶叶鞘微紫色，叶尖端圆到匙形，叶缘微紫色，总叶片数20～21片
雄穗	主轴与分枝角度中，侧枝姿态轻度下弯，一级分枝5～8个，最高位侧枝以上的主轴长6～8cm，花药黄色，颖壳绿间紫色
花丝颜色	粉红色
果穗	筒型，穗轴红色，穗长平均21.2cm，穗行数16～18行，行粒数平均41粒，出籽率88.7％
籽粒	半马齿型，籽粒顶端黄色
百粒重	36.5g
籽粒容重	776g/L
粗淀粉含量	72.86%
粗蛋白含量	10.06%
粗脂肪含量	3.74%
抗病性	感丝黑穗病、矮花叶病、粗缩病，中抗大斑病、穗腐病，高抗茎腐病

幼　苗

株　形

雄　蕊

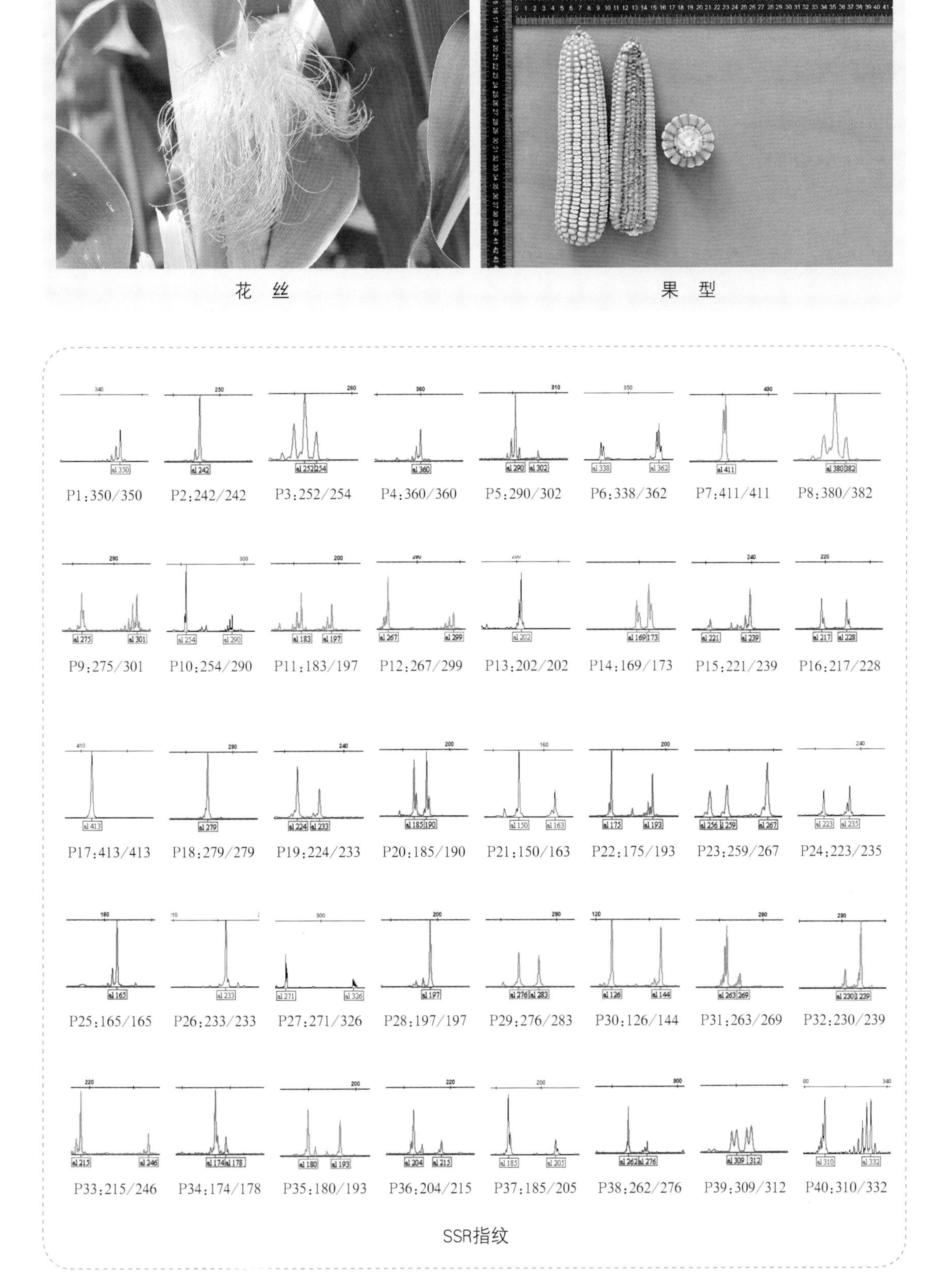
P1:350/350
P2:242/242
P3:252/254
P4:360/360
P5:290/302
P6:338/362
P7:411/411
P8:380/382
P9:275/301
P10:254/290
P11:183/197
P12:267/299
P13:202/202
P14:169/173
P15:221/239
P16:217/228
P17:413/413
P18:279/279
P19:224/233
P20:185/190
P21:150/163
P22:175/193
P23:259/267
P24:223/235
P25:165/165
P26:233/233
P27:271/326
P28:197/197
P29:276/283
P30:126/144
P31:263/269
P32:230/239
P33:215/246
P34:174/178
P35:180/193
P36:204/215
P37:185/205
P38:262/276
P39:309/312
P40:310/332

花 丝

果 型

SSR指纹

40.天泰359

基本信息	
品种名称	天泰359
亲本组合	父本：TF349　母本：SM033
审定编号	国审玉20176099
品种类型	普通玉米
育种单位	山东中农天泰种业有限公司
种子标样提交单位	中农发种业集团股份有限公司
特征特性	
生育期	西北春玉米区出苗至成熟132.1天，比郑单958早1天
株型	半紧凑
株高	301.4cm
穗位高	118.4cm
叶片	幼苗叶鞘浅紫色，叶片绿色；成株叶片数18.3片
雄穗	花药浅紫色，颖壳绿色
花丝颜色	浅紫色
果穗	筒型，穗长18.7cm，穗行数17.3行，穗轴红色
籽粒	黄色，半马齿型
百粒重	34.6g
籽粒容重	788g/L
粗淀粉含量	71.72%
粗蛋白含量	9.89%
粗脂肪含量	4.13%
赖氨酸含量	0.33%
抗病性	中抗大斑病，感丝黑穗病，高抗茎腐病，抗穗腐病

幼　苗

株　形

雄　蕊

花 丝

果 型

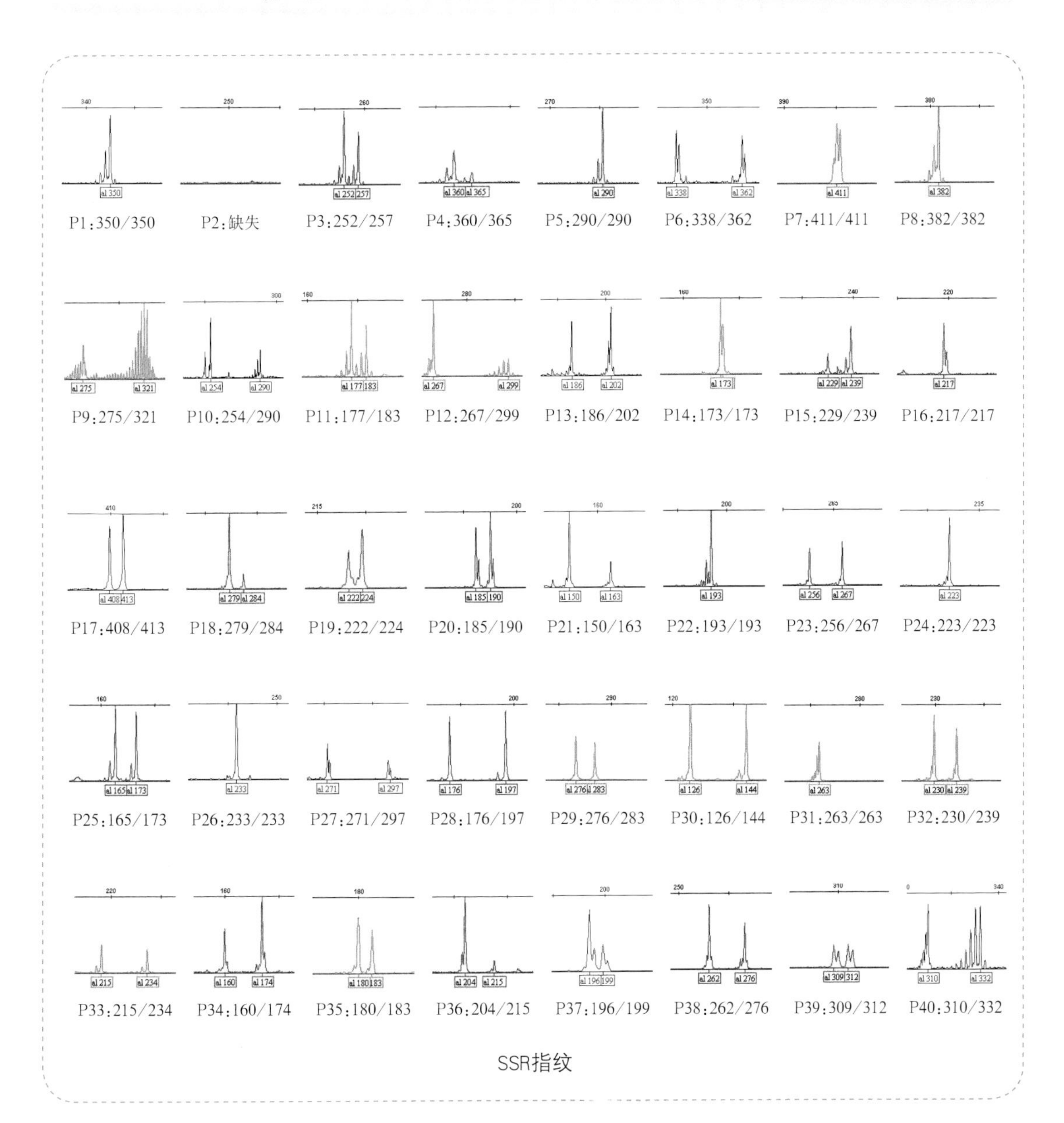
P1:350/350
P2:缺失
P3:252/257
P4:360/365
P5:290/290
P6:338/362
P7:411/411
P8:382/382
P9:275/321
P10:254/290
P11:177/183
P12:267/299
P13:186/202
P14:173/173
P15:229/239
P16:217/217
P17:408/413
P18:279/284
P19:222/224
P20:185/190
P21:150/163
P22:193/193
P23:256/267
P24:223/223
P25:165/173
P26:233/233
P27:271/297
P28:176/197
P29:276/283
P30:126/144
P31:263/263
P32:230/239
P33:215/234
P34:160/174
P35:180/183
P36:204/215
P37:196/199
P38:262/276
P39:309/312
P40:310/332

SSR指纹

41.天泰316

基本信息	
品种名称	天泰316
亲本组合	父本：TF325　母本：SM017
审定编号	国审玉20176085
品种类型	普通玉米
育种单位	山东中农天泰种业有限公司
种子标样提交单位	中农发种业集团股份有限公司
特征特性	
生育期	黄淮海夏玉米区出苗至成熟100天，比郑单958早2天
株型	紧凑
株高	266cm
穗位高	102cm
叶片	幼苗叶鞘紫色，叶片绿色
雄穗	花药浅紫色，颖壳绿色
花丝颜色	浅紫色
果穗	锥至筒型，穗长17.5cm，穗行数16.4行，穗轴红色
籽粒	黄色，半马齿型
百粒重	32.7g
籽粒容重	766g/L
粗淀粉含量	74.51%
粗蛋白含量	8.99%
粗脂肪含量	4.45%
赖氨酸含量	0.28%
抗病性	中抗小斑病、穗腐病、弯孢叶斑病、茎腐病，高感瘤黑粉病，感粗缩病

幼　苗

株　形

雄　蕊

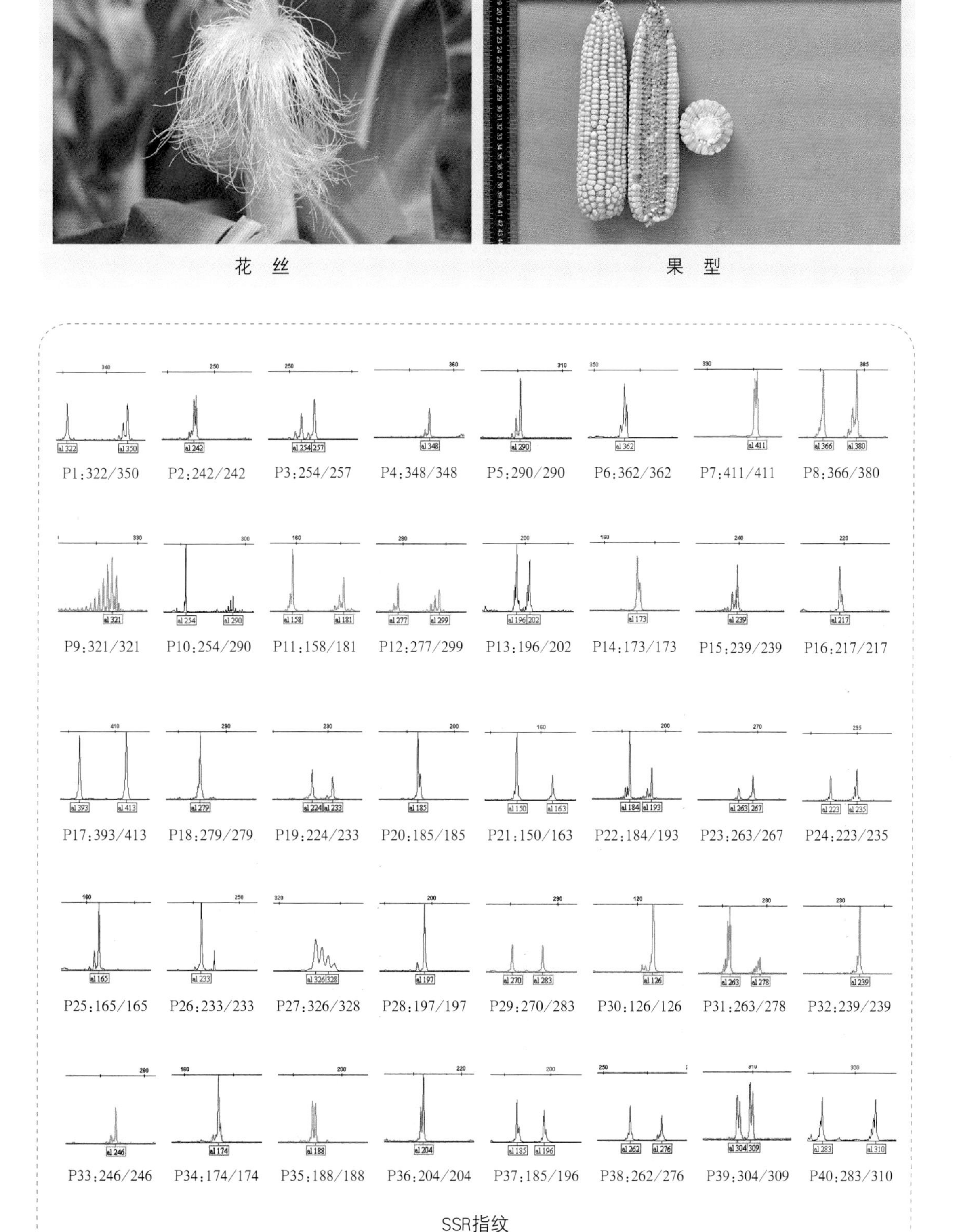
P1:322/350
P2:242/242
P3:254/257
P4:348/348
P5:290/290
P6:362/362
P7:411/411
P8:366/380
P9:321/321
P10:254/290
P11:158/181
P12:277/299
P13:196/202
P14:173/173
P15:239/239
P16:217/217
P17:393/413
P18:279/279
P19:224/233
P20:185/185
P21:150/163
P22:184/193
P23:263/267
P24:223/235
P25:165/165
P26:233/233
P27:326/328
P28:197/197
P29:270/283
P30:126/126
P31:263/278
P32:239/239
P33:246/246
P34:174/174
P35:188/188
P36:204/204
P37:185/196
P38:262/276
P39:304/309
P40:283/310

花　丝　　　　果　型

SSR指纹

42.邦玉339

基本信息	
品种名称	邦玉339
亲本组合	父本：TS02　母本：PR02
审定编号	鲁审玉20160019
品种类型	普通玉米
育种单位	山东天泰种业有限公司
种子标样提交单位	中农发种业集团股份有限公司
特征特性	
生育期	夏播生育期108天，比郑单958早熟1天
株型	紧凑
株高	250.1cm
穗位高	95.6cm
叶片	幼苗叶鞘浅紫色，叶色浓绿；全株叶片18 ~ 20片
雄穗	花药绿色
花丝颜色	浅紫色
果穗	筒形，穗长17.1cm，穗粗4.6cm，秃顶0.3cm，穗行数平均17.0行，穗粒数570.6粒，红轴，出籽率88.3%
籽粒	黄粒，半马齿型
百粒重	31.81g
籽粒容重	744.3g/L
粗淀粉含量	70.64%
粗蛋白含量	10.97%
粗脂肪含量	4.6%
赖氨酸含量	2.86 ug/mg
抗病性	抗小斑病、大斑病，感茎腐病，中抗褐斑病，高感弯孢叶斑病、矮花叶病、瘤黑粉病

幼　苗

株　形

雄　蕊

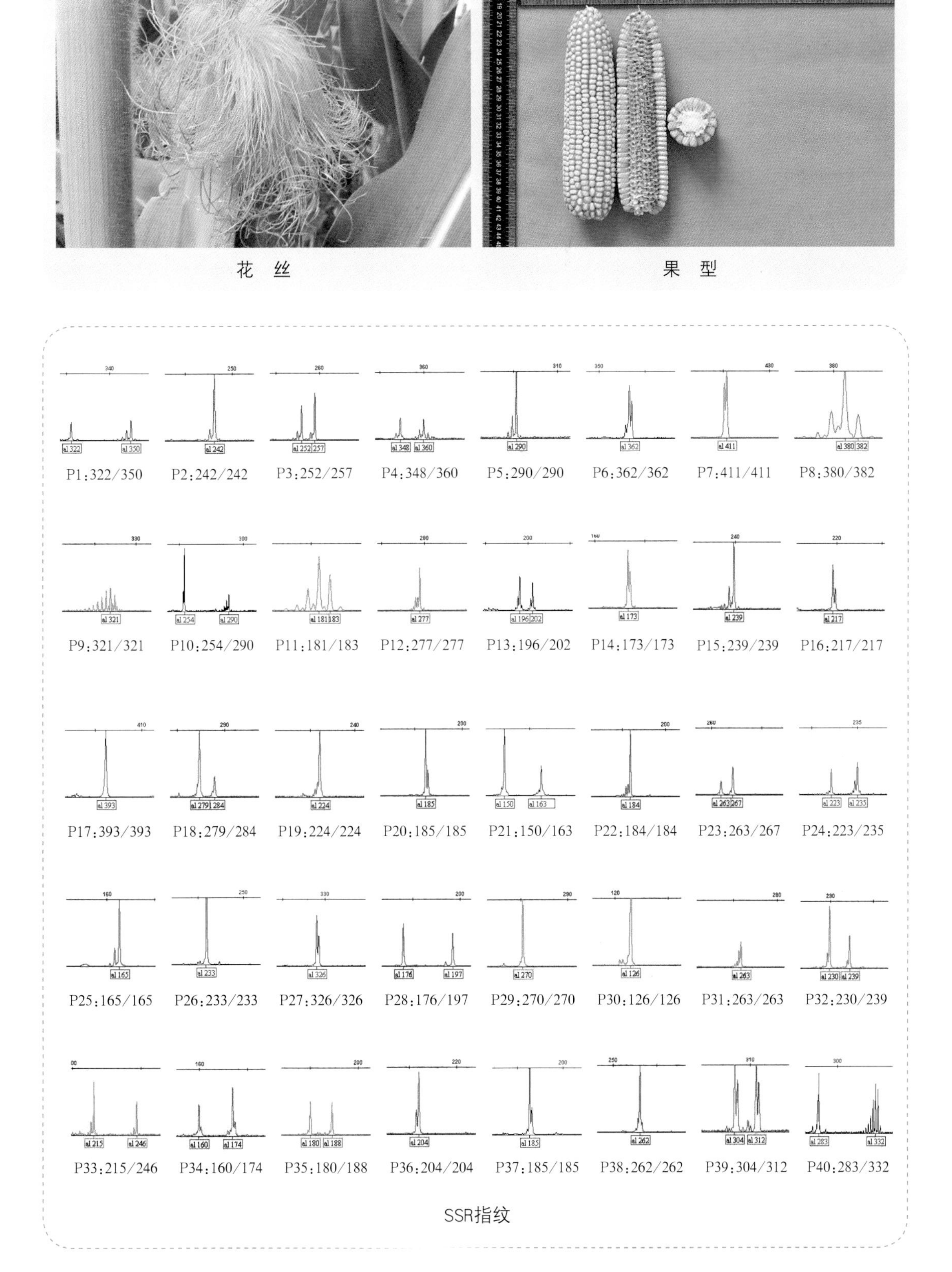
P1:322/350
P2:242/242
P3:252/257
P4:348/360
P5:290/290
P6:362/362
P7:411/411
P8:380/382
P9:321/321
P10:254/290
P11:181/183
P12:277/277
P13:196/202
P14:173/173
P15:239/239
P16:217/217
P17:393/393
P18:279/284
P19:224/224
P20:185/185
P21:150/163
P22:184/184
P23:263/267
P24:223/235
P25:165/165
P26:233/233
P27:326/326
P28:176/197
P29:270/270
P30:126/126
P31:263/263
P32:230/239
P33:215/246
P34:160/174
P35:180/188
P36:204/204
P37:185/185
P38:262/262
P39:304/312
P40:283/332

花 丝　　果 型

SSR指纹

43.汉单777

基本信息	
品种名称	汉单777
亲本组合	父本：H70492　母本：H70202
审定编号	国审玉2015020
品种权号	CNA20110774.7
品种类型	普通玉米
育种单位	湖北省种子集团有限公司
种子标样提交单位	中农发种业集团股份有限公司
2016年推广区域	湖北、安徽、江苏、陕西
特征特性	
生育期	东南玉米区春播出苗至成熟104天，与苏玉29相当
株型	半紧凑
株高	253cm
穗位高	97cm
叶片	幼苗叶鞘浅紫色
雄穗	花药浅紫色
花丝颜色	浅紫色
果穗	筒型，穗长17.6cm，穗行数16 ～ 18行，穗轴红色
籽粒	黄色、半马齿型
百粒重	26.3g
籽粒容重	759g/L
粗淀粉含量	72.94%
粗蛋白含量	9.42%
粗脂肪含量	3.72 %
赖氨酸含量	0.30%
抗病性	抗穗腐病，中抗大斑病，感茎腐病、纹枯病和小斑病

幼　苗

株　形

雄　蕊

花　丝

果　型

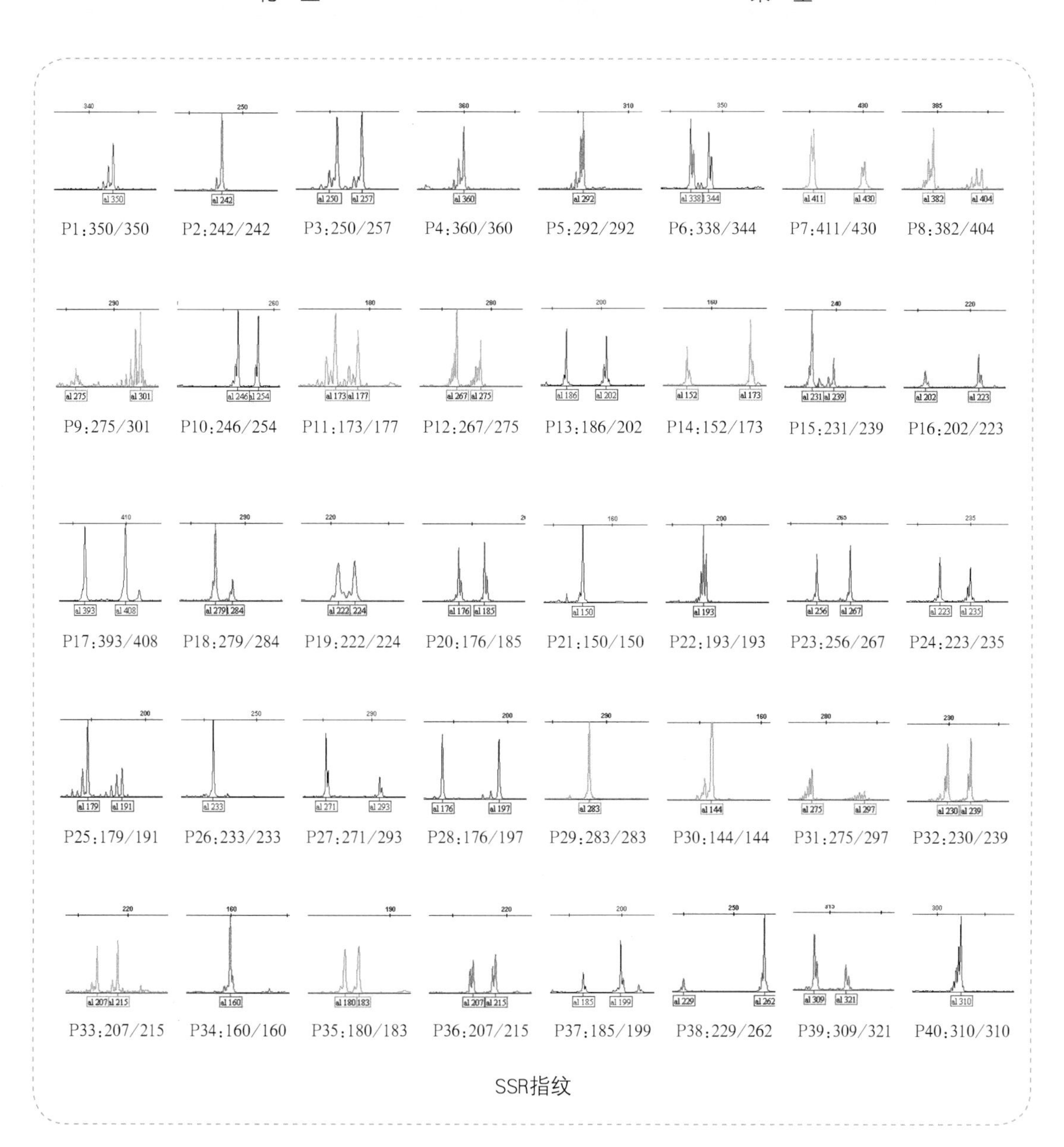
P1:350/350
P2:242/242
P3:250/257
P4:360/360
P5:292/292
P6:338/344
P7:411/430
P8:382/404
P9:275/301
P10:246/254
P11:173/177
P12:267/275
P13:186/202
P14:152/173
P15:231/239
P16:202/223
P17:393/408
P18:279/284
P19:222/224
P20:176/185
P21:150/150
P22:193/193
P23:256/267
P24:223/235
P25:179/191
P26:233/233
P27:271/293
P28:176/197
P29:283/283
P30:144/144
P31:275/297
P32:230/239
P33:207/215
P34:160/160
P35:180/183
P36:207/215
P37:185/199
P38:229/262
P39:309/321
P40:310/310

SSR指纹

44.金中玉甜玉米

基本信息	
品种名称	金中玉甜玉米
亲本组合	父本：YT0235　母本：YT0213
审定编号	鄂审玉2008009、粤审玉2012008
品种类型	甜玉米
育种单位	湖北省种子集团有限公司
种子标样提交单位	中农发种业集团股份有限公司
2016年推广区域	湖北、广东
特征特性	
生育期	秋植生育期72～75天，与对照种新美夏珍相当，比对照种粤甜16号长3天
株型	半紧凑
株高	187～188cm
穗位高	54～55cm
雄穗	绿色
花丝颜色	白色
果穗	筒型，穗长19.2～20.2cm，穗粗5.1～5.2cm，秃顶长1.6～1.9cm，单苞鲜重334～372g，单穗净重267～292g，出籽率65.62%～66.37%，一级果穗率82%～86%
籽粒	黄色
百粒重	26.3g
抗病性	中抗纹枯病和小斑病；田间表现抗纹枯病、茎腐病和大、小斑病

幼　苗

株　形

雄　蕊

花 丝　　　　果 型

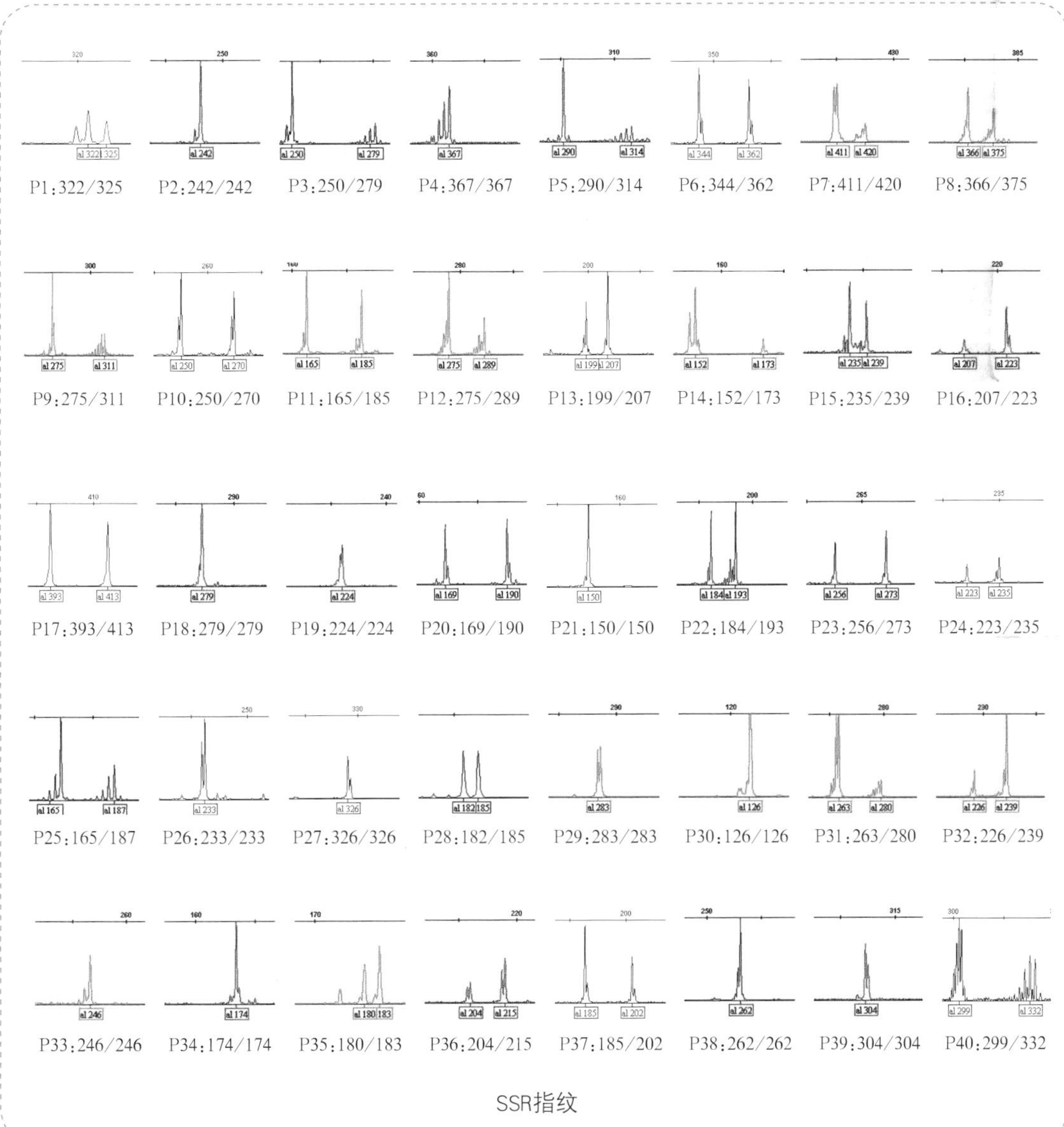
P1:322/325
P2:242/242
P3:250/279
P4:367/367
P5:290/314
P6:344/362
P7:411/420
P8:366/375
P9:275/311
P10:250/270
P11:165/185
P12:275/289
P13:199/207
P14:152/173
P15:235/239
P16:207/223
P17:393/413
P18:279/279
P19:224/224
P20:169/190
P21:150/150
P22:184/193
P23:256/273
P24:223/235
P25:165/187
P26:233/233
P27:326/326
P28:182/185
P29:283/283
P30:126/126
P31:263/280
P32:226/239
P33:246/246
P34:174/174
P35:180/183
P36:204/215
P37:185/202
P38:262/262
P39:304/304
P40:299/332

SSR指纹

45.鄂玉16

基本信息	
品种名称	鄂玉16
亲本组合	父本：美22　母本：Y8g61-51214
审定编号	国审玉2005025
品种权号	CNA001189E
品种类型	普通玉米
育种单位	湖北省十堰市农业科学院
种子标样提交单位	中农发种业集团股份有限公司
2016年推广区域	湖北、四川、重庆、贵州
特征特性	
生育期	在西南地区出苗至成熟115～118天，比对照农大108早1天左右，需有效积温2 800℃左右
株型	平展
株高	259～271cm
穗位高	103～110cm
叶片	幼苗叶鞘紫色，叶片绿色；成株叶片数19～20片
雄穗	花药黄色，颖壳浅紫色
花丝颜色	绿色
果穗	长锥型，穗长17～19cm，穗行数16行左右，穗轴红色
籽粒	黄色，半马齿型
百粒重	28～30g
籽粒容重	760g/L
粗淀粉含量	72.41%
粗蛋白含量	10.12%
粗脂肪含量	5.39%
赖氨酸含量	0.27%
抗病性	中抗大斑病、小斑病、茎腐病、纹枯病和玉米螟，感丝黑穗病

幼　苗

株　形

雄　蕊

花　丝

果　型

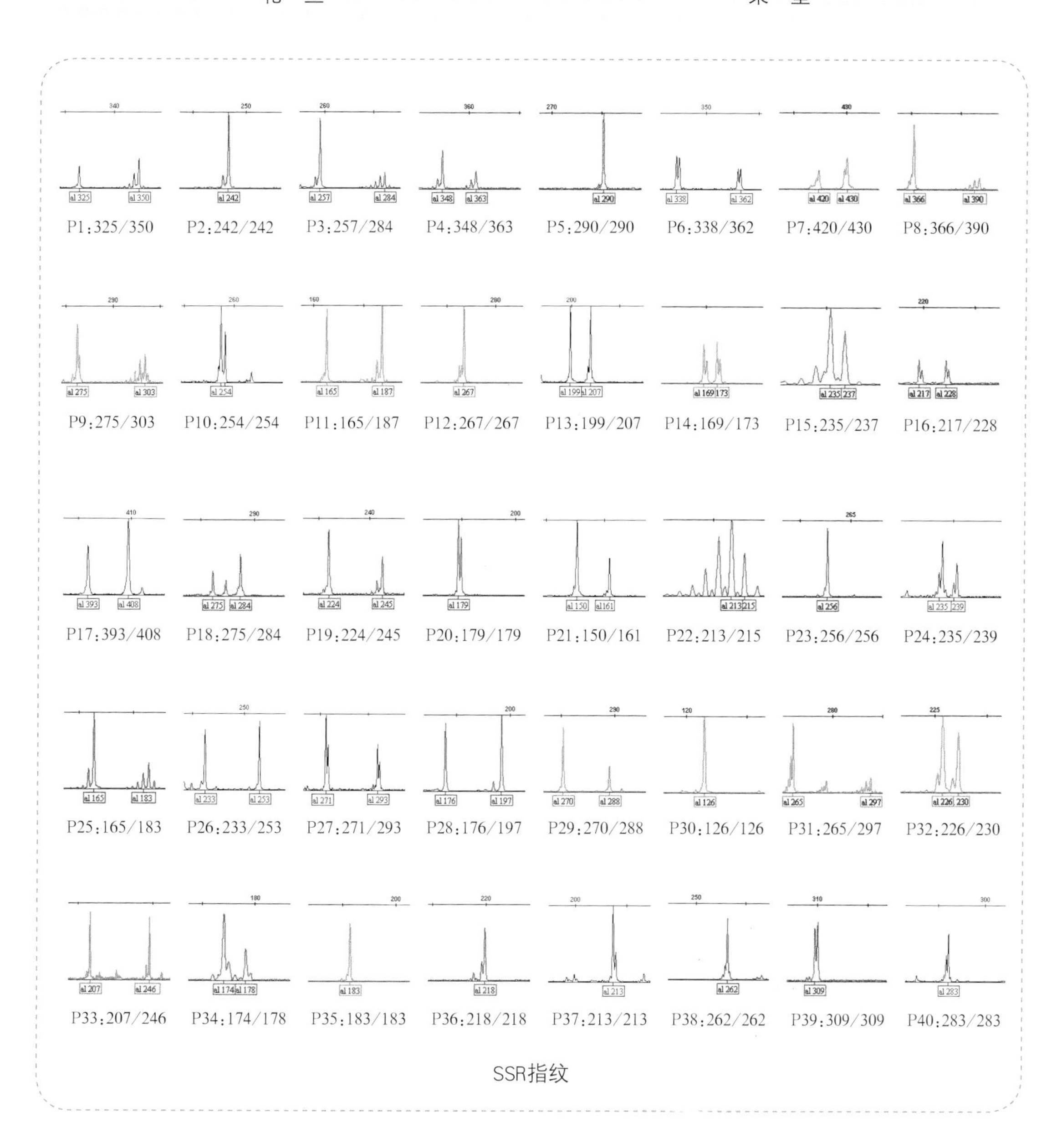
P1:325/350
P2:242/242
P3:257/284
P4:348/363
P5:290/290
P6:338/362
P7:420/430
P8:366/390
P9:275/303
P10:254/254
P11:165/187
P12:267/267
P13:199/207
P14:169/173
P15:235/237
P16:217/228
P17:393/408
P18:275/284
P19:224/245
P20:179/179
P21:150/161
P22:213/215
P23:256/256
P24:235/239
P25:165/183
P26:233/253
P27:271/293
P28:176/197
P29:270/288
P30:126/126
P31:265/297
P32:226/230
P33:207/246
P34:174/178
P35:183/183
P36:218/218
P37:213/213
P38:262/262
P39:309/309
P40:283/283

SSR指纹

46. 金谷玉1号

基本信息	
品种名称	金谷玉1号
亲本组合	父本：JS298　母本：GY242
审定编号	蒙审玉2014007号
育种单位	普通玉米
种子标样提交单位	北京金色谷雨种业科技有限公司
2016年推广区域	北京金色谷雨种业科技有限公司
特征特性	
生育期	105天左右
株型	半紧凑
株高	255cm
穗位高	79cm
叶片	幼苗：叶片绿色，叶鞘紫色；16片叶
雄穗	护颖绿色，花药紫色
花丝颜色	粉色
果穗	短锥型，红轴，穗长17.6cm，穗粗4.7cm，秃尖0.8cm，穗行数14 ~ 16行，行粒数32，单穗粒重144.2g，出籽率81.2%
籽粒	硬粒型，橙黄色
百粒重	31.9g
籽粒容重	757g/L
粗淀粉含量	71.17%
粗蛋白含量	9.74%
粗脂肪含量	4.95%
赖氨酸含量	0.28%
抗病性	感大斑病（7S），感弯孢叶斑病（7S），感丝黑穗病（13.5% S），抗茎腐病（7.9% R），感玉米螟（7.2S）

幼　苗

株　形

雄　蕊

花　丝

果　型

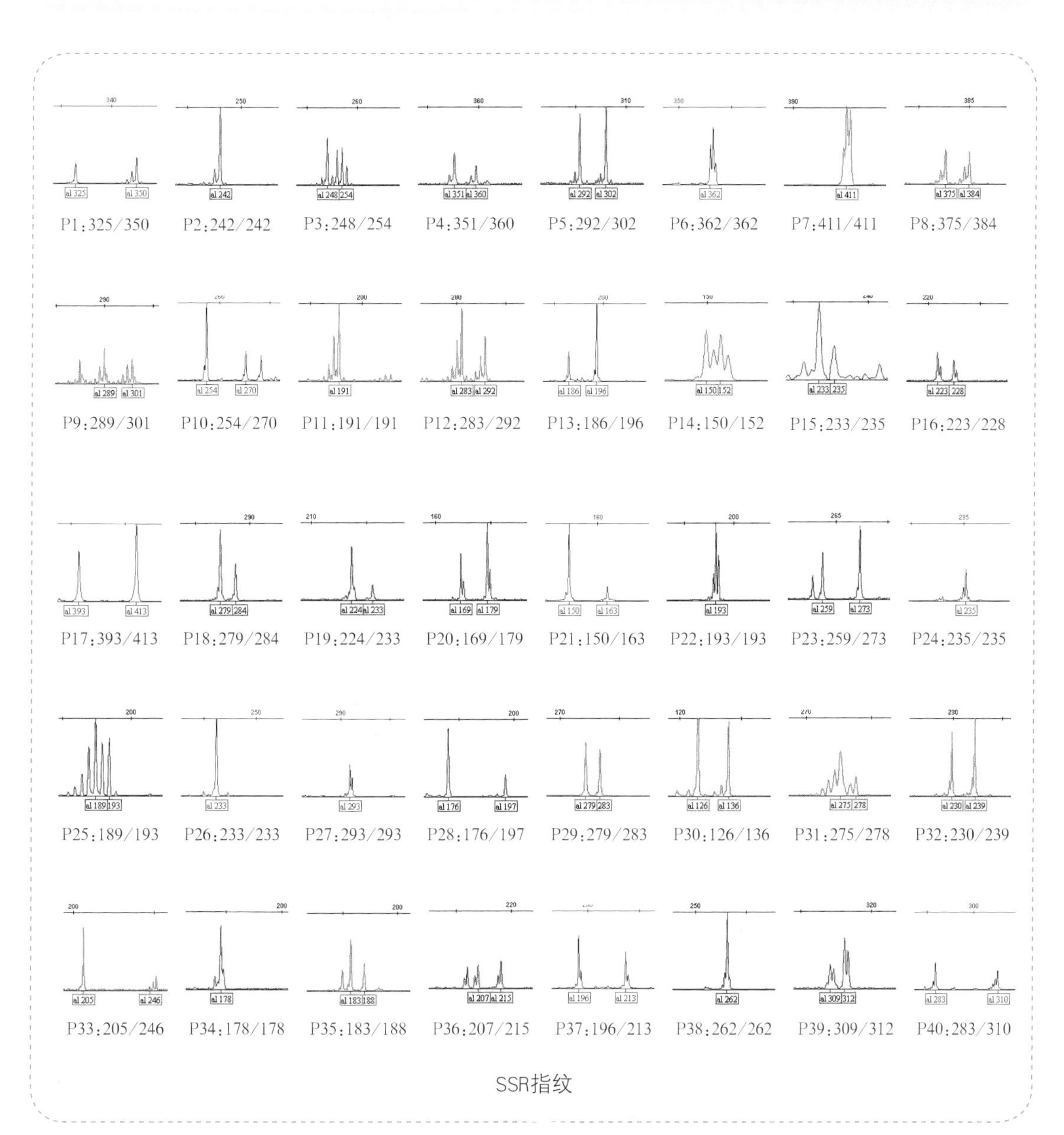
P1:325/350
P2:242/242
P3:248/254
P4:351/360
P5:292/302
P6:362/362
P7:411/411
P8:375/384
P9:289/301
P10:254/270
P11:191/191
P12:283/292
P13:186/196
P14:150/152
P15:233/235
P16:223/228
P17:393/413
P18:279/284
P19:224/233
P20:169/179
P21:150/163
P22:193/193
P23:259/273
P24:235/235
P25:189/193
P26:233/233
P27:293/293
P28:176/197
P29:279/283
P30:126/136
P31:275/278
P32:230/239
P33:205/246
P34:178/178
P35:183/188
P36:207/215
P37:196/213
P38:262/262
P39:309/312
P40:283/310

SSR指纹

47.新玉90号

基本信息	
品种名称	新玉90号
亲本组合	父本：XFH1M　母本：XF1266
审定编号	新审玉2016年18号
育种单位	普通玉米
种子标样 提交单位	新疆先锋伟业种子有限公司
2016年 推广区域	北京金色谷雨种业科技有限公司
特征特性	
生育期	北疆中熟区出苗至成熟平均生育期122.6天
株型	半紧凑
株高	260 ~ 300cm
穗位高	130 ~ 140cm
叶片	幼苗叶鞘紫色，叶缘绿色
雄穗	散粉量大
果穗	筒型，穗长18.2cm,穗行数15.5，行粒数36.9粒，穗粗4.8cm，秃尖1.1cm，单穗粒重192.1g，出籽率90.0%，红轴
籽粒	半硬粒型，黄色
百粒重	35.1g
籽粒容重	794g/L
粗淀粉含量	68.52%
粗蛋白含量	8.88%
粗脂肪含量	3.6%
抗病性	玉米三点斑叶蝉、玉米螟发生较轻；未发现其他检验性有害生物，为较抗病虫品系；玉米螟发生株率为1.5%，对照为2.0%

幼　苗

株　形

雄　蕊

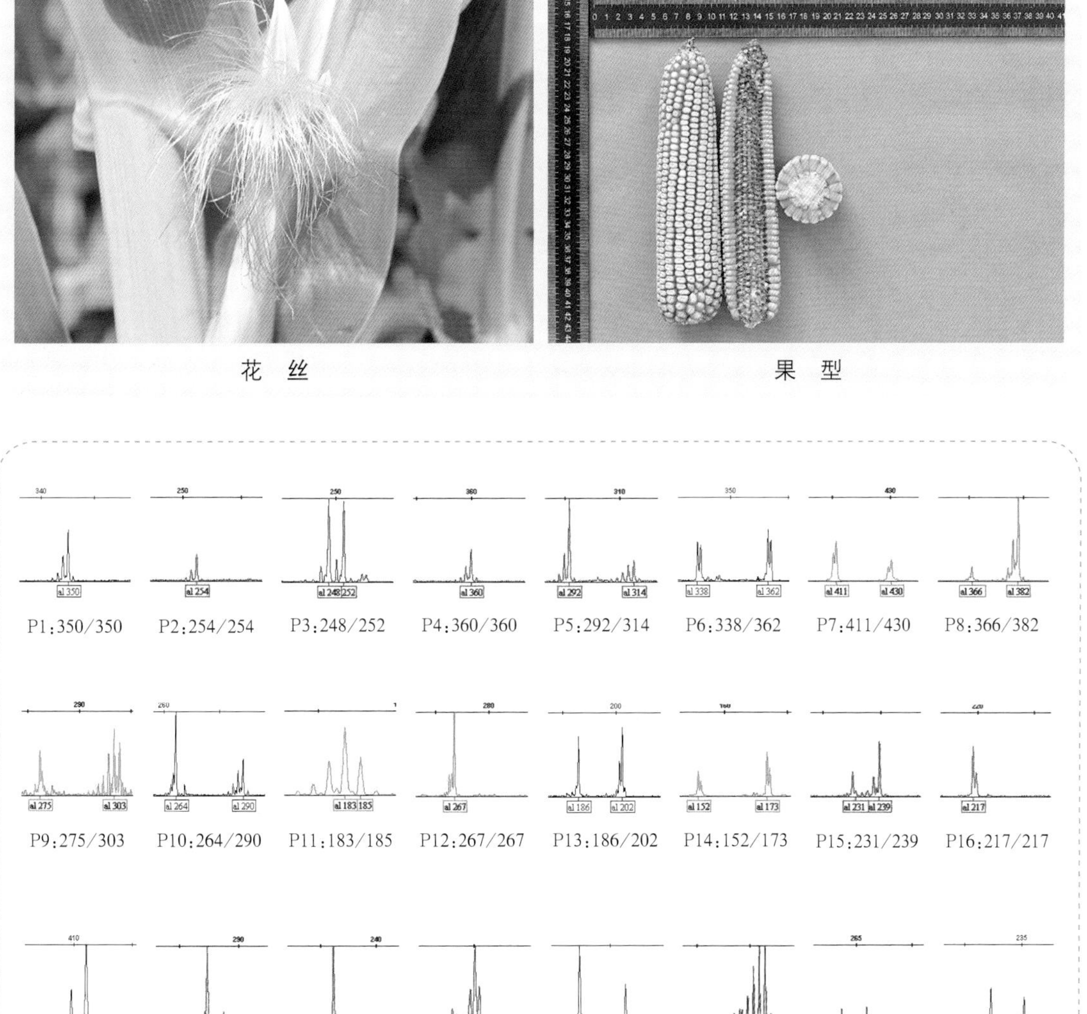

花　丝　　　　　　　　果　型

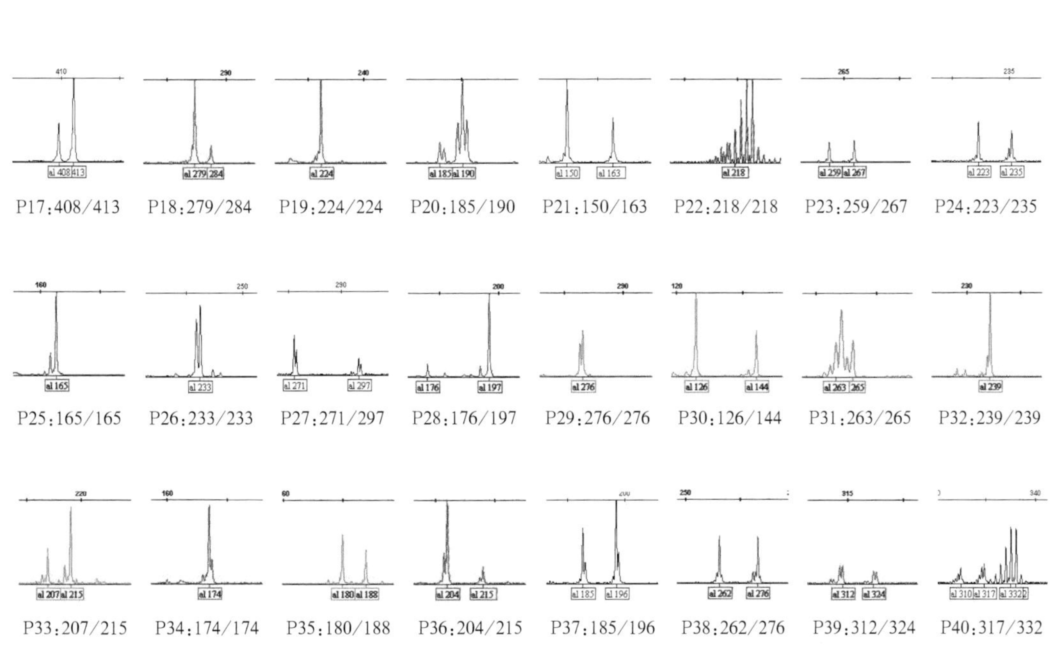
P1:350/350
P2:254/254
P3:248/252
P4:360/360
P5:292/314
P6:338/362
P7:411/430
P8:366/382
P9:275/303
P10:264/290
P11:183/185
P12:267/267
P13:186/202
P14:152/173
P15:231/239
P16:217/217
P17:408/413
P18:279/284
P19:224/224
P20:185/190
P21:150/163
P22:218/218
P23:259/267
P24:223/235
P25:165/165
P26:233/233
P27:271/297
P28:176/197
P29:276/276
P30:126/144
P31:263/265
P32:239/239
P33:207/215
P34:174/174
P35:180/188
P36:204/215
P37:185/196
P38:262/276
P39:312/324
P40:317/332

SSR指纹

48.新饲玉21号

基本信息	
品种名称	新饲玉21号
亲本组合	父本：WDN　母本：6070
审定编号	新审饲玉2011年41号
品种类型	粮饲兼用玉米
种子标样提交单位	北京金色谷雨种业科技有限公司
特征特性	
生育期	123天
株型	半紧凑
株高	250 ～ 280cm
穗位高	100 ～ 105cm
叶片	叶色浓绿
雄穗	密度疏，侧枝弯曲
花丝颜色	浅绿色
果穗	穗长22 ～ 24cm，穗粗4.6cm，出籽率86%
籽粒	半马齿型，黄色
百粒重	38.7g

幼　苗

株　形

雄　蕊

花 丝

果 型

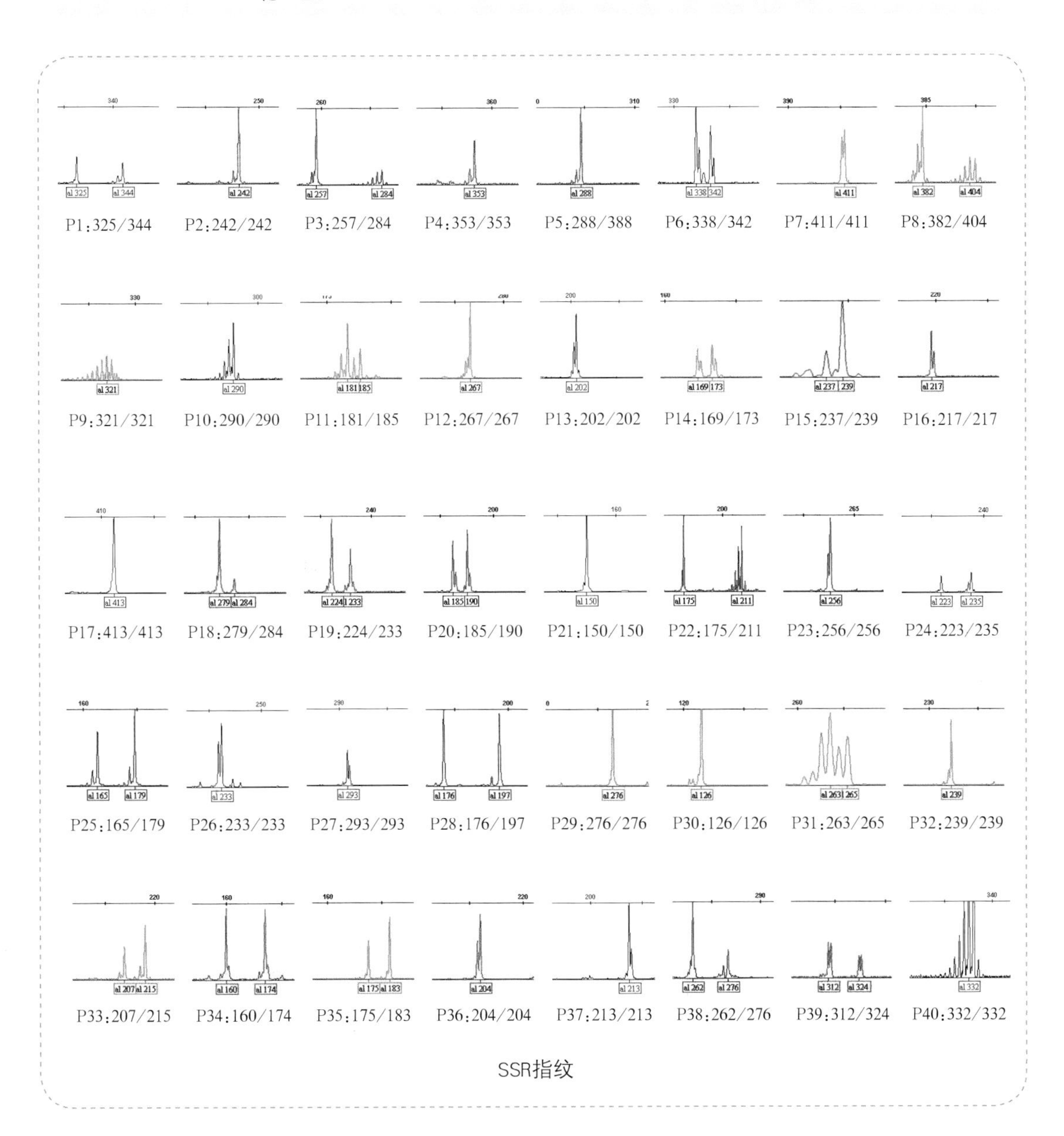
P1:325/344
P2:242/242
P3:257/284
P4:353/353
P5:288/388
P6:338/342
P7:411/411
P8:382/404
P9:321/321
P10:290/290
P11:181/185
P12:267/267
P13:202/202
P14:169/173
P15:237/239
P16:217/217
P17:413/413
P18:279/284
P19:224/233
P20:185/190
P21:150/150
P22:175/211
P23:256/256
P24:223/235
P25:165/179
P26:233/233
P27:293/293
P28:176/197
P29:276/276
P30:126/126
P31:263/265
P32:239/239
P33:207/215
P34:160/174
P35:175/183
P36:204/204
P37:213/213
P38:262/276
P39:312/324
P40:332/332
SSR指纹

49. 金冠218

基本信息	
品种名称	金冠218
亲本组合	父本：甜601　母本：甜62
审定编号	国审玉2016014/湘审玉2015010、津审玉2011007/闽审玉2016002、京审玉2014008/粤审玉20160011、赣审玉2012004/浙准引2013第002号
品种权号	CNA20130314.2
品种类型	甜玉米
育种单位	北京中农斯达农业科技开发有限公司 北京四海种业有限责任公司
种子标样提交单位	北京四海种业有限责任公司
2016年推广区域	天津、河北、江西、湖南、广东、福建、浙江、甘肃等
特征特性	
生育期	东华北春玉米区出苗至鲜穗采收期90天；黄淮海夏玉米区出苗至鲜穗采收77天
株型	半紧凑
株高	东华北春玉米253.4cm；黄淮海夏玉米233.0cm
穗位高	东华北春玉米103.8cm；黄淮海夏玉米89.0cm
叶片	幼苗叶鞘绿色；成株叶片数17 ~ 20片
雄穗	分枝9 ~ 11个，花药淡黄色
花丝颜色	绿色
果穗	东华北春玉米筒型，穗长23.1cm，穗粗5.0cm，穗行16 ~ 18行，穗轴白色；黄淮海夏玉米穗长21.6cm，穗粗5.0cm
籽粒	黄色、甜质型
百粒重	34.8g
粗淀粉含量	鲜样：5.86，干基：24.82
粗蛋白含量	鲜样：3.15，干基：13.36
粗脂肪含量	鲜样：1.75，干基：7.43
赖氨酸含量	鲜样：0.10，干基：0.44
抗病性	中抗大斑病，感丝黑穗病
其他	总糖/鲜样：7.40，干基：31.4 还原糖/鲜样：2.1，干基：8.9 蔗糖/鲜样：5.04，干基：21.4

幼　苗

株　形

雄　蕊

花 丝

果 型

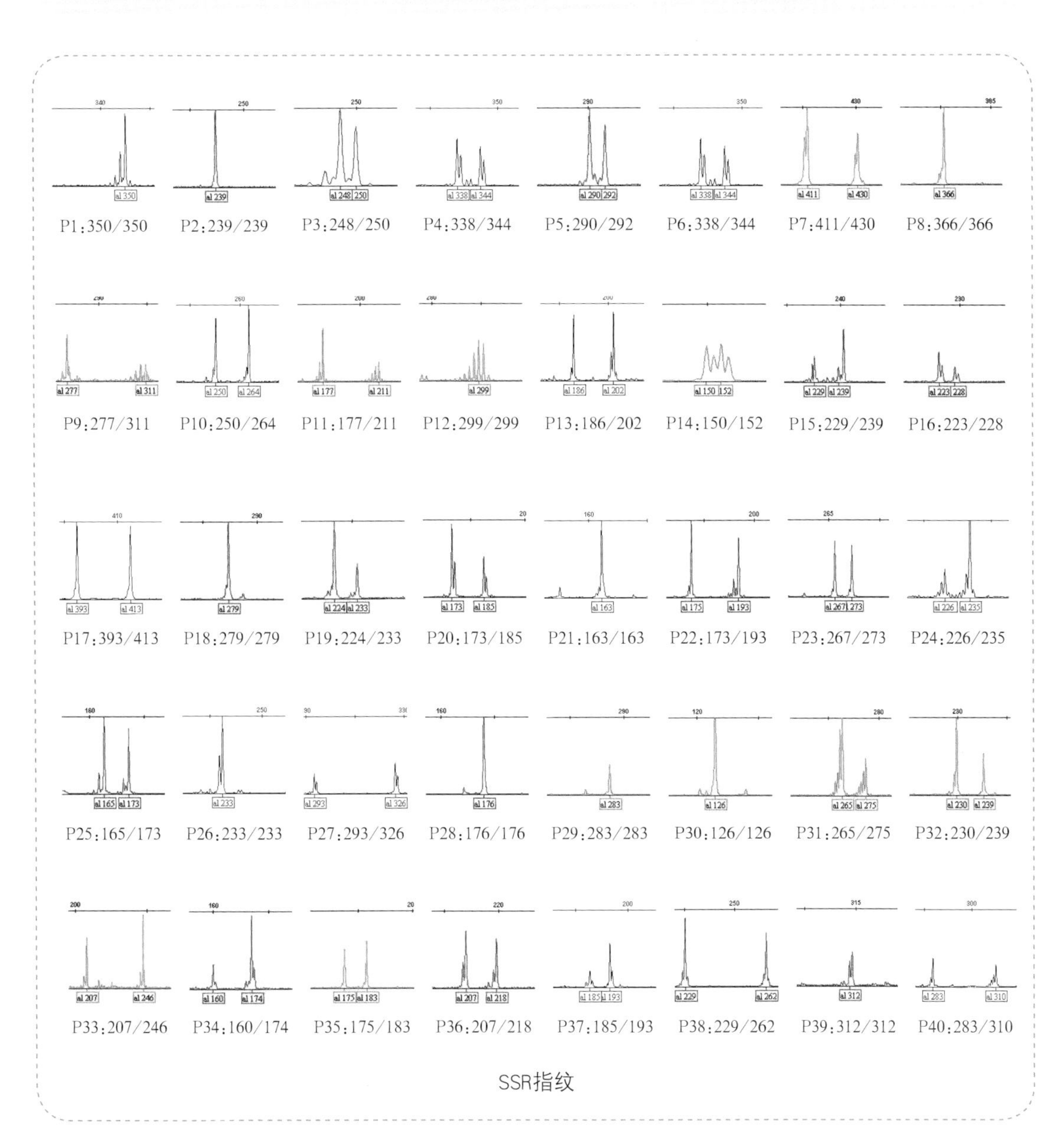
P1:350/350
P2:239/239
P3:248/250
P4:338/344
P5:290/292
P6:338/344
P7:411/430
P8:366/366
P9:277/311
P10:250/264
P11:177/211
P12:299/299
P13:186/202
P14:150/152
P15:229/239
P16:223/228
P17:393/413
P18:279/279
P19:224/233
P20:173/185
P21:163/163
P22:173/193
P23:267/273
P24:226/235
P25:165/173
P26:233/233
P27:293/326
P28:176/176
P29:283/283
P30:126/126
P31:265/275
P32:230/239
P33:207/246
P34:160/174
P35:175/183
P36:207/218
P37:185/193
P38:229/262
P39:312/312
P40:283/310

SSR指纹

50.彩糯316

基本信息	
品种名称	彩糯316
亲本组合	父本：SH-22　母本：SH-07
审定编号	赣审玉2015004
品种类型	糯玉米
育种单位	北京四海种业有限责任公司
种子标样提交单位	北京四海种业有限责任公司
2016年推广区域	江西
特征特性	
生育期	春播全生育期82.3天，与对照苏玉糯5号相当
株型	紧凑
株高	203.9cm
穗位高	71.0cm
叶片	幼苗叶鞘花青甙显紫色，叶缘有红色边缘，叶片较窄，叶色深绿
雄穗	雄穗发达，分枝中等，颖片花青甙显色强，颖片基部花青甙显色弱
花丝颜色	花丝花青甙显色较强，红色
果穗	筒形，穗长19.4cm，穗粗4.2cm，秃尖长2.0cm，穗行数12.7行，行粒数33.9粒。单穗重184.4g，鲜出籽率69.9%，穗轴白色
籽粒	紫白相间
百粒重	33.9g
抗病性	抗大斑病、小斑病、茎腐病、玉米螟，中抗纹枯病
其他	双穗率2.0%，空杆率1.6%，倒伏倒折率1.6%

幼　苗

株　形

雄　蕊

花　丝

果　型

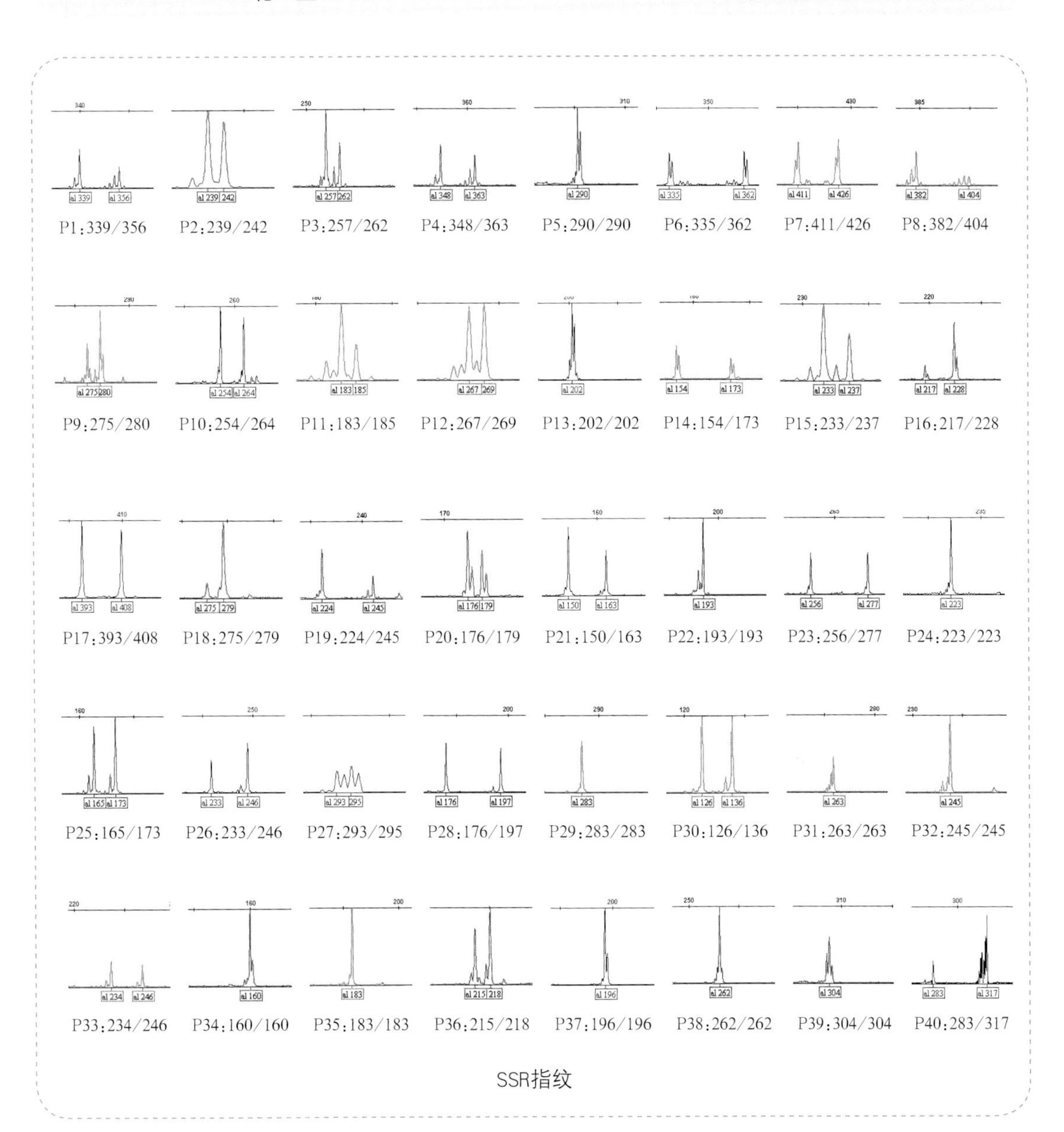
P1:339/356
P2:239/242
P3:257/262
P4:348/363
P5:290/290
P6:335/362
P7:411/426
P8:382/404
P9:275/280
P10:254/264
P11:183/185
P12:267/269
P13:202/202
P14:154/173
P15:233/237
P16:217/228
P17:393/408
P18:275/279
P19:224/245
P20:176/179
P21:150/163
P22:193/193
P23:256/277
P24:223/223
P25:165/173
P26:233/246
P27:293/295
P28:176/197
P29:283/283
P30:126/136
P31:263/263
P32:245/245
P33:234/246
P34:160/160
P35:183/183
P36:215/218
P37:196/196
P38:262/262
P39:304/304
P40:283/317

SSR指纹

51.双甜318

基本信息	
品种名称	双甜318
亲本组合	父本：115HZH　母本：688
审定编号	津审玉2016004、京审玉20170010、滇审玉米2017042号
品种类型	甜玉米
育种单位	北京四海种业有限责任公司 北京中农斯达农业科技开发有限公司
种子标样提交单位	北京四海种业有限责任公司
2016年推广区域	天津、河北、云南、湖北、山西
特征特性	
生育期	出苗到采收期83天，与对照万甜2000相当
株型	半紧凑
株高	267.8cm
穗位高	105.5cm
叶片	幼苗叶鞘绿色，叶片淡绿色，叶缘绿色，成株叶片数22片
雄穗	花药黄色，颖壳绿色
花丝颜色	绿色
果穗	穗长23.1cm，穗粗4.9cm，秃尖长2.8cm米，穗行16.1行，行粒数40.1粒，穗轴白色
籽粒	黄白色
百粒重	316g
粗淀粉含量	鲜样：7.55%
粗蛋白含量	鲜样：3.38%
粗脂肪含量	鲜样：2.25%
赖氨酸含量	鲜样：0.13%
抗病性	感丝黑穗病（11.1%），感瘤黑粉病（38.5%）
其他	鲜果穗含水分75.4%，还原糖2.1%，总糖6.0%，蔗糖3.7%，赖氨酸

幼　苗

株　形

雄　蕊

花　丝

果　型

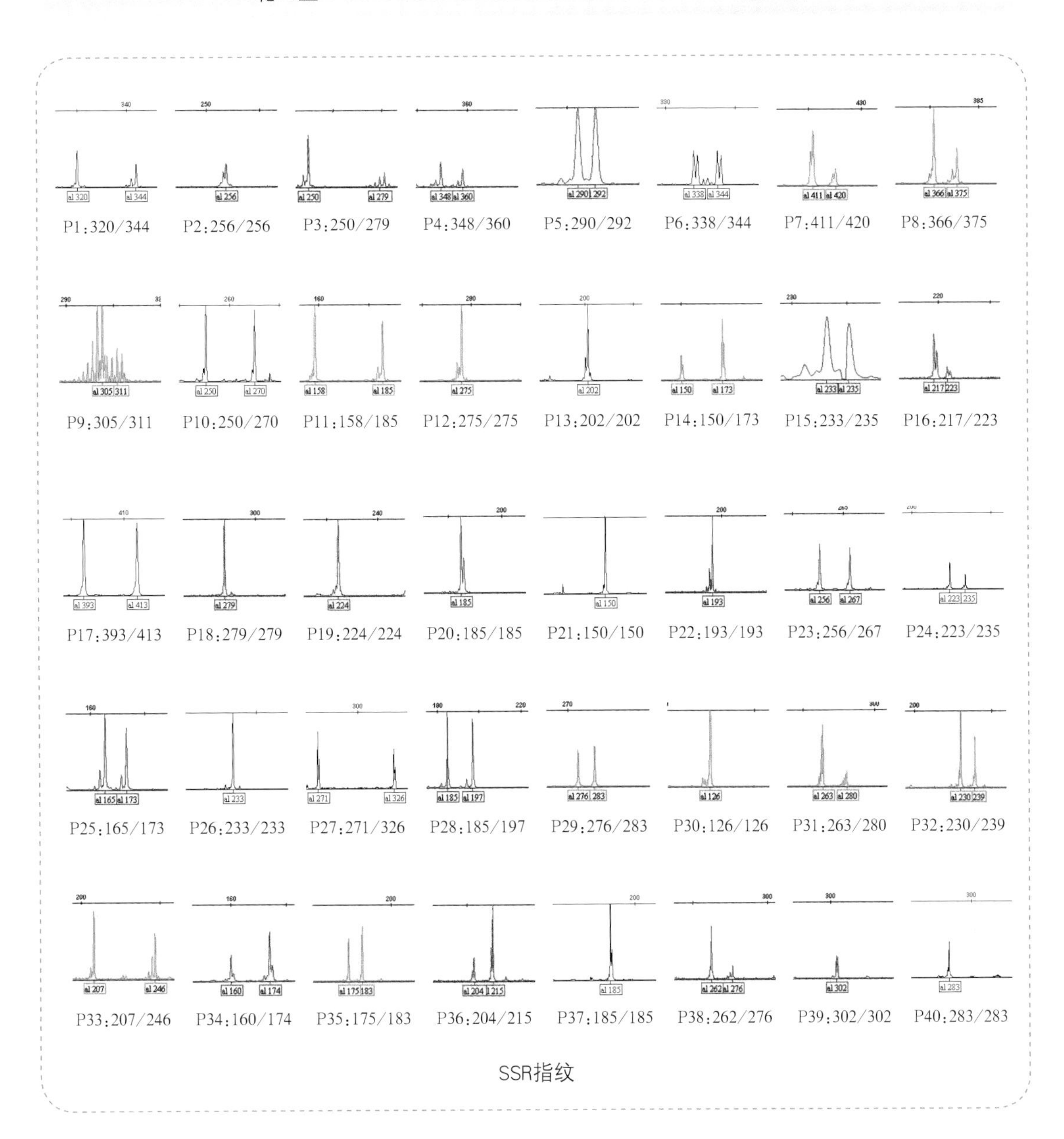
P1:320/344
P2:256/256
P3:250/279
P4:348/360
P5:290/292
P6:338/344
P7:411/420
P8:366/375
P9:305/311
P10:250/270
P11:158/185
P12:275/275
P13:202/202
P14:150/173
P15:233/235
P16:217/223
P17:393/413
P18:279/279
P19:224/224
P20:185/185
P21:150/150
P22:193/193
P23:256/267
P24:223/235
P25:165/173
P26:233/233
P27:271/326
P28:185/197
P29:276/283
P30:126/126
P31:263/280
P32:230/239
P33:207/246
P34:160/174
P35:175/183
P36:204/215
P37:185/185
P38:262/276
P39:302/302
P40:283/283

SSR指纹

52. 中单909

基本信息	
品种名称	中单909
亲本组合	父本：HD568　母本：郑58
审定编号	国审玉2011011
品种权号	CNA20090743.9
品种类型	普通玉米
育种单位	中国农业科学院作物科学研究所
种子标样提交单位	北京市中农良种有限责任公司
2016年推广区域	河南、河北、山东、陕西、山西、江苏、安徽、内蒙古
特征特性	
生育期	在黄淮海地区出苗至成熟101天，比郑单958晚1天
株型	紧凑
株高	260cm
穗位高	108cm
叶片	幼苗叶鞘紫色，叶片绿色，叶缘绿色；成株叶片数21片
雄穗	花药浅紫色，颖壳浅紫色
花丝颜色	浅紫色
果穗	筒型，穗长17.9cm，穗行数14 ~ 16行，穗轴白色
籽粒	黄色、半马齿型
百粒重	33.9g
籽粒容重	794g/L
粗淀粉含量	74.02%
粗蛋白含量	10.32%
粗脂肪含量	3.46%
赖氨酸含量	0.29%
抗病性	中抗弯孢菌叶斑病，感大斑病、小斑病、茎腐病和玉米螟，高感瘤黑粉病

幼　苗

株　形

雄　蕊

花 丝

果 型

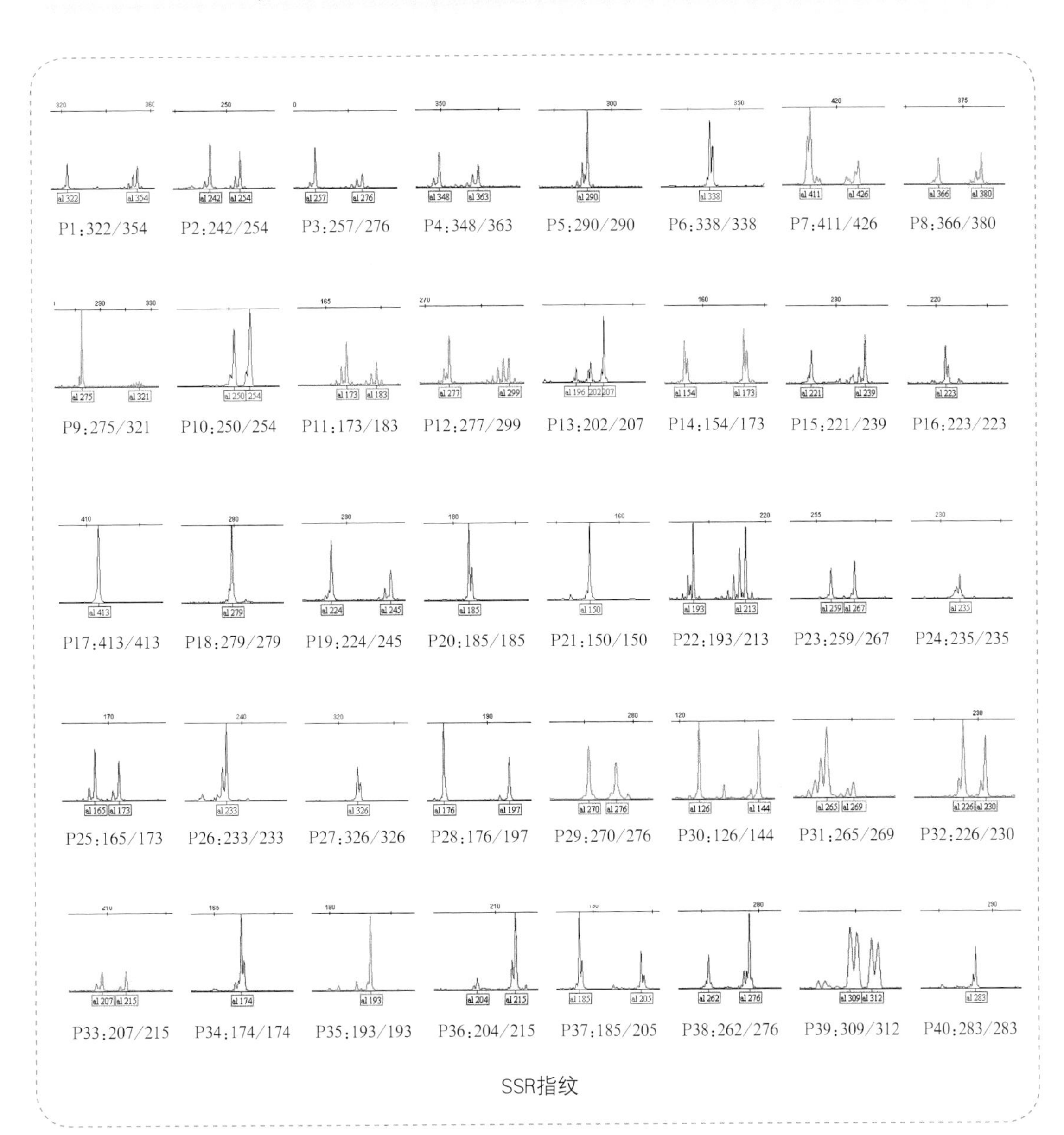
P1:322/354
P2:242/254
P3:257/276
P4:348/363
P5:290/290
P6:338/338
P7:411/426
P8:366/380
P9:275/321
P10:250/254
P11:173/183
P12:277/299
P13:202/207
P14:154/173
P15:221/239
P16:223/223
P17:413/413
P18:279/279
P19:224/245
P20:185/185
P21:150/150
P22:193/213
P23:259/267
P24:235/235
P25:165/173
P26:233/233
P27:326/326
P28:176/197
P29:270/276
P30:126/144
P31:265/269
P32:226/230
P33:207/215
P34:174/174
P35:193/193
P36:204/215
P37:185/205
P38:262/276
P39:309/312
P40:283/283

SSR指纹

53.中良608

基本信息	
品种名称	中良608
亲本组合	父本：w905　母本：P910
审定编号	冀审玉2014020号
品种权号	CNA20150355.0
品种类型	普通玉米
育种单位	北京市中农良种有限责任公司
种子标样提交单位	北京市中农良种有限责任公司
2016年推广区域	河北
特征特性	
生育期	125天左右
株型	半紧凑
株高	294cm
穗位高	123cm
叶片	幼苗叶鞘紫色；全株叶片数21片
雄穗	分枝8 ～ 9个，花药浅紫色
花丝颜色	红色
果穗	筒型，穗轴红色，穗长20.5cm，穗行数16行，秃尖0.8cm，出籽率84.9%
籽粒	黄色，马齿型
百粒重	38.57g
粗淀粉含量	74.04%
粗蛋白含量	8.78%
粗脂肪含量	3.71%
赖氨酸含量	0.31%
抗病性	2011年河北省农林科学院植物保护研究所鉴定，高抗茎腐病，抗丝黑穗病、大斑病，中抗小斑病；2012年吉林省农业科学院植物保护研究所鉴定，高抗丝黑穗病，中抗茎腐病、弯孢菌叶斑病，感大斑病、玉米螟

幼　苗

株　形

雄　蕊

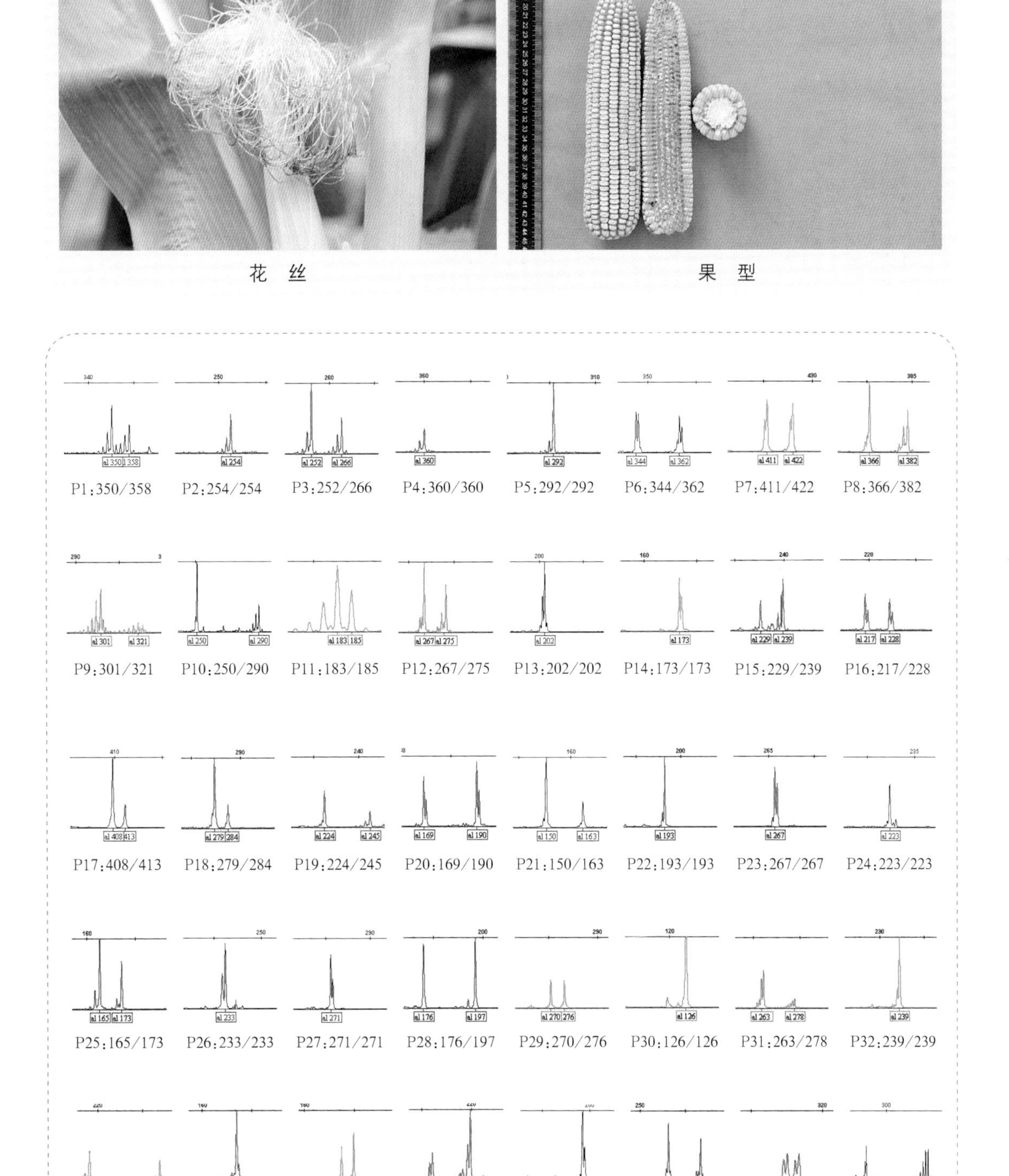
P1:350/358
P2:254/254
P3:252/266
P4:360/360
P5:292/292
P6:344/362
P7:411/422
P8:366/382
P9:301/321
P10:250/290
P11:183/185
P12:267/275
P13:202/202
P14:173/173
P15:229/239
P16:217/228
P17:408/413
P18:279/284
P19:224/245
P20:169/190
P21:150/163
P22:193/193
P23:267/267
P24:223/223
P25:165/173
P26:233/233
P27:271/271
P28:176/197
P29:270/276
P30:126/126
P31:263/278
P32:239/239
P33:215/246
P34:174/174
P35:175/180
P36:204/218
P37:196/196
P38:262/276
P39:309/312
P40:283/332

花　丝　　　　果　型

SSR指纹

54. 中科606

基本信息	
品种名称	中科606
亲本组合	父本：B5-1　母本：T25-3
审定编号	蒙审玉2014018号
品种权号	CNA20150356.9
品种类型	普通玉米
育种单位	北京市中农良种有限责任公司
种子标样提交单位	北京市中农良种有限责任公司
2016年推广区域	内蒙古
特征特性	
株型	半紧凑
株高	277cm
穗位高	96cm
叶片	幼苗：叶片绿色，叶鞘深紫色；19片叶
雄穗	一级级分枝2～4个，护颖绿色，花药黄色
花丝颜色	橙色
果穗	长筒型，红轴，穗长17.5cm，穗粗5.2cm，秃尖0.9cm，穗行数14～16行，行粒数35，单穗粒重172.7g，出籽率85.8%
籽粒	黄色，马齿型
百粒重	36.2g
籽粒容重	740g/L
粗淀粉含量	74.11%
粗蛋白含量	10.84%
粗脂肪含量	3.85%
赖氨酸含量	0.31%
抗病性	感大斑病（7S），中抗弯孢叶斑病（5MR），高抗丝黑穗病（0% HR），中抗茎腐病（25.0% MR），中抗玉米螟（5.8MR）

幼　苗

株　形

雄　蕊

花　丝

果　型

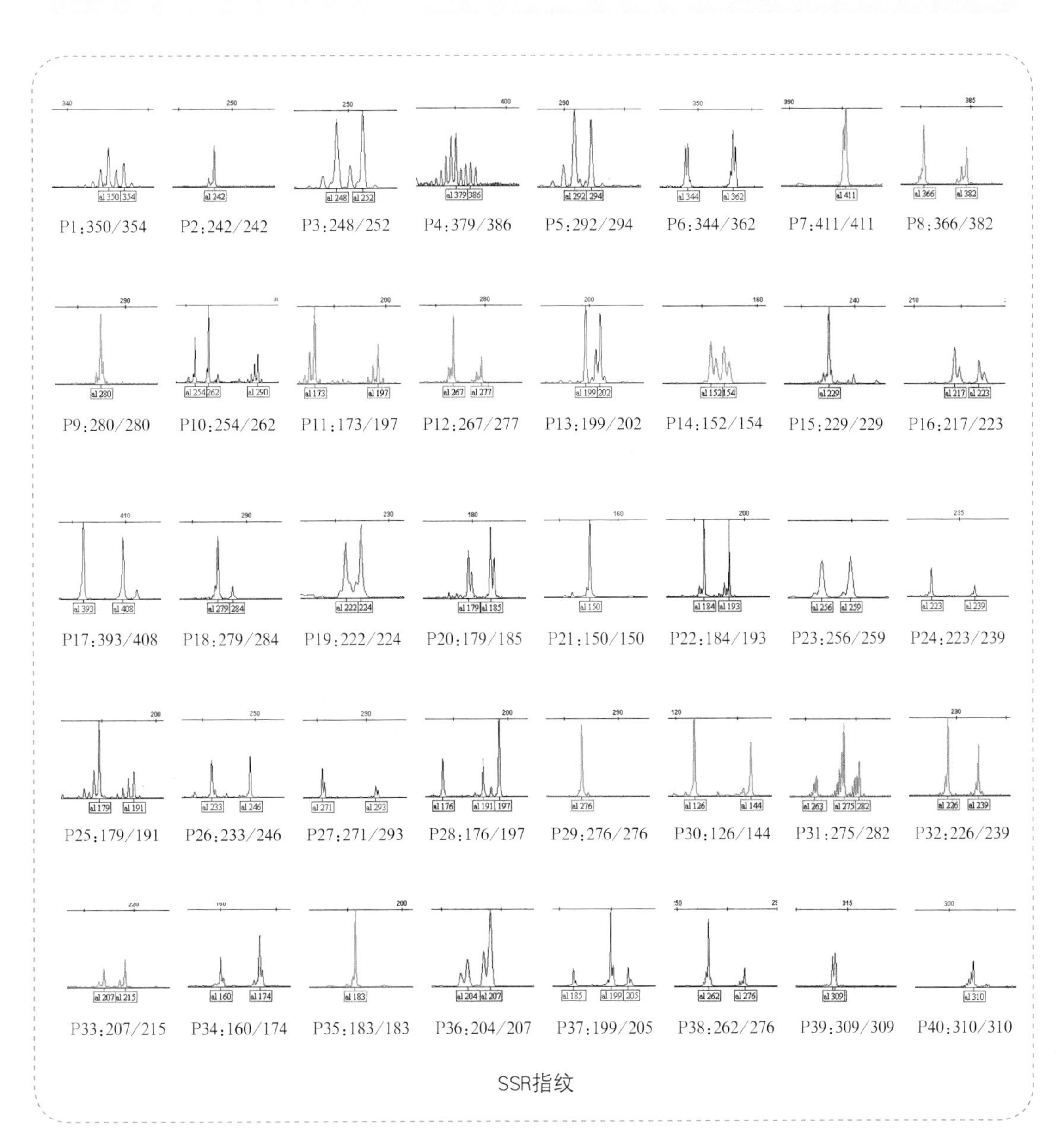
P1:350/354
P2:242/242
P3:248/252
P4:379/386
P5:292/294
P6:344/362
P7:411/411
P8:366/382
P9:280/280
P10:254/262
P11:173/197
P12:267/277
P13:199/202
P14:152/154
P15:229/229
P16:217/223
P17:393/408
P18:279/284
P19:222/224
P20:179/185
P21:150/150
P22:184/193
P23:256/259
P24:223/239
P25:179/191
P26:233/246
P27:271/293
P28:176/197
P29:276/276
P30:126/144
P31:275/282
P32:226/239
P33:207/215
P34:160/174
P35:183/183
P36:204/207
P37:199/205
P38:262/276
P39:309/309
P40:310/310

SSR指纹

55. 宝甜182

基本信息	
品种名称	宝甜182
亲本组合	父本：B600　母本：B03-1
审定编号	皖玉2009009
品种类型	甜玉米
育种单位	北京宝丰种子有限公司
种子标样提交单位	北京宝丰种子有限公司
2016年推广区域	安徽
特征特性	
生育期	出苗至采收74天左右，比对照品种（皖玉13）迟熟1 ~ 2天
株型	半紧凑
株高	231cm左右
穗位高	88cm左右
叶片	幼苗叶鞘绿色
雄穗	花药黄色，颖壳绿色
花丝颜色	白色
果穗	筒型，穗轴白色，穗长20cm左右，穗粗4.3cm左右
籽粒	黄色
百粒重	15g
籽粒容重	1 400g
抗病性	平均倒伏、倒折率为2.2%，田间发病级别平均分别为：大斑病1.2级，小斑病1.8级，矮花叶病1级
其他	水溶性糖15.32，还原糖4.86，皮渣率10.89%

幼　苗

株　形

雄　蕊

花　丝

果　型

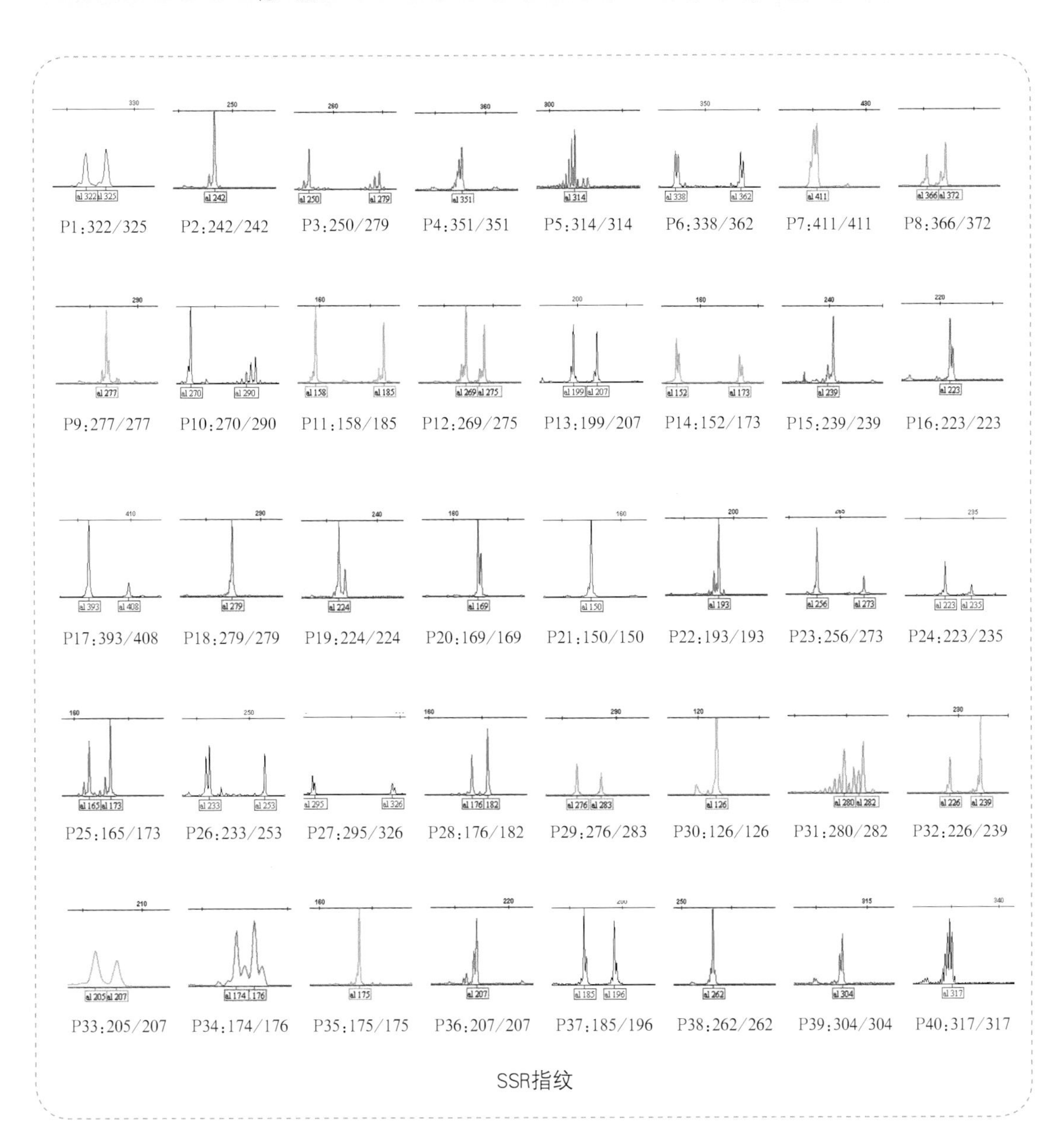
P1:322/325
P2:242/242
P3:250/279
P4:351/351
P5:314/314
P6:338/362
P7:411/411
P8:366/372
P9:277/277
P10:270/290
P11:158/185
P12:269/275
P13:199/207
P14:152/173
P15:239/239
P16:223/223
P17:393/408
P18:279/279
P19:224/224
P20:169/169
P21:150/150
P22:193/193
P23:256/273
P24:223/235
P25:165/173
P26:233/253
P27:295/326
P28:176/182
P29:276/283
P30:126/126
P31:280/282
P32:226/239
P33:205/207
P34:174/176
P35:175/175
P36:207/207
P37:185/196
P38:262/262
P39:304/304
P40:317/317

SSR指纹

56.金帅

基本信息	
品种名称	金帅
亲本组合	父本：台03　母本：甜8
审定编号	津审玉2007018
品种类型	甜玉米
育种单位	北京宝丰种子有限公司
种子标样提交单位	北京宝丰种子有限公司
2016年推广区域	天津
特征特性	
生育期	出苗至采收天数88天，较对照绿色先锋长2天
株型	半紧凑
株高	213.8cm
穗位高	58.6cm
叶片	叶色翠绿
雄穗	花药黄色，颖壳绿色
花丝颜色	青色
果穗	锥形，穗长20.7cm，穗粗5.4cm，穗行数18.0行，秃尖长4.0cm，籽粒粒深1.2cm，出籽率70.2%
籽粒	黄色
百粒重	33 ~ 35g
籽粒容重	1 440
粗淀粉含量	3.96
粗蛋白含量	3.11
粗脂肪含量	1.28
赖氨酸含量	0.1
抗病性	中抗丝黑穗病（7.7%），抗黑粉病（4.1%）
其他	香味纯正，粒长芯细，出籽率高

幼　苗

株　形

雄　蕊

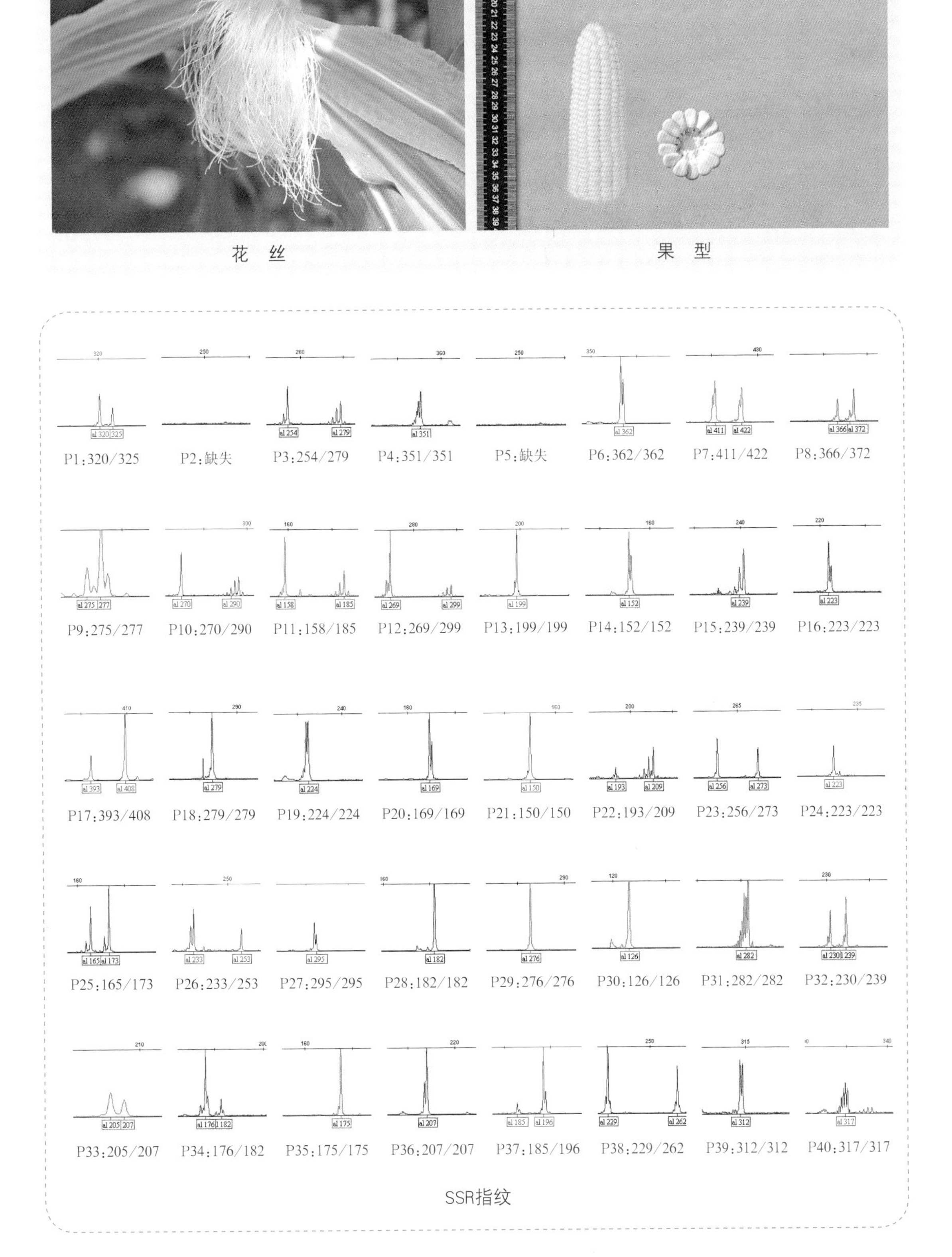
P1:320/325
P2:缺失
P3:254/279
P4:351/351
P5:缺失
P6:362/362
P7:411/422
P8:366/372
P9:275/277
P10:270/290
P11:158/185
P12:269/299
P13:199/199
P14:152/152
P15:239/239
P16:223/223
P17:393/408
P18:279/279
P19:224/224
P20:169/169
P21:150/150
P22:193/209
P23:256/273
P24:223/223
P25:165/173
P26:233/253
P27:295/295
P28:182/182
P29:276/276
P30:126/126
P31:282/282
P32:230/239
P33:205/207
P34:176/182
P35:175/175
P36:207/207
P37:185/196
P38:229/262
P39:312/312
P40:317/317

花　丝

果　型

SSR指纹

57.美珍204

基本信息	
品种名称	美珍204
亲本组合	父本：甜96　母本：bf123
审定编号	京审玉2008011
品种类型	甜玉米
育种单位	北京宝丰种子有限公司
种子标样提交单位	北京宝丰种子有限公司
2016年推广区域	天津、西藏
特征特性	
生育期	北京地区种植播种至鲜穗采收期平均81天
株型	半紧凑
株高	187cm
穗位高	48.4cm
叶片	叶色翠绿
雄穗	花药黄色，颖壳绿色
花丝颜色	青色
果穗	单株有效穗数0.96个，穗长17.5cm，穗粗4.8cm，穗行数14～16行，粒深1.1cm,出籽率61.2%
籽粒	黄白色
百粒重	35.3g
籽粒容重	1 400g
粗淀粉含量	26.41%
粗蛋白含量	12.36%
粗脂肪含量	10.15%
赖氨酸含量	0.40%

幼　苗

株　形

雄　蕊

花　丝

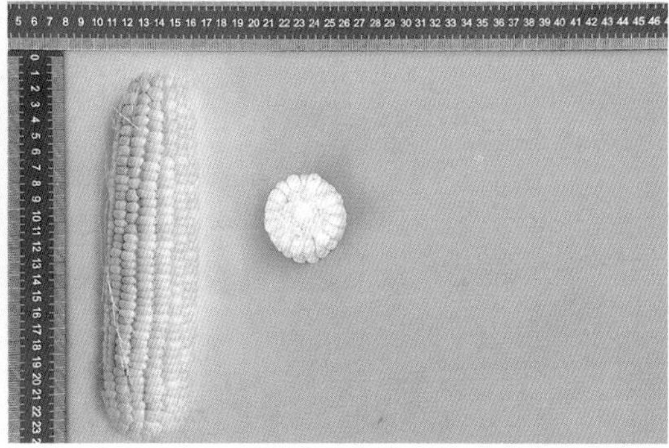

果　型

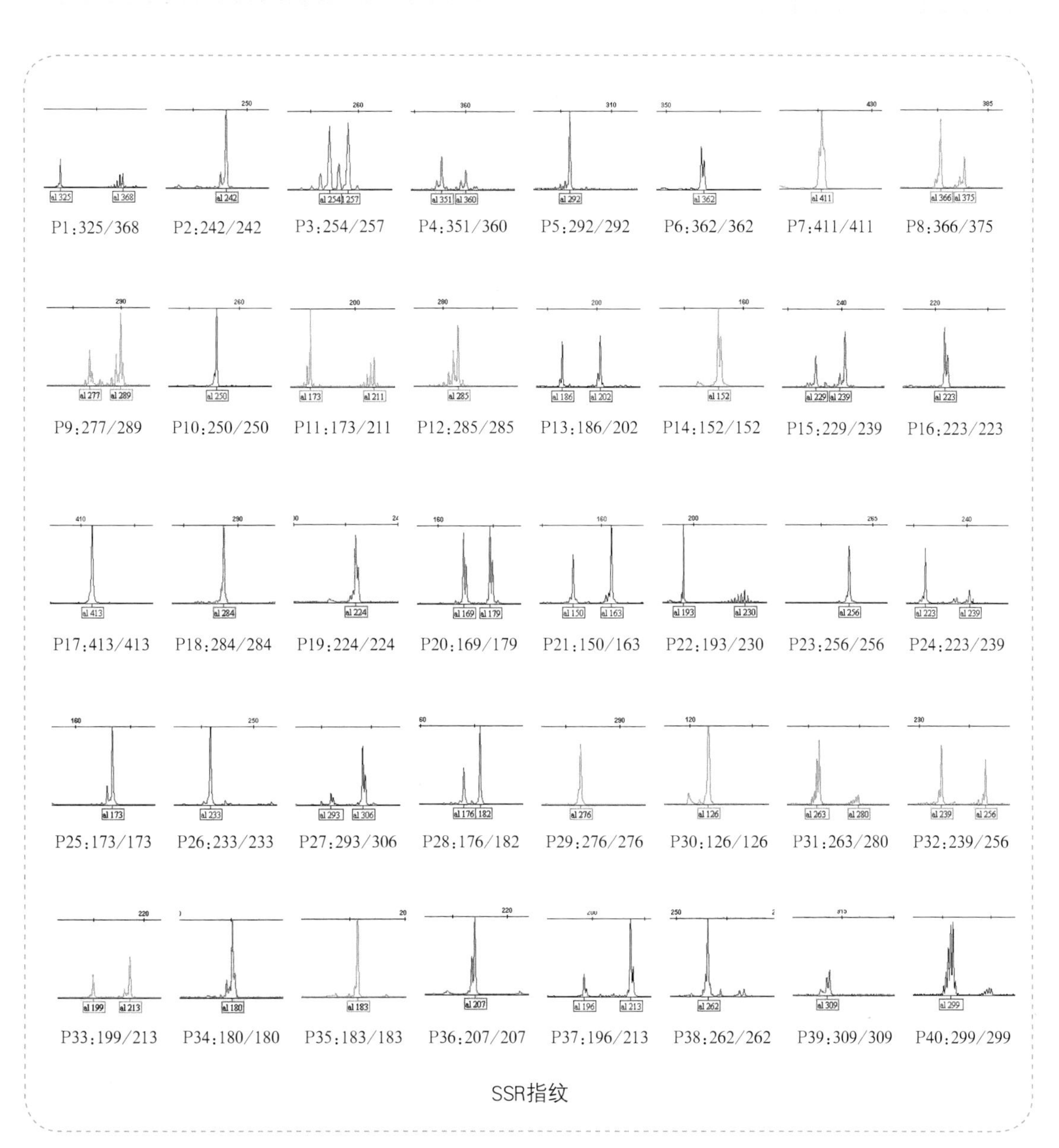
P1:325/368
P2:242/242
P3:254/257
P4:351/360
P5:292/292
P6:362/362
P7:411/411
P8:366/375
P9:277/289
P10:250/250
P11:173/211
P12:285/285
P13:186/202
P14:152/152
P15:229/239
P16:223/223
P17:413/413
P18:284/284
P19:224/224
P20:169/179
P21:150/163
P22:193/230
P23:256/256
P24:223/239
P25:173/173
P26:233/233
P27:293/306
P28:176/182
P29:276/276
P30:126/126
P31:263/280
P32:239/256
P33:199/213
P34:180/180
P35:183/183
P36:207/207
P37:196/213
P38:262/262
P39:309/309
P40:299/299

SSR指纹

58.美珍206

基本信息	
品种名称	美珍206
亲本组合	父本：1023　母本：A12
审定编号	津审玉2013006
品种类型	甜玉米
育种单位	北京宝丰种子有限公司
种子标样提交单位	北京宝丰种子有限公司
2016年推广区域	天津
特征特性	
生育期	出苗到采收期80天，比对照中农大甜413短3天
株高	202.3cm
穗位高	69.0cm
果穗	穗长20.5cm，穗粗4.9cm，秃尖长0.8cm，穗行17.2行，行粒数40.5粒
籽粒	黄色
百粒重	10g
籽粒容重	1 380g
抗病性	经天津市农科院植保所鉴定：抗丝黑穗病(1.97%)，中抗黑粉病（6.1%），经河北省农科院植保所鉴定：抗丝黑穗病（3.4%），感黑粉病（17.6%）

幼　苗

株　形

雄　蕊

花　丝

果　型

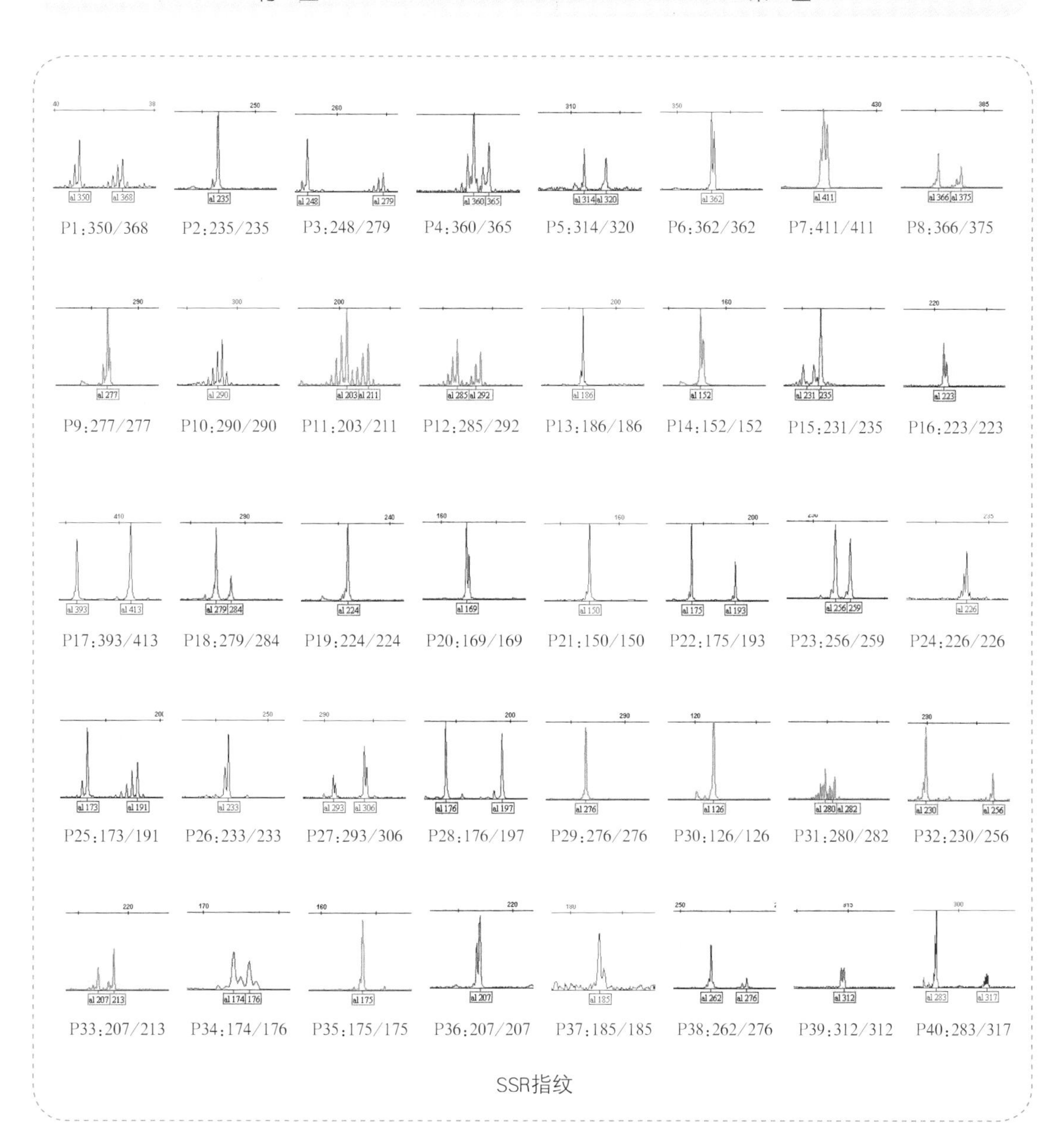
P1:350/368
P2:235/235
P3:248/279
P4:360/365
P5:314/320
P6:362/362
P7:411/411
P8:366/375
P9:277/277
P10:290/290
P11:203/211
P12:285/292
P13:186/186
P14:152/152
P15:231/235
P16:223/223
P17:393/413
P18:279/284
P19:224/224
P20:169/169
P21:150/150
P22:175/193
P23:256/259
P24:226/226
P25:173/191
P26:233/233
P27:293/306
P28:176/197
P29:276/276
P30:126/126
P31:280/282
P32:230/256
P33:207/213
P34:174/176
P35:175/175
P36:207/207
P37:185/185
P38:262/276
P39:312/312
P40:283/317
SSR指纹

59. 京彩甜糯（京彩糯）

基本信息	
品种名称	京彩甜糯（京彩糯）
亲本组合	父本：B1388　母本：M11－3
审定编号	皖玉2011008
品种类型	糯玉米
育种单位	北京宝丰种子有限公司
种子标样提交单位	北京宝丰种子有限公司
2016年推广区域	安徽
特征特性	
生育期	出苗至采收72天左右，比对照品种（皖玉13）迟熟1天
株高	220cm左右
穗位高	90cm左右
果穗	筒锥型，排列整齐，糯中带甜，轴白色，穗长19cm左右，穗粗4.6cm左右，秃尖2.0cm左右
籽粒	花白色
百粒重	30g
籽粒容重	1 732g
粗淀粉含量	72.2%
抗病性	倒伏率3.2%、倒折率为0.5%，田间发病级别平均分别为：大斑病0.5级，小斑病1.9级，茎腐病1.1%，纹枯病0.8级

幼　苗

株　形

雄　蕊

花　丝

果　型

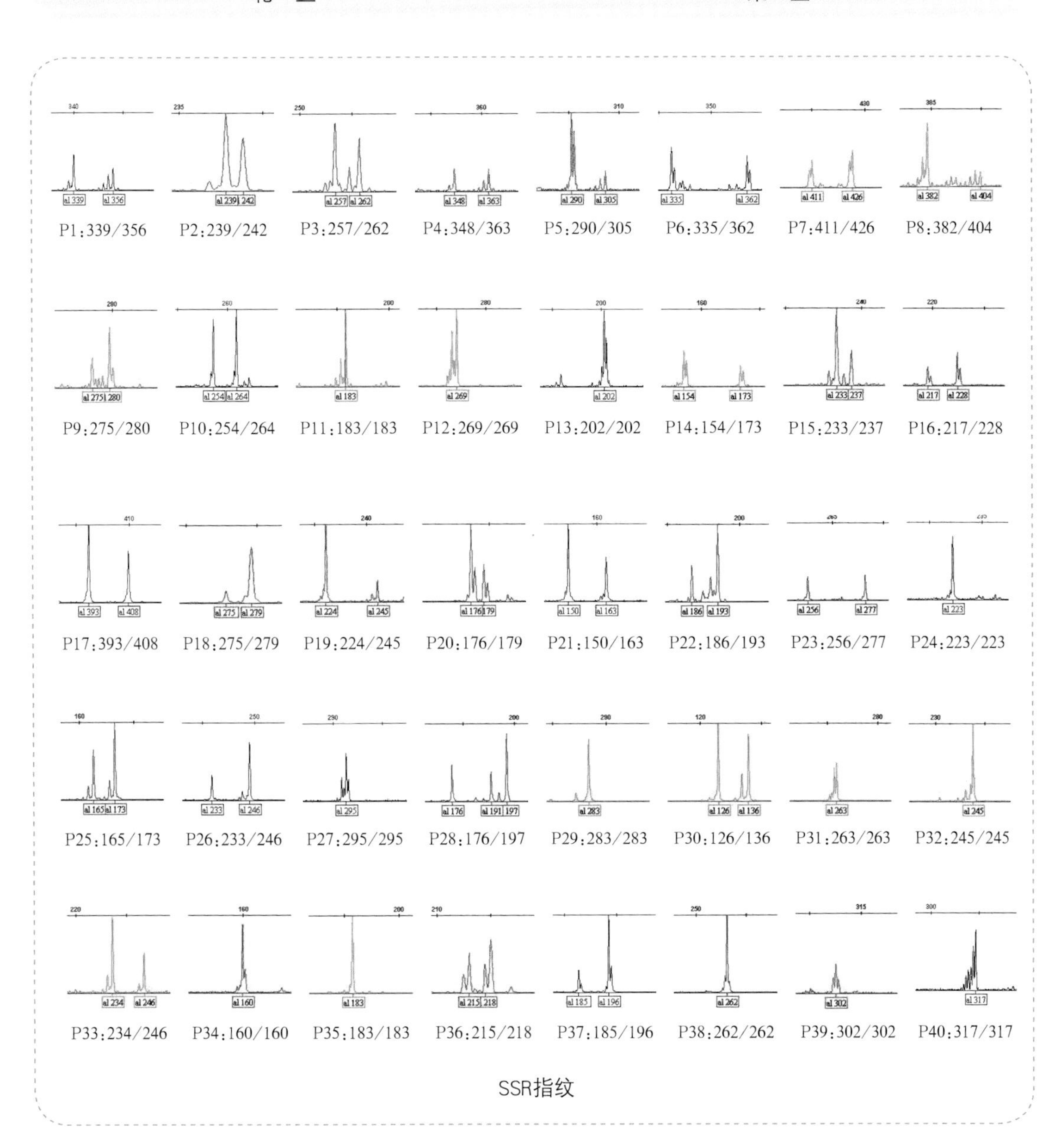
P1:339/356
P2:239/242
P3:257/262
P4:348/363
P5:290/305
P6:335/362
P7:411/426
P8:382/404
P9:275/280
P10:254/264
P11:183/183
P12:269/269
P13:202/202
P14:154/173
P15:233/237
P16:217/228
P17:393/408
P18:275/279
P19:224/245
P20:176/179
P21:150/163
P22:186/193
P23:256/277
P24:223/223
P25:165/173
P26:233/246
P27:295/295
P28:176/197
P29:283/283
P30:126/136
P31:263/263
P32:245/245
P33:234/246
P34:160/160
P35:183/183
P36:215/218
P37:185/196
P38:262/262
P39:302/302
P40:317/317

SSR指纹

60.雪糯2号

基本信息	
品种名称	雪糯2号
亲本组合	父本：B03-2　母本：B968
审定编号	京审玉2009011
品种类型	糯玉米
育种单位	北京宝丰种子有限公司
种子标样提交单位	北京宝丰种子有限公司
2016年推广区域	北京
特征特性	
生育期	北京地区春播种植播种至鲜穗采收期平均95天
株高	260cm
穗位高	117cm
果穗	穗长22.9cm，穗粗4.9cm，穗行数12～14行，秃尖长2.2cm，粒深0.8cm，单株有效穗数1.02个，出籽率49.0%
籽粒	白色
百粒重	鲜籽粒百粒重35.61g
籽粒容重	1 240g
粗淀粉含量	66.98%
粗蛋白含量	11.41%
粗脂肪含量	5.70%
赖氨酸含量	0.36%

幼　苗

株　形

雄　蕊

花　丝

果　型

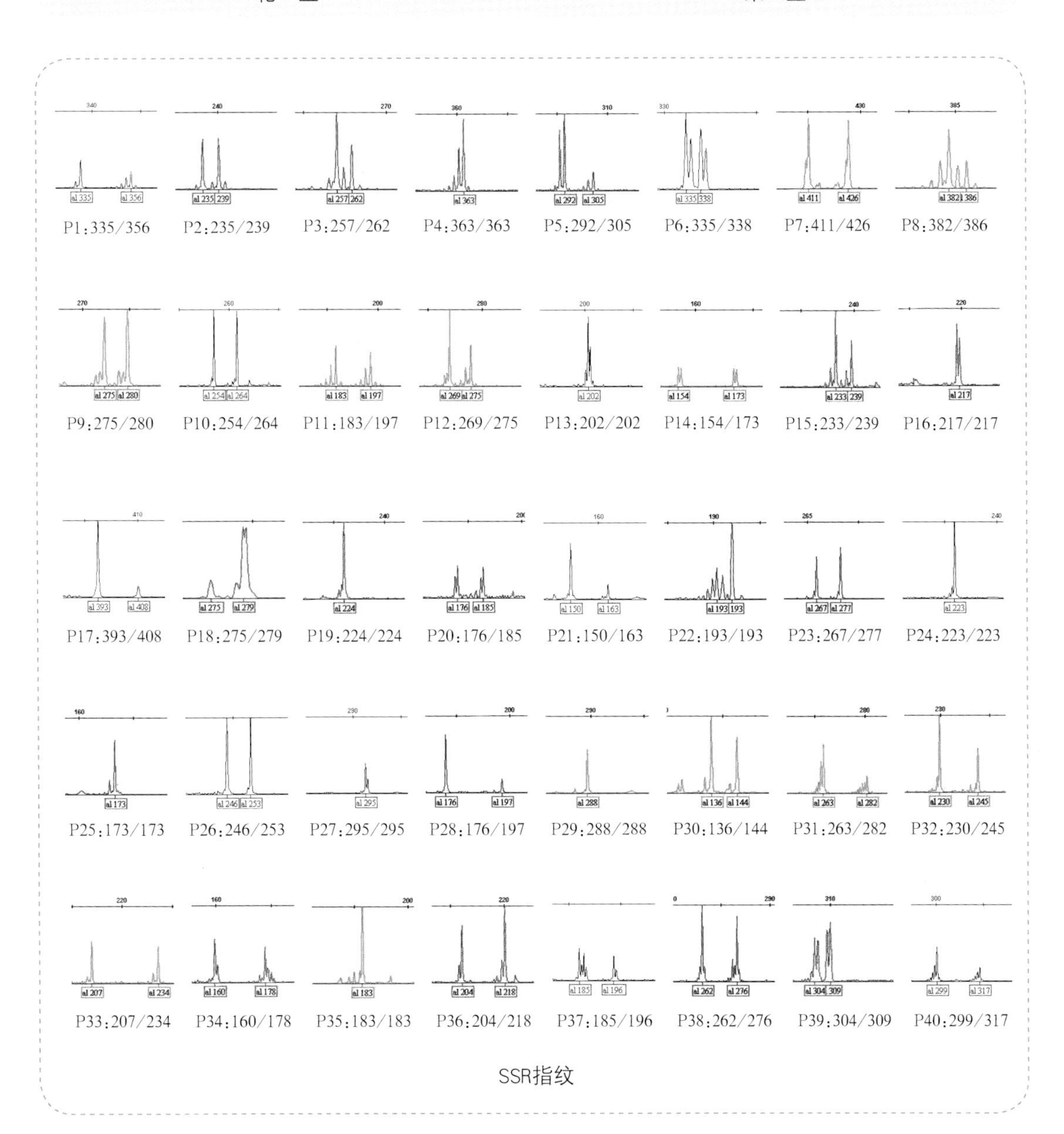
P1:335/356
P2:235/239
P3:257/262
P4:363/363
P5:292/305
P6:335/338
P7:411/426
P8:382/386
P9:275/280
P10:254/264
P11:183/197
P12:269/275
P13:202/202
P14:154/173
P15:233/239
P16:217/217
P17:393/408
P18:275/279
P19:224/224
P20:176/185
P21:150/163
P22:193/193
P23:267/277
P24:223/223
P25:173/173
P26:246/253
P27:295/295
P28:176/197
P29:288/288
P30:136/144
P31:263/282
P32:230/245
P33:207/234
P34:160/178
P35:183/183
P36:204/218
P37:185/196
P38:262/276
P39:304/309
P40:299/317

SSR指纹

61.斯达22

基本信息	
品种名称	斯达22
亲本组合	父本：W22-2　母本：天紫1
审定编号	京审玉2006010
品种类型	糯玉米
育种单位	北京中农斯达农业科技开发有限公司
种子标样提交单位	北京中农斯达农业科技开发有限公司
2016年推广区域	北京
特征特性	
生育期	北京地区种植播种至鲜穗采收平均87天
株高	250cm
穗位高	121cm
果穗	单株有效穗数1.0个，空杆率2.35%，穗长16.2cm，穗粗3.9cm，穗行数12～16行，秃尖长0.85cm，粒深0.91cm，白轴，出籽率57.1%
籽粒	紫色、白色相间
百粒重	26.80g
籽粒容重	793g/L
粗淀粉含量	73.61%
粗蛋白含量	9.81%
粗脂肪含量	5.77%
抗病性	抗大斑病、小斑病。田间综合抗病性较好，抗倒性较强

幼　苗

株　形

雄　蕊

花　丝

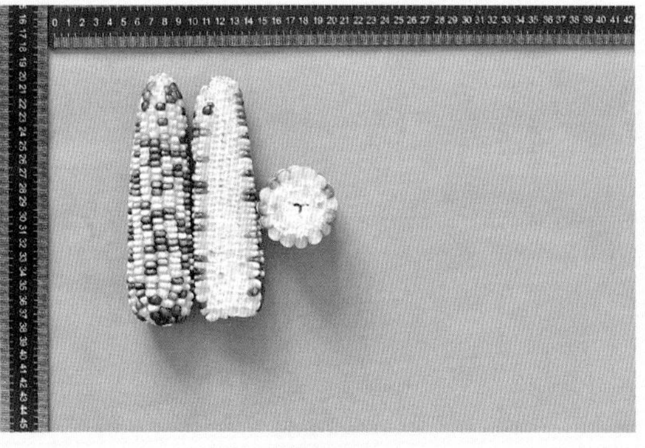
果　型

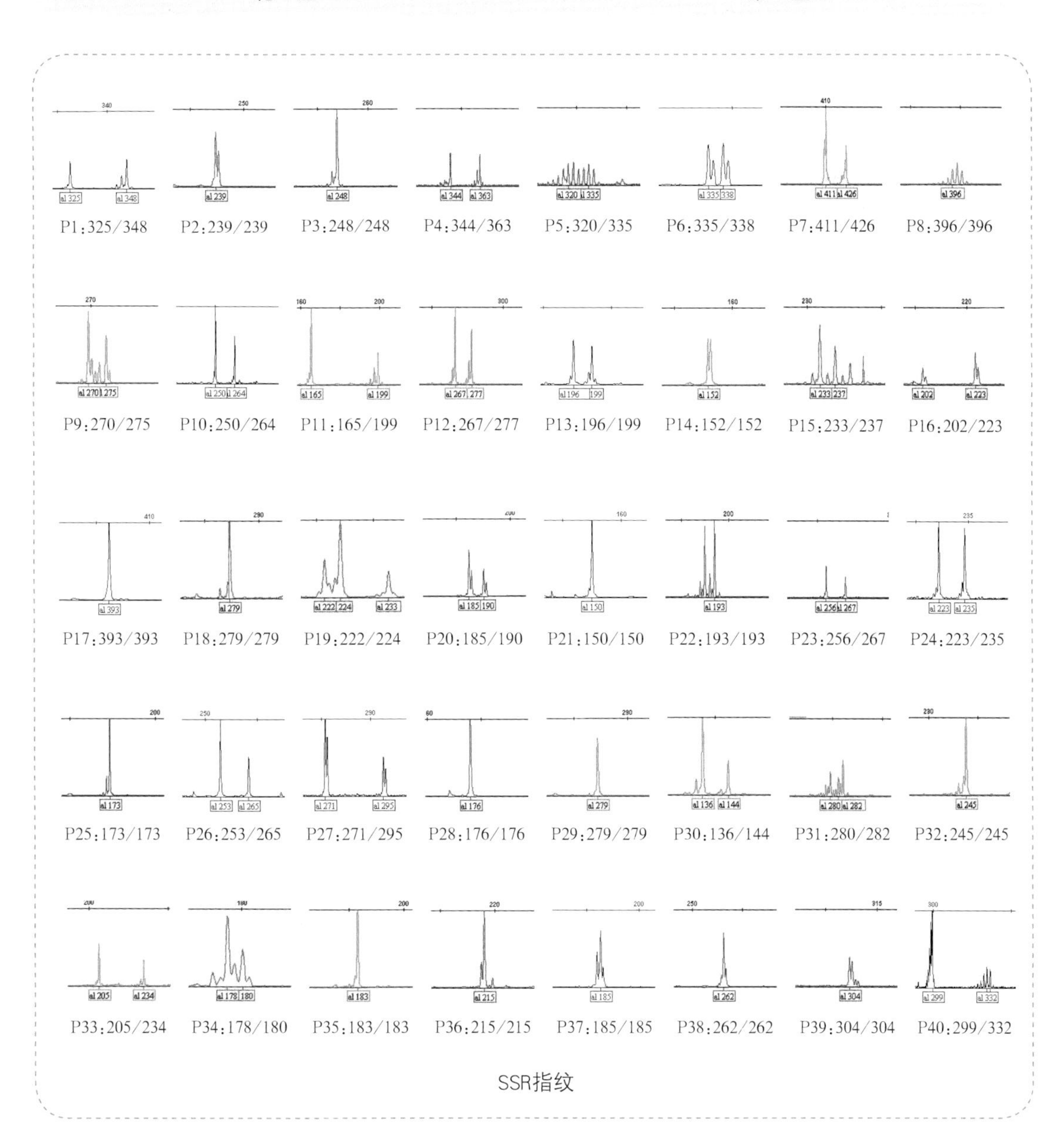
P1:325/348
P2:239/239
P3:248/248
P4:344/363
P5:320/335
P6:335/338
P7:411/426
P8:396/396
P9:270/275
P10:250/264
P11:165/199
P12:267/277
P13:196/199
P14:152/152
P15:233/237
P16:202/223
P17:393/393
P18:279/279
P19:222/224
P20:185/190
P21:150/150
P22:193/193
P23:256/267
P24:223/235
P25:173/173
P26:253/265
P27:271/295
P28:176/176
P29:279/279
P30:136/144
P31:280/282
P32:245/245
P33:205/234
P34:178/180
P35:183/183
P36:215/215
P37:185/185
P38:262/262
P39:304/304
P40:299/332
SSR指纹

62.斯达30

基本信息	
品种名称	斯达30
亲本组合	父本：天紫1　母本：宿1-41
审定编号	京审玉2012005
品种类型	糯玉米
育种单位	北京中农斯达农业科技开发有限公司
种子标样提交单位	北京中农斯达农业科技开发有限公司
2016年推广区域	北京
特征特性	
生育期	北京地区种植播种至鲜穗采收期平均89天
株高	238cm
穗位高	104cm
果穗	单株有效穗数1.1个，空杆率1.0%，穗长18.4cm，穗粗4.4cm，穗行数14～16行，行粒数34粒，秃尖长0.4cm，粒深0.9cm，出籽率59.8%
籽粒	紫色、白色相间
百粒重	34.22g
粗淀粉含量	61.26%
粗蛋白含量	12.11%
粗脂肪含量	4.09%
赖氨酸含量	4.09%

幼　苗

株　形

雄　蕊

花　丝

果　型

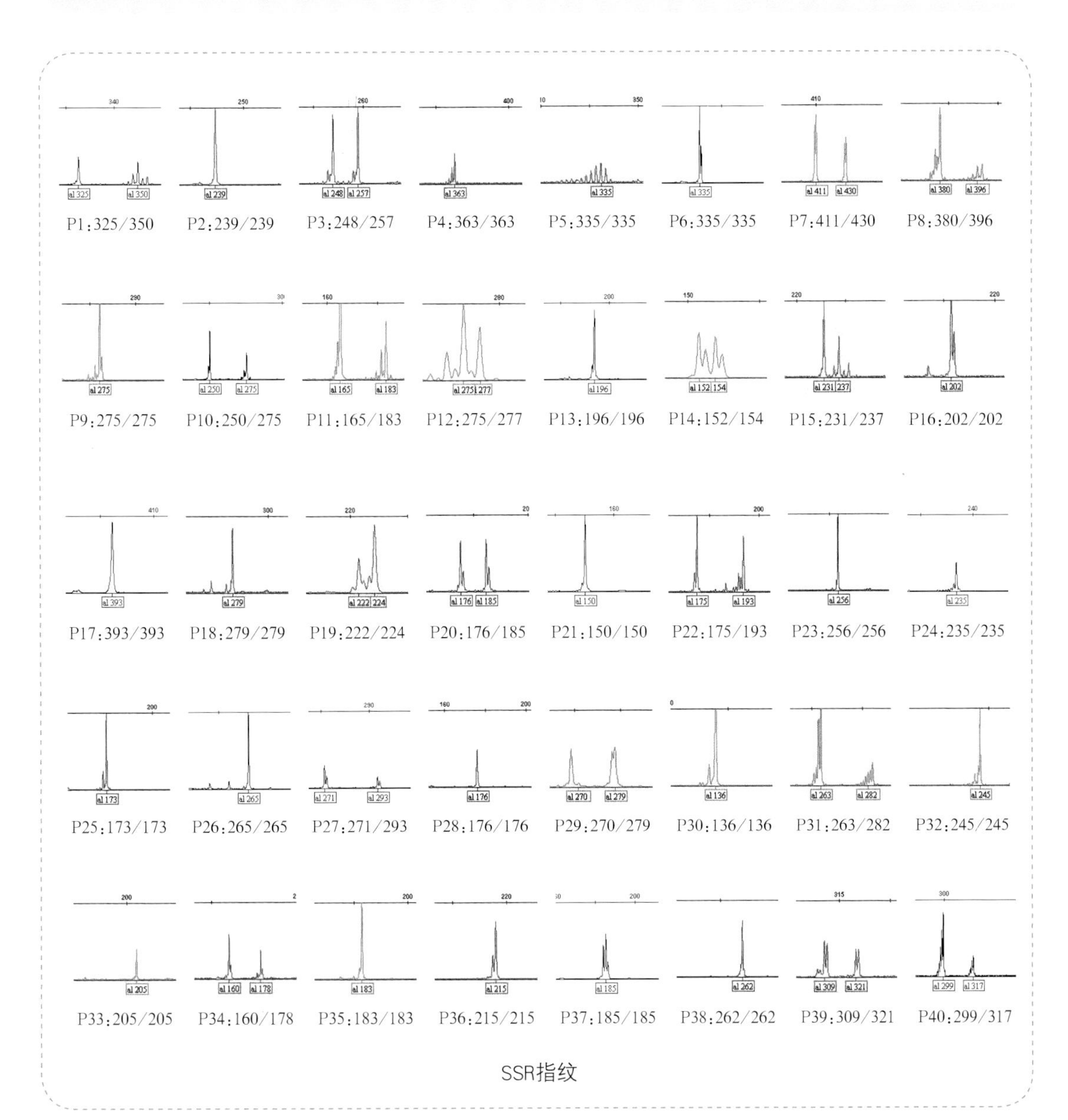
P1:325/350
P2:239/239
P3:248/257
P4:363/363
P5:335/335
P6:335/335
P7:411/430
P8:380/396
P9:275/275
P10:250/275
P11:165/183
P12:275/277
P13:196/196
P14:152/154
P15:231/237
P16:202/202
P17:393/393
P18:279/279
P19:222/224
P20:176/185
P21:150/150
P22:175/193
P23:256/256
P24:235/235
P25:173/173
P26:265/265
P27:271/293
P28:176/176
P29:270/279
P30:136/136
P31:263/282
P32:245/245
P33:205/205
P34:160/178
P35:183/183
P36:215/215
P37:185/185
P38:262/262
P39:309/321
P40:299/317
SSR指纹

63.斯达201

基本信息	
品种名称	斯达201
亲本组合	父本：4906　母本：4934
审定编号	京审玉2012005
品种类型	甜玉米
育种单位	北京中农斯达农业科技开发有限公司
种子标样提交单位	北京中农斯达农业科技开发有限公司
2016年推广区域	天津
特征特性	
生育期	出苗至采收期77天，较对照绿色先锋短5天
株型	松散
株高	224.4cm
穗位高	60.6cm
叶片	叶片绿色
花丝颜色	绿色
果穗	长筒型，结实饱满，穗长17.4cm，穗粗4.3cm，穗行数12～18行，粒深1.0cm，秃尖长2.0cm，籽粒排列整齐，行直，穗轴白色
籽粒	黄色与白色相间，白粒少一些
抗病性	抗黑粉病（4.76%），中抗丝黑穗病（5.56%）

幼　苗

株　形

雄　蕊

花　丝

果　型

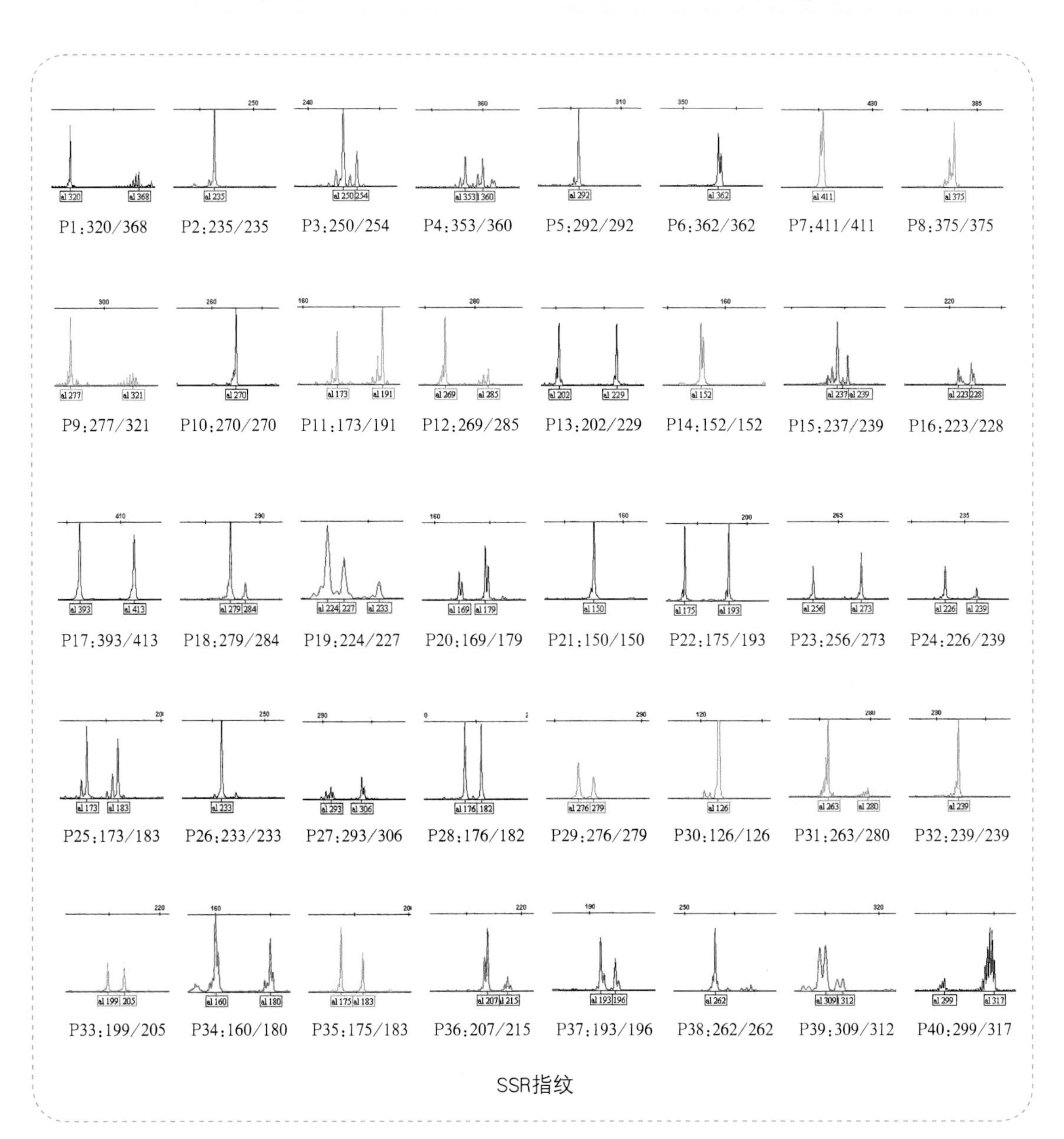
P1:320/368
P2:235/235
P3:250/254
P4:353/360
P5:292/292
P6:362/362
P7:411/411
P8:375/375
P9:277/321
P10:270/270
P11:173/191
P12:269/285
P13:202/229
P14:152/152
P15:237/239
P16:223/228
P17:393/413
P18:279/284
P19:224/227
P20:169/179
P21:150/150
P22:175/193
P23:256/273
P24:226/239
P25:173/183
P26:233/233
P27:293/306
P28:176/182
P29:276/279
P30:126/126
P31:263/280
P32:239/239
P33:199/205
P34:160/180
P35:175/183
P36:207/215
P37:193/196
P38:262/262
P39:309/312
P40:299/317

SSR指纹

64.斯达203

基本信息	
品种名称	斯达203
亲本组合	父本：678-1　母本：613
审定编号	津审玉2008021
品种类型	甜玉米
育种单位	北京中农斯达农业科技开发有限公司
种子标样 提交单位	北京中农斯达农业科技开发有限公司
2016年 推广区域	天津
特征特性	
生育期	出苗至采收83天
株型	半紧凑
株高	245.4cm
穗位高	75.8cm
叶片	叶片淡绿色
花丝颜色	绿色
果穗	筒型，结实饱满。穗长21.7cm，穗粗5.0cm，秃尖长2.4cm，行粒数42.8粒，粒深1.1cm，籽粒排列整齐，行直，白轴
籽粒	黄色
百粒重	28.0g
抗病性	中抗丝黑穗病（6.3%），中抗黑粉病（18.4%）

幼　苗

株　形

雄　蕊

花　丝

果　型

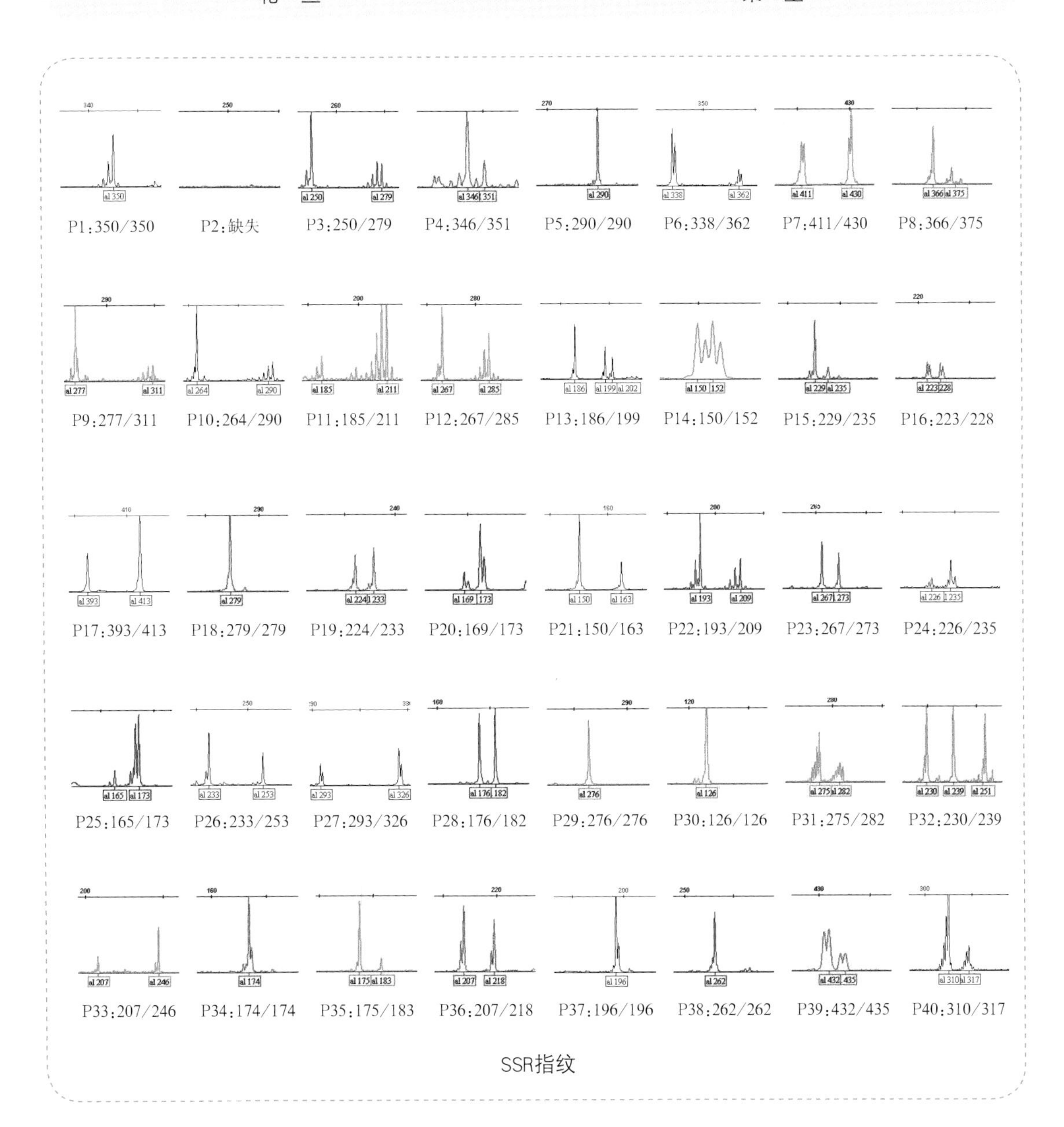
P1:350/350
P2:缺失
P3:250/279
P4:346/351
P5:290/290
P6:338/362
P7:411/430
P8:366/375
P9:277/311
P10:264/290
P11:185/211
P12:267/285
P13:186/199
P14:150/152
P15:229/235
P16:223/228
P17:393/413
P18:279/279
P19:224/233
P20:169/173
P21:150/163
P22:193/209
P23:267/273
P24:226/235
P25:165/173
P26:233/253
P27:293/326
P28:176/182
P29:276/276
P30:126/126
P31:275/282
P32:230/239
P33:207/246
P34:174/174
P35:175/183
P36:207/218
P37:196/196
P38:262/262
P39:432/435
P40:310/317

SSR指纹

65.斯达204

基本信息	
品种名称	斯达204
亲本组合	父本：D13B1　母本：S24A2
审定编号	京审玉2011007
品种类型	甜玉米
育种单位	北京中农斯达农业科技开发有限公司
种子标样提交单位	北京中农斯达农业科技开发有限公司
2016年推广区域	北京、西藏、江苏
特征特性	
生育期	北京地区种植播种至鲜穗采收期平均86天
株高	182cm
穗位高	62cm
果穗	单株有效穗数1.02个，穗长19.7cm，穗粗4.5cm，穗行数12～14行，行粒数37粒，秃尖长1.3cm，粒深1.1cm，出籽率53.9%
籽粒	黄色
百粒重	35.2g
粗淀粉含量	10.93%
粗蛋白含量	12.55%
粗脂肪含量	6.70%
赖氨酸含量	0.45%

幼　苗

株　形

雄　蕊

花　丝

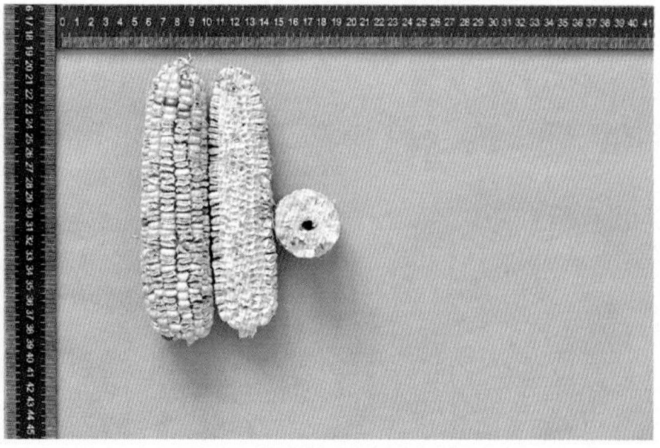

果　型

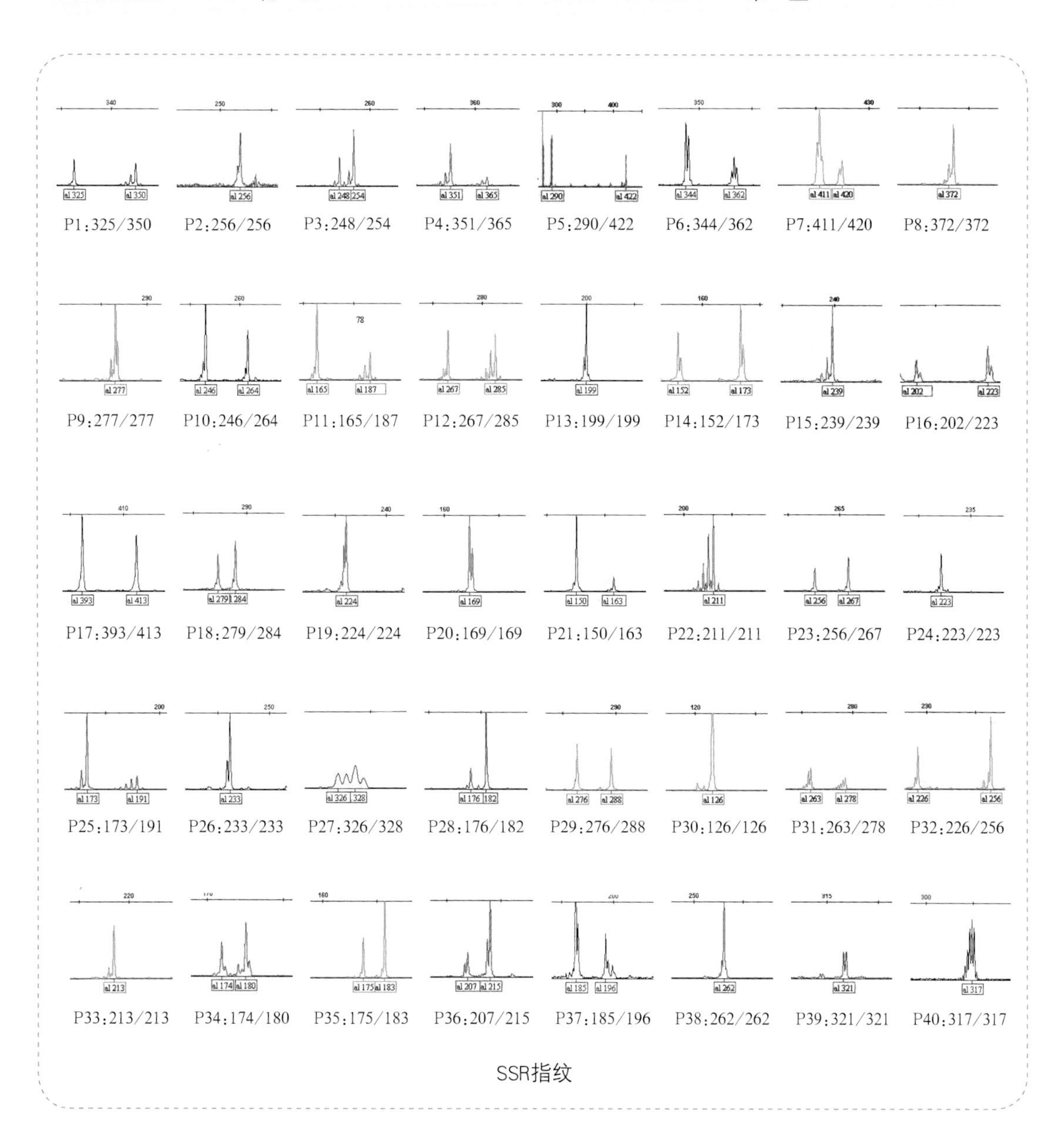
P1:325/350
P2:256/256
P3:248/254
P4:351/365
P5:290/422
P6:344/362
P7:411/420
P8:372/372
P9:277/277
P10:246/264
P11:165/187
P12:267/285
P13:199/199
P14:152/173
P15:239/239
P16:202/223
P17:393/413
P18:279/284
P19:224/224
P20:169/169
P21:150/163
P22:211/211
P23:256/267
P24:223/223
P25:173/191
P26:233/233
P27:326/328
P28:176/182
P29:276/288
P30:126/126
P31:263/278
P32:226/256
P33:213/213
P34:174/180
P35:175/183
P36:207/215
P37:185/196
P38:262/262
P39:321/321
P40:317/317

SSR指纹

66.斯达205

基本信息	
品种名称	斯达205
亲本组合	父本：313　母本：678-1
审定编号	津审玉2011006
品种类型	甜玉米
育种单位	北京中农斯达农业科技开发有限公司
种子标样提交单位	北京中农斯达农业科技开发有限公司
2016年推广区域	天津
特征特性	
生育期	出苗到采收期
株高	227.4cm
穗位高	87.9cm
叶片	幼苗叶鞘绿色，叶片淡绿色，叶缘白色
雄穗	花药黄色，颖壳绿色
花丝颜色	绿色
果穗	穗长20.9cm，穗粗 4.8cm，秃尖长0.1cm，穗行16.1行，行粒数42.1粒
籽粒	黄色
抗病性	经天津市植保所鉴定：感丝黑穗病31.8%），抗黑粉病（1.5%）；经河北省农科院植保所鉴定：感丝黑穗病（20.6%），感黑粉病（36.8%）

幼　苗

株　形

雄　蕊

花　丝

果　型

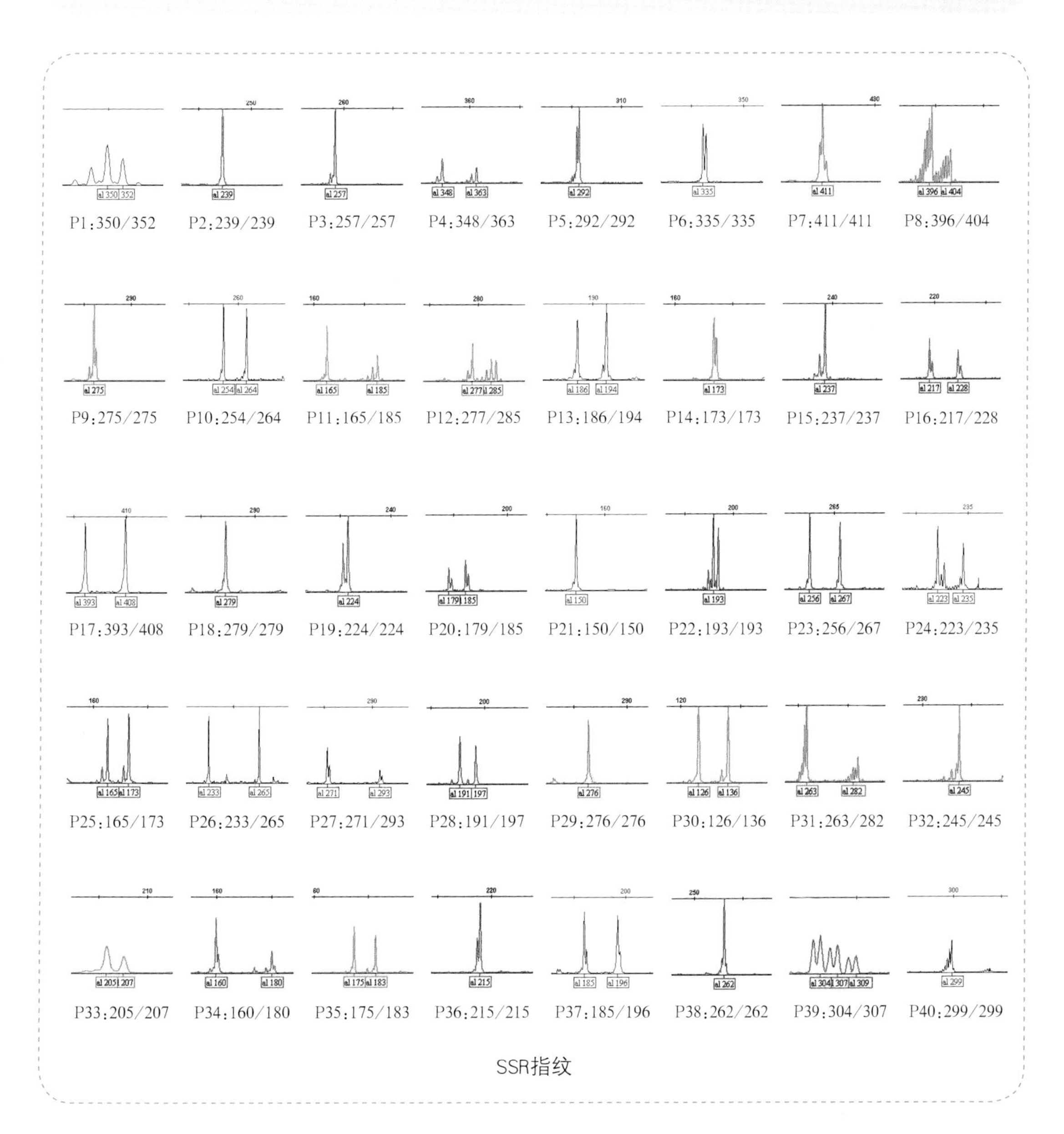
P1:350/352
P2:239/239
P3:257/257
P4:348/363
P5:292/292
P6:335/335
P7:411/411
P8:396/404
P9:275/275
P10:254/264
P11:165/185
P12:277/285
P13:186/194
P14:173/173
P15:237/237
P16:217/228
P17:393/408
P18:279/279
P19:224/224
P20:179/185
P21:150/150
P22:193/193
P23:256/267
P24:223/235
P25:165/173
P26:233/265
P27:271/293
P28:191/197
P29:276/276
P30:126/136
P31:263/282
P32:245/245
P33:205/207
P34:160/180
P35:175/183
P36:215/215
P37:185/196
P38:262/262
P39:304/307
P40:299/299

SSR指纹

71. 金彩糯670

基本信息	
品种名称	金彩糯670
亲本组合	父本：K9130　母本：Z2043
审定编号	桂审玉2013013
品种类型	糯玉米
育种单位	北京金农科种子科技有限公司
种子标样提交单位	北京金农科种子科技有限公司
2016年推广区域	广西
特征特性	
生育期	出苗至鲜果穗采收期春季平均78天，秋季平均73天
株型	平展
株高	228cm
穗位高	85cm
叶片	18片
雄穗	分支多，较分散，花药颖壳紫红色
花丝颜色	绿色
果穗	锥型，穗长18.7cm，穗粗4.77cm，秃尖长1.6cm，穗行数14～18行，平均12.4行，行粒数40.0粒，出籽率70.4%
籽粒	紫杂白色
百粒重	36.5g
籽粒容重	714g/L
粗淀粉含量	69.37%
粗蛋白含量	11.65%
粗脂肪含量	4.38%
赖氨酸含量	0.48%
抗病性	高抗大斑病，感小斑病，中抗纹枯病，病情指数为57.5%，感锈病，中抗茎腐病，发病率为25.0%

幼　苗

株　形

雄　蕊

花　丝

果　型

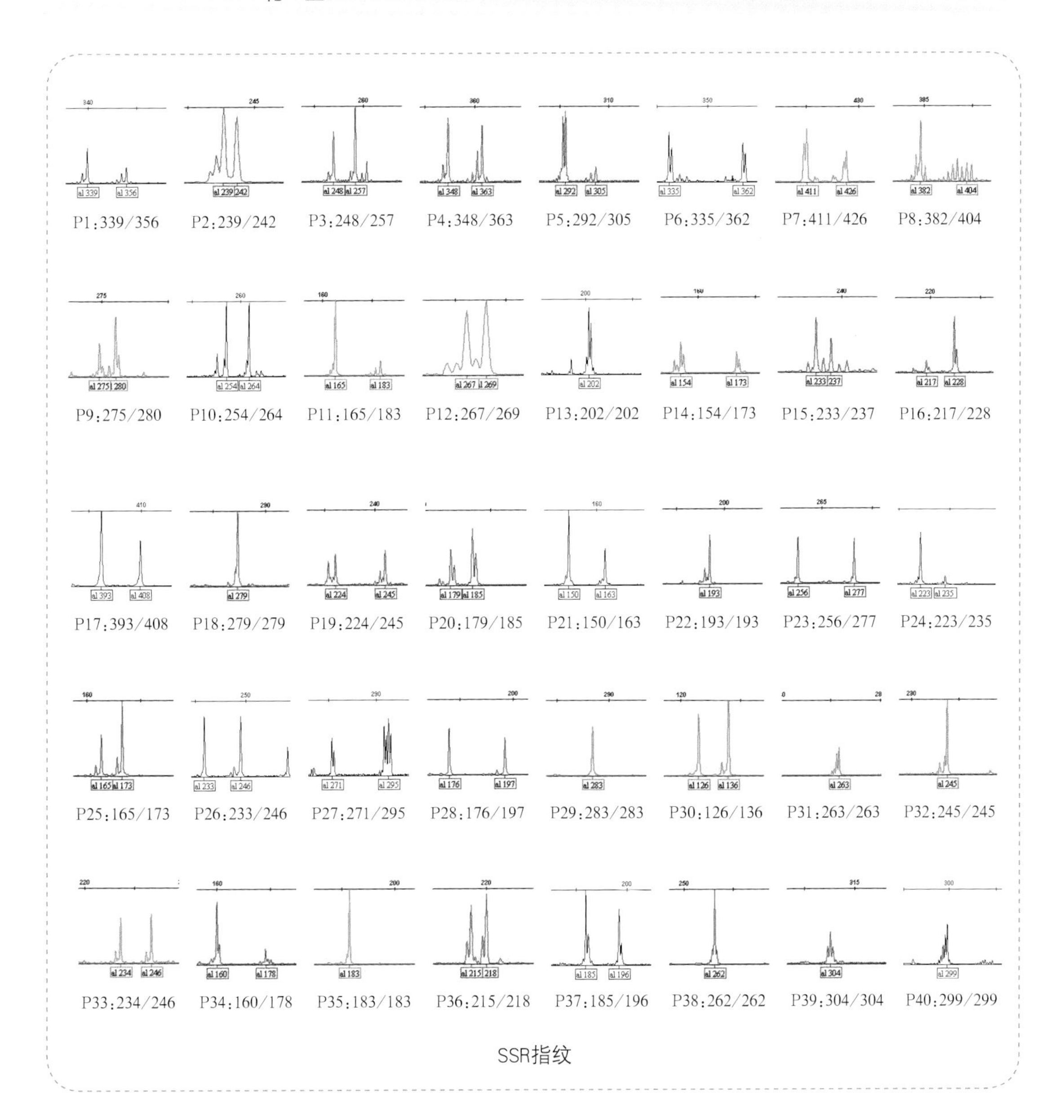
P1:339/356
P2:239/242
P3:248/257
P4:348/363
P5:292/305
P6:335/362
P7:411/426
P8:382/404
P9:275/280
P10:254/264
P11:165/183
P12:267/269
P13:202/202
P14:154/173
P15:233/237
P16:217/228
P17:393/408
P18:279/279
P19:224/245
P20:179/185
P21:150/163
P22:193/193
P23:256/277
P24:223/235
P25:165/173
P26:233/246
P27:271/295
P28:176/197
P29:283/283
P30:126/136
P31:263/263
P32:245/245
P33:234/246
P34:160/178
P35:183/183
P36:215/218
P37:185/196
P38:262/262
P39:304/304
P40:299/299

SSR指纹

72.金糯102

基本信息	
品种名称	金糯102
亲本组合	父本：TN2055　母本：N355-w
审定编号	国审玉2016010、京审玉2013013
品种类型	糯玉米
育种单位	北京金农科种子科技有限公司
种子标样提交单位	北京金农科种子科技有限公司
2016年推广区域	北京
特征特性	
生育期	东南地区春播出苗至鲜穗采收期81天，比对照苏玉糯5号晚1天
株型	半紧凑
株高	213.0cm
穗位高	97.0cm
叶片	幼苗叶鞘红色，叶片绿色；成株叶片数21～22片
雄穗	花药淡红色
花丝颜色	红色
果穗	筒型，穗长19.7cm，穗行数14～16行，穗轴白色
籽粒	白色
百粒重	32.7g
籽粒容重	727g/L
粗淀粉含量	60.34%
粗蛋白含量	10.06%
粗脂肪含量	5.62%
赖氨酸含量	0.34%
抗病性	抗腐霉茎腐病，中抗纹枯病，感小斑病

幼　苗

株　形

雄　蕊

花 丝

果 型

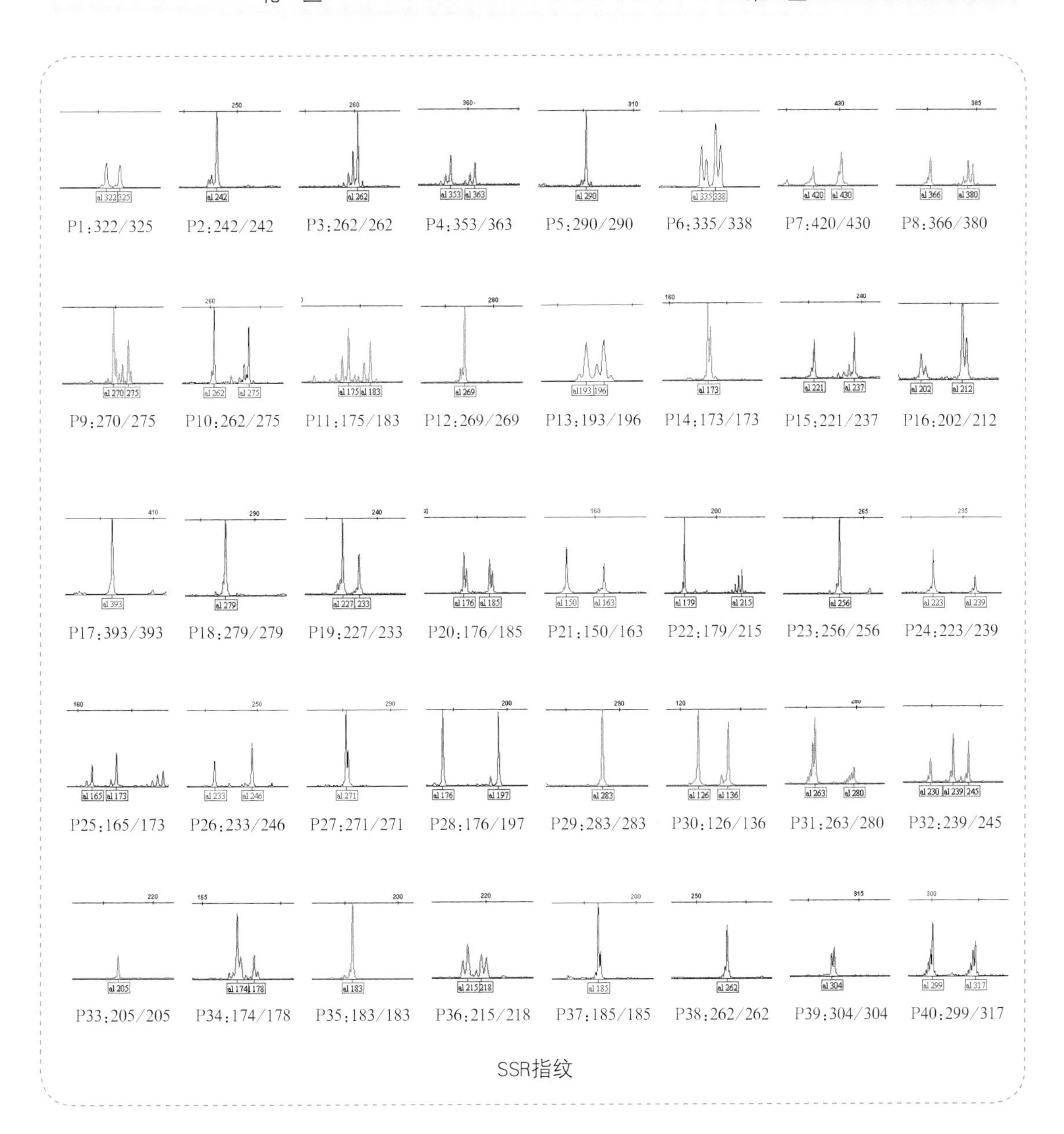
P1:322/325
P2:242/242
P3:262/262
P4:353/363
P5:290/290
P6:335/338
P7:420/430
P8:366/380
P9:270/275
P10:262/275
P11:175/183
P12:269/269
P13:193/196
P14:173/173
P15:221/237
P16:202/212
P17:393/393
P18:279/279
P19:227/233
P20:176/185
P21:150/163
P22:179/215
P23:256/256
P24:223/239
P25:165/173
P26:233/246
P27:271/271
P28:176/197
P29:283/283
P30:126/136
P31:263/280
P32:239/245
P33:205/205
P34:174/178
P35:183/183
P36:215/218
P37:185/185
P38:262/262
P39:304/304
P40:299/317
SSR指纹

73. 巴卡拉

基本信息	
品种名称	巴卡拉
亲本组合	父本：TW4325　母本：MU1-27
审定编号	京审玉2010009
品种类型	甜玉米
育种单位	北京金农科种子科技有限公司
种子标样提交单位	北京金农科种子科技有限公司
2016年推广区域	北京
特征特性	
生育期	北京地区种植播种至鲜穗采收平均87天
株型	松散型
株高	204cm
穗位高	65cm
叶片	16片
雄穗	分支数中等，穗形分散，花药颖壳黄色
花丝颜色	绿色
果穗	穗长20.8cm，穗粗5.0cm，穗行数12 ~ 14行，行粒数40粒，秃尖长1.0cm，粒深1.1cm，单株有效穗数1.04个，出籽率48.1%
籽粒	黄白色
百粒重	16.8g
籽粒容重	482g/L
粗淀粉含量	24.59%
粗蛋白含量	12.51%
粗脂肪含量	8.22%
赖氨酸含量	0.41%
抗病性	抗瘤黑粉，抗茎腐病，感大、小斑病

幼　苗

株　形

雄　蕊

花 丝

果 型

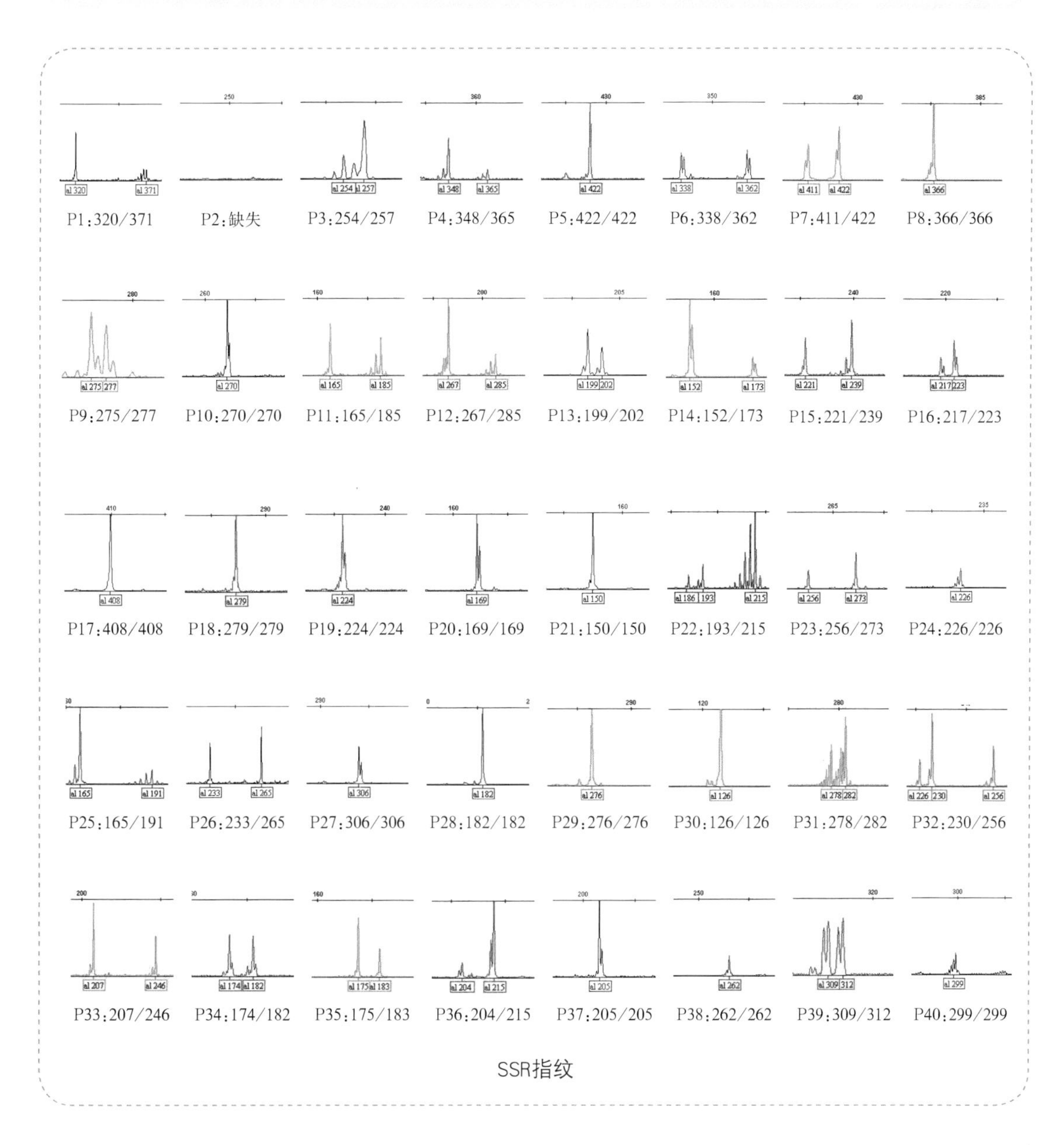
P1:320/371
P2:缺失
P3:254/257
P4:348/365
P5:422/422
P6:338/362
P7:411/422
P8:366/366
P9:275/277
P10:270/270
P11:165/185
P12:267/285
P13:199/202
P14:152/173
P15:221/239
P16:217/223
P17:408/408
P18:279/279
P19:224/224
P20:169/169
P21:150/150
P22:193/215
P23:256/273
P24:226/226
P25:165/191
P26:233/265
P27:306/306
P28:182/182
P29:276/276
P30:126/126
P31:278/282
P32:230/256
P33:207/246
P34:174/182
P35:175/183
P36:204/215
P37:205/205
P38:262/262
P39:309/312
P40:299/299

SSR指纹

74.彩甜糯617

基本信息	
品种名称	彩甜糯617
亲本组合	父本：M28-T　母本：TZ23X
审定编号	沪农品审玉米2012第001号
品种权号	CNA20101099.4
品种类型	糯玉米
育种单位	上海汇阳种苗有限公司
种子标样提交单位	北京金农科种子科技有限公司
2016年推广区域	上海、浙江

特征特性	
生育期	在上海出苗至鲜穗采收平均86天，比对照（苏玉糯5号）晚1天
株型	松散
株高	168.0cm
穗位高	83.0cm
叶片	幼苗叶鞘紫红色，叶片绿色
雄穗	分支数中等，较紧凑，花药黄色
花丝颜色	绿色
果穗	短锥型，穗长14.5cm，穗粗4.7cm，无秃尖，穗行数14行左右，行粒数30粒，穗轴白色，出籽率68.4%
籽粒	紫色、白色相间
百粒重	37g
籽粒容重	701g/L
粗淀粉含量	66.32%
粗蛋白含量	12.56%
粗脂肪含量	5.85%
赖氨酸含量	0.49%
抗病性	抗大、小斑病，抗穗腐病，感茎基腐病

幼　苗

株　形

雄　蕊

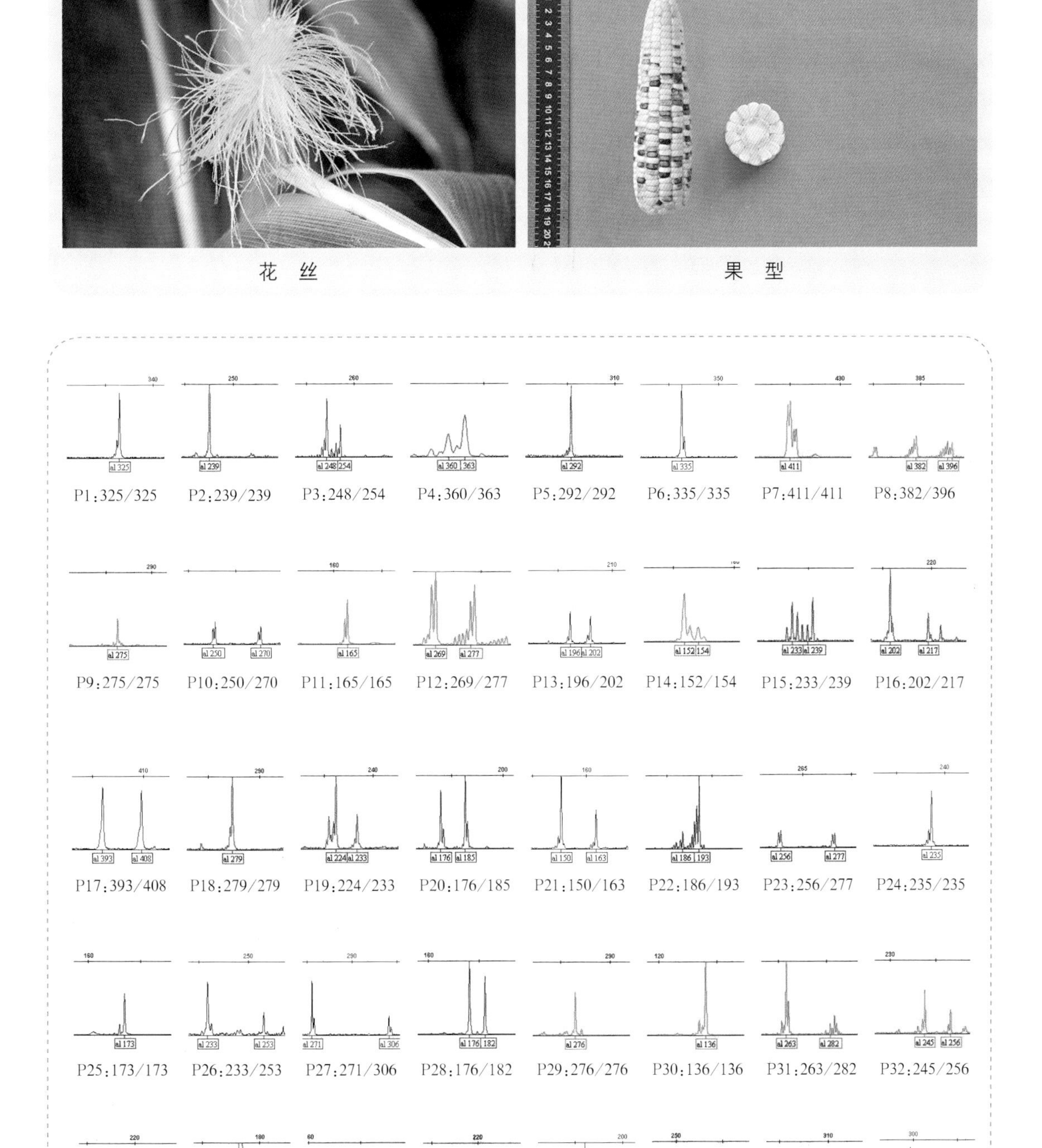
P1:325/325
P2:239/239
P3:248/254
P4:360/363
P5:292/292
P6:335/335
P7:411/411
P8:382/396
P9:275/275
P10:250/270
P11:165/165
P12:269/277
P13:196/202
P14:152/154
P15:233/239
P16:202/217
P17:393/408
P18:279/279
P19:224/233
P20:176/185
P21:150/163
P22:186/193
P23:256/277
P24:235/235
P25:173/173
P26:233/253
P27:271/306
P28:176/182
P29:276/276
P30:136/136
P31:263/282
P32:245/256
P33:205/230
P34:178/180
P35:175/183
P36:215/218
P37:185/185
P38:262/262
P39:304/306
P40:299/317

花 丝

果 型

SSR指纹

75.彩甜糯627

基本信息	
品种名称	彩甜糯627
亲本组合	父本：BNT2048-1　母本：JNK2043
审定编号	渝审玉20170017、京审玉20170015 黔审玉2017021
品种类型	糯玉米
育种单位	北京金农科种子科技有限公司
种子标样 提交单位	北京金农科种子科技有限公司
特征特性	
生育期	出苗至鲜穗采收82 ~ 102天，平均94天，与渝糯7号相当
株型	半紧凑
株高	238cm
穗位高	104cm
叶片	第一叶鞘绿色，叶色绿色；成株叶片数19片
雄穗	花药黄色，颖壳浅紫色
花丝颜色	浅红色
果穗	锥型，穗长18.8cm，穗行数14 ~ 18行，行粒数36.0粒，穗轴白色
籽粒	紫白色，甜糯比例1 ：3
百粒重	39.1g
籽粒容重	731g/L
粗淀粉含量	65.92%
粗蛋白含量	11.57%
粗脂肪含量	6.10%
赖氨酸含量	0.38%
抗病性	抗大斑病，中抗小斑病和穗腐病，感纹枯病

幼　苗

株　形

雄　蕊

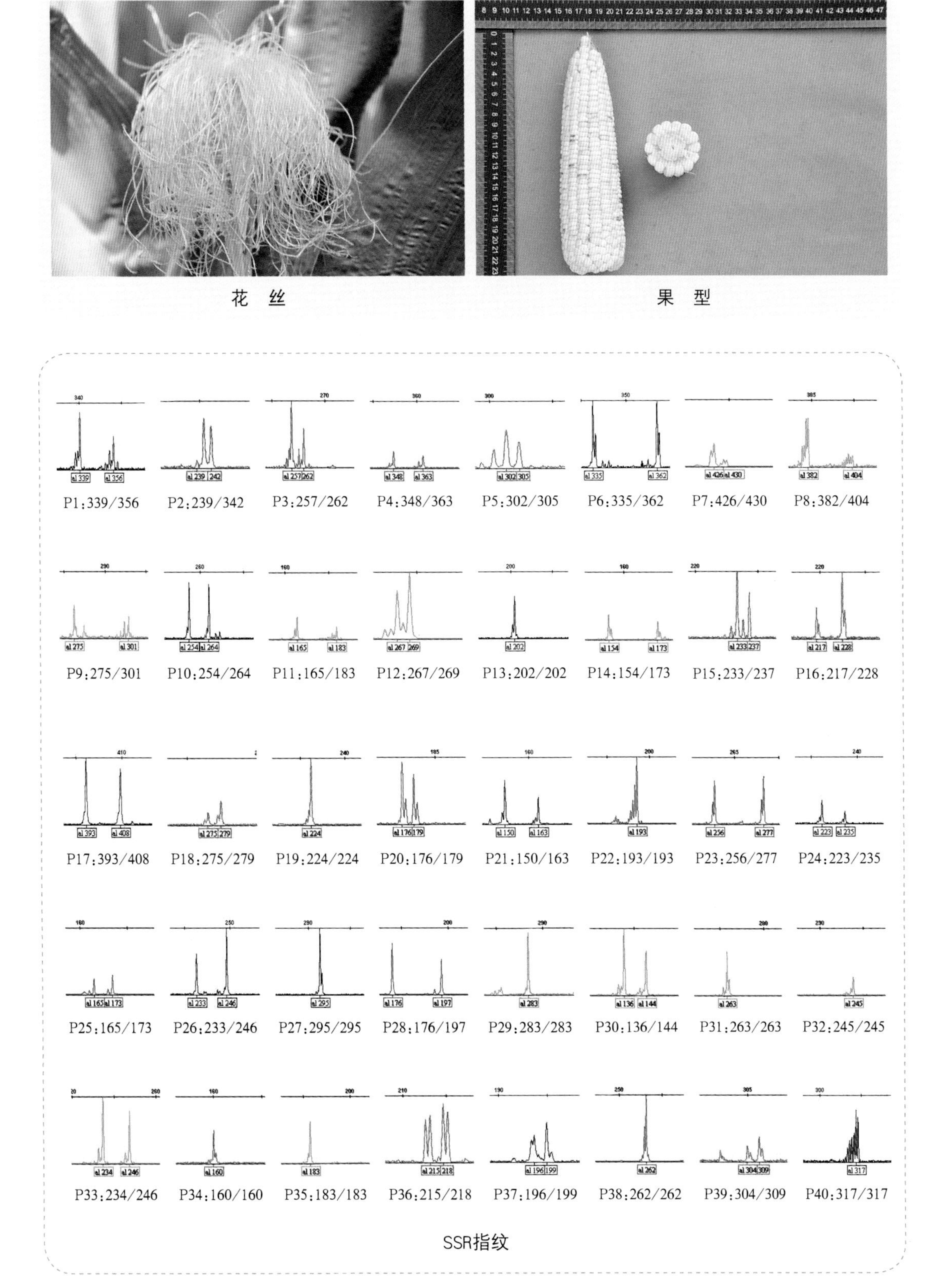

P1:339/356
P2:239/342
P3:257/262
P4:348/363
P5:302/305
P6:335/362
P7:426/430
P8:382/404
P9:275/301
P10:254/264
P11:165/183
P12:267/269
P13:202/202
P14:154/173
P15:233/237
P16:217/228
P17:393/408
P18:275/279
P19:224/224
P20:176/179
P21:150/163
P22:193/193
P23:256/277
P24:223/235
P25:165/173
P26:233/246
P27:295/295
P28:176/197
P29:283/283
P30:136/144
P31:263/263
P32:245/245
P33:234/246
P34:160/160
P35:183/183
P36:215/218
P37:196/199
P38:262/262
P39:304/309
P40:317/317

花　丝　　　果　型

SSR指纹

76.金糯685

基本信息	
品种名称	金糯685
亲本组合	父本：M32-T　母本：K9130
审定编号	渝审玉2015006、闽审玉2016005、赣审玉20170005、冀审玉2013017
品种类型	糯玉米
育种单位	北京金农科种子科技有限公司
种子标样提交单位	北京金农科种子科技有限公司
2016年推广区域	重庆、河北
特征特性	
生育期	重庆市出苗至鲜穗采收87～124天，平均100天，比对照渝糯7号晚2天
株型	半紧凑
株高	215cm
穗位高	92cm
叶片	第一叶鞘浅紫色，叶色绿色，成株叶片数21片
雄穗	花药紫色，颖壳淡紫色
花丝颜色	绿色
果穗	筒-锥型，穗长17.8cm，穗行数12～14行，行粒数35.8粒，穗轴白色
籽粒	白色，糯质硬粒型
百粒重	33.5g
籽粒容重	749g/L
粗淀粉含量	58.49%
粗蛋白含量	12.74%
粗脂肪含量	5.50%
赖氨酸含量	0.43%
抗病性	中抗丝黑穗病，感大小斑病、纹枯病，高感穗腐病和茎腐病

幼　苗

株　形

雄　蕊

花　丝

果　型

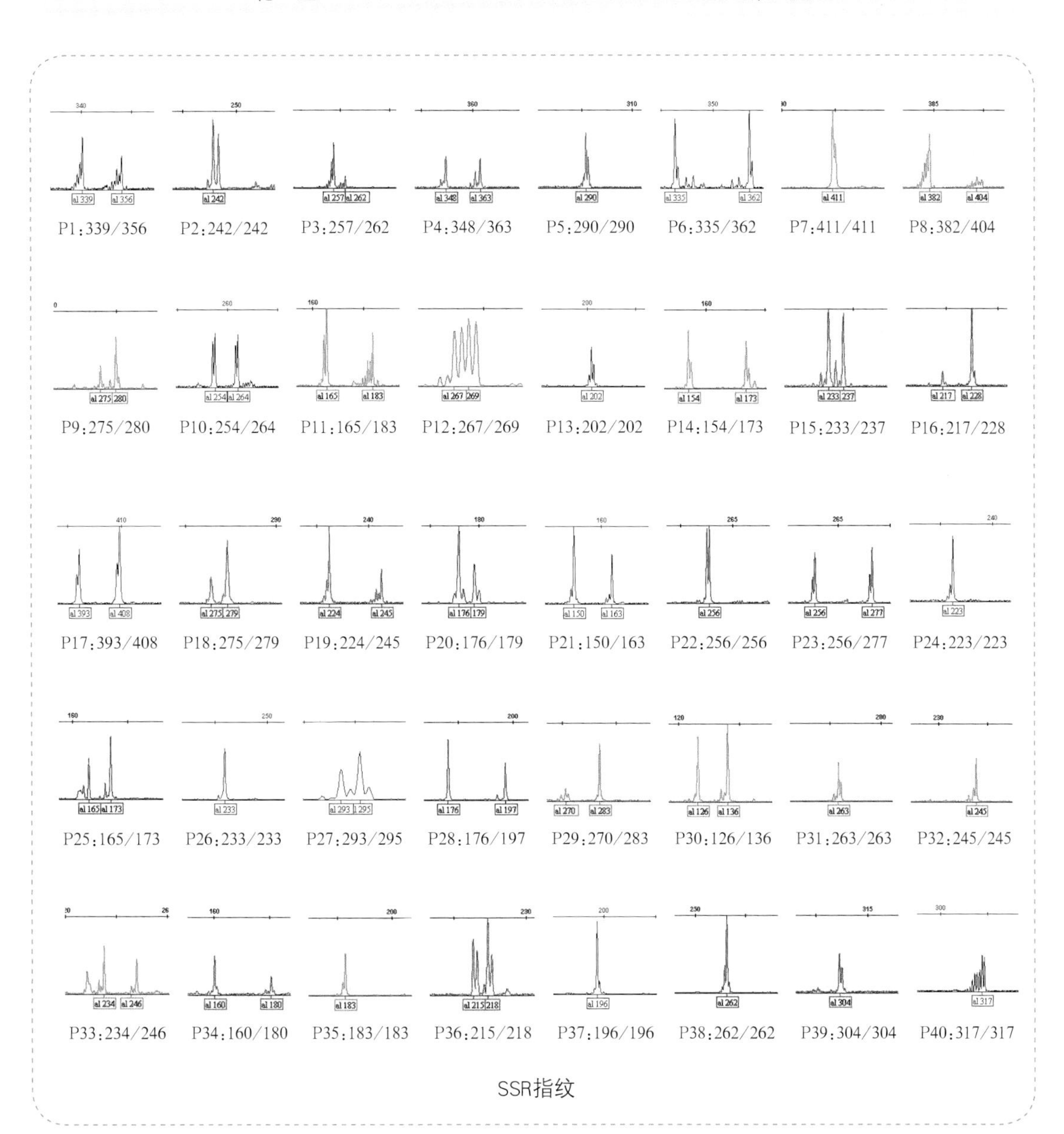
P1:339/356
P2:242/242
P3:257/262
P4:348/363
P5:290/290
P6:335/362
P7:411/411
P8:382/404
P9:275/280
P10:254/264
P11:165/183
P12:267/269
P13:202/202
P14:154/173
P15:233/237
P16:217/228
P17:393/408
P18:275/279
P19:224/245
P20:176/179
P21:150/163
P22:256/256
P23:256/277
P24:223/223
P25:165/173
P26:233/233
P27:293/295
P28:176/197
P29:270/283
P30:126/136
P31:263/263
P32:245/245
P33:234/246
P34:160/180
P35:183/183
P36:215/218
P37:196/196
P38:262/262
P39:304/304
P40:317/317
SSR指纹

77.吉农糯7号

基本信息	
品种名称	吉农糯7号
亲本组合	父本：JNX22　母本：JNX6
审定编号	黔审玉2012020号
品种权号	CNA20090045.4
品种类型	糯玉米
育种单位	吉林省农业科学院玉米研究所
种子标样提交单位	北京金农科种子科技有限公司
2016年推广区域	贵州
特征特性	
生育期	103天，比对照筑糯2号早1天
株型	半紧凑
株高	209cm
穗位高	72cm
叶片	幼苗长势强，叶鞘紫色，叶片绿色，叶缘绿色
雄穗	一次分枝平均12 ~ 16个，颖壳绿色，花药黄色
花丝颜色	绿色
果穗	锥型，穗长18.7cm，穗粗5.0cm，秃尖长2.3cm，穗行数13.6行，行粒数32.5粒，排列整齐，鲜穗出籽率68.0%，穗轴白色
籽粒	黄色
百粒重	40.5g
籽粒容重	656g/L
粗淀粉含量	63.25%
粗蛋白含量	7.93%
粗脂肪含量	10.88%
赖氨酸含量	0.58%
抗病性	抗茎腐病，中抗大斑病和玉米螟，感丝黑穗病

幼　苗

株　形

雄　蕊

花 丝

果 型

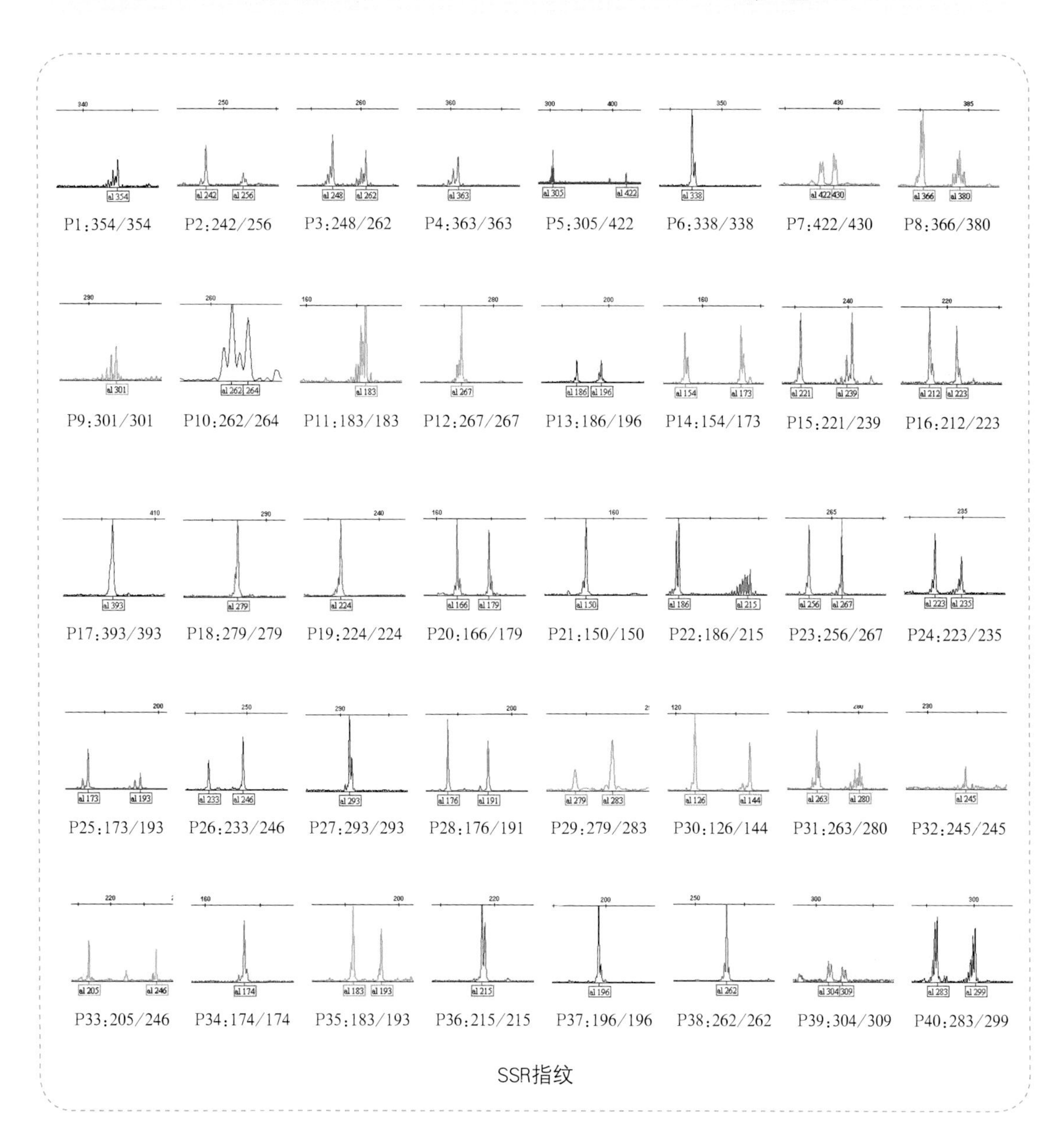
P1:354/354
P2:242/256
P3:248/262
P4:363/363
P5:305/422
P6:338/338
P7:422/430
P8:366/380
P9:301/301
P10:262/264
P11:183/183
P12:267/267
P13:186/196
P14:154/173
P15:221/239
P16:212/223
P17:393/393
P18:279/279
P19:224/224
P20:166/179
P21:150/150
P22:186/215
P23:256/267
P24:223/235
P25:173/193
P26:233/246
P27:293/293
P28:176/191
P29:279/283
P30:126/144
P31:263/280
P32:245/245
P33:205/246
P34:174/174
P35:183/193
P36:215/215
P37:196/196
P38:262/262
P39:304/309
P40:283/299

SSR指纹

78.金糯628

基本信息	
品种名称	金糯628
亲本组合	父本：M28-T 母本：H9120-w
审定编号	浙审玉2009005
品种权号	CNA20090157.8
品种类型	糯玉米
育种单位	北京金农科种子科技有限公司
种子标样提交单位	北京金农科种子科技有限公司
2016年推广区域	浙江
特征特性	
生育期	(出苗至采收) 80.0天，比对照苏玉糯2号略早
株型	半紧凑
株高	217.7cm
穗位高	83.9cm
叶片	幼苗叶鞘绿色，叶片绿色，成株叶片19片
雄穗	分支多，穗形松散，颖壳绿色，花药黄色
花丝颜色	绿色
果穗	筒型，穗长18.0cm，穗粗5.1cm，秃尖长0.7cm，穗行数16.0行，行粒数32.7粒，单穗重245.7g，排列整齐，糯甜籽粒比例3：1
籽粒	白色
百粒重	30.76g
籽粒容重	709g/L
粗淀粉含量	65.89%
粗蛋白含量	12.93%
粗脂肪含量	6.12%
赖氨酸含量	0.65%
抗病性	抗小斑病、中抗大斑病、茎腐病，感玉米螟

幼 苗

株 形

雄 蕊

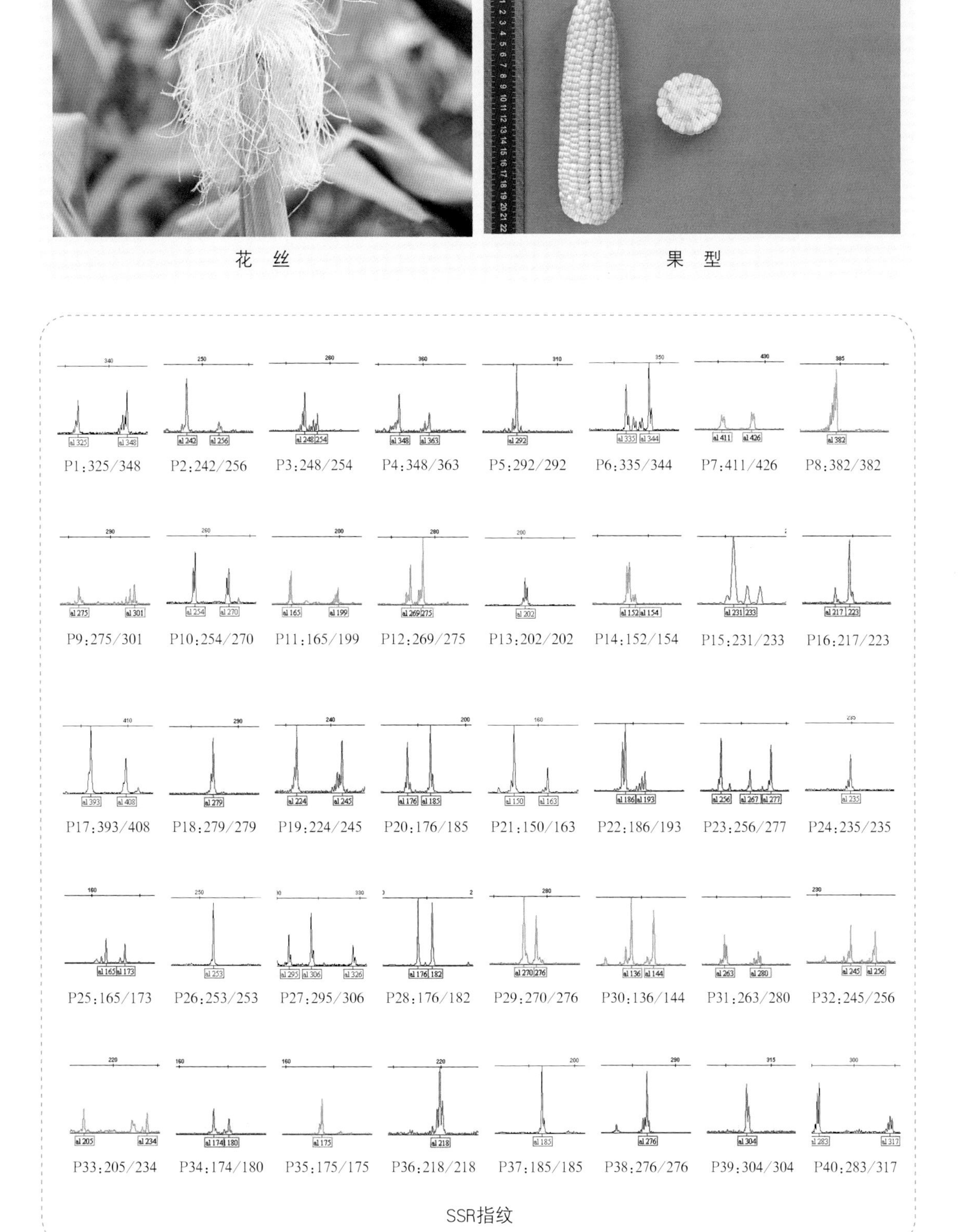
P1:325/348
P2:242/256
P3:248/254
P4:348/363
P5:292/292
P6:335/344
P7:411/426
P8:382/382
P9:275/301
P10:254/270
P11:165/199
P12:269/275
P13:202/202
P14:152/154
P15:231/233
P16:217/223
P17:393/408
P18:279/279
P19:224/245
P20:176/185
P21:150/163
P22:186/193
P23:256/277
P24:235/235
P25:165/173
P26:253/253
P27:295/306
P28:176/182
P29:270/276
P30:136/144
P31:263/280
P32:245/256
P33:205/234
P34:174/180
P35:175/175
P36:218/218
P37:185/185
P38:276/276
P39:304/304
P40:283/317

花　丝　　　　果　型

SSR指纹

79.瑞甜

基本信息	
品种名称	瑞甜
亲本组合	父本：R00667　母本：R584A
审定编号	京审玉2015010
品种类型	甜玉米
育种单位	先正达种苗（北京）有限公司
种子标样提交单位	先正达种苗（北京）有限公司
特征特性	
生育期	春播播种至鲜穗采收84天
株型	半直立
株高	222cm
穗位高	79cm
叶片	11片
雄穗	中度发达
花丝颜色	淡绿色
果穗	单株有效穗数1.0个，空杆率1.1%。穗型筒型，穗长21.6cm，穗粗5.1cm，穗行数19.5行，行粒数36.7粒，秃尖长3.1cm，粒行整齐，出籽率66.2%
籽粒	粒色黄色，粒深1.3cm
千粒重	366.8g（鲜粒）
粗淀粉含量	8.38%
粗蛋白含量	2.72%
粗脂肪含量	1.41%
赖氨酸含量	0.086%
抗病性	中抗茎腐病，感大斑病
其他	还原糖1.3%，总糖8.4%，蔗糖6.7%

幼　苗

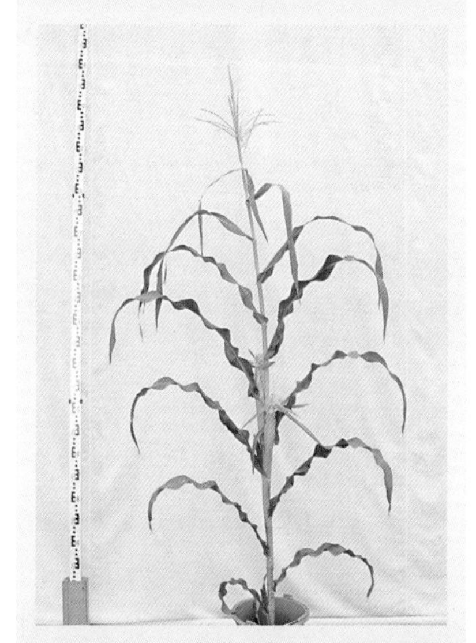
株　形

雄　蕊

花 丝

果 型

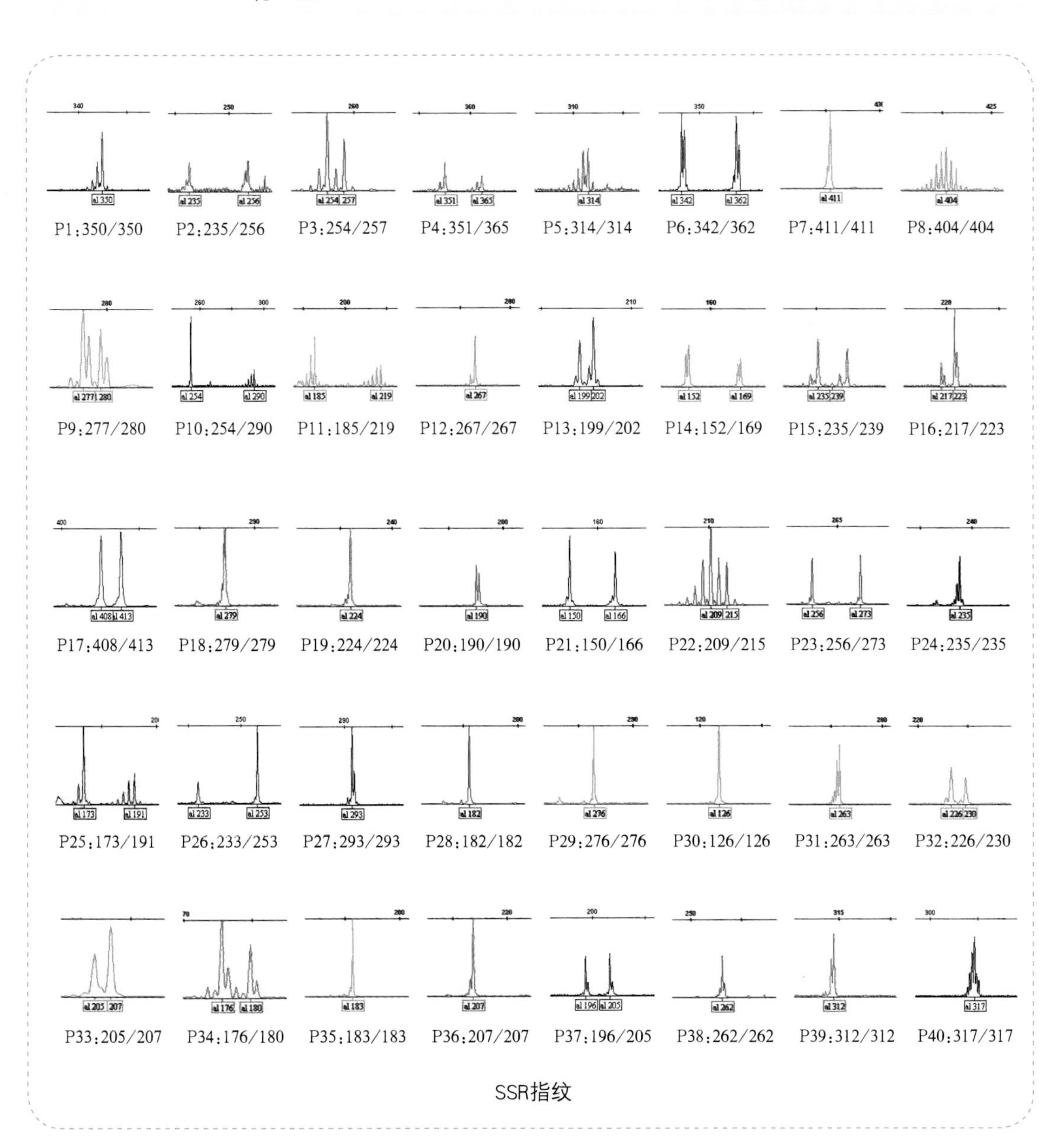
P1:350/350
P2:235/256
P3:254/257
P4:351/365
P5:314/314
P6:342/362
P7:411/411
P8:404/404
P9:277/280
P10:254/290
P11:185/219
P12:267/267
P13:199/202
P14:152/169
P15:235/239
P16:217/223
P17:408/413
P18:279/279
P19:224/224
P20:190/190
P21:150/166
P22:209/215
P23:256/273
P24:235/235
P25:173/191
P26:233/253
P27:293/293
P28:182/182
P29:276/276
P30:126/126
P31:263/263
P32:226/230
P33:205/207
P34:176/180
P35:183/183
P36:207/207
P37:196/205
P38:262/262
P39:312/312
P40:317/317
SSR指纹

80.迪卡625

基本信息	
品种名称	迪卡625
亲本组合	父本：D5970Z　母本：LOQE510
审定编号	京审玉2015004
品种类型	普通玉米
育种单位	孟山都科技有限责任公司
种子标样提交单位	孟山都生物技术研究（北京）有限公司
2016年推广区域	北京地区夏播种植
特征特性	
生育期	夏播出苗至成熟104天，比对照京单28晚1天
株型	半紧凑
株高	271cm
穗位高	101cm
空秆率	2.6%
叶片	绿色，全生育期叶片数19～21片
雄穗	中等大小，雄穗一级侧枝数目7～12个。花药绿色
花丝颜色	浅紫色
果穗	果穗筒型，穗轴红色，穗长17.0cm，穗粗5.0cm，秃尖长0.6cm，穗行数16～18行，行粒数35.6粒，穗粒重157.4g，出籽率83.2%
籽粒	黄色，半硬粒型，粒深1.1cm
千粒重	320.1g
籽粒容重	771g/L
粗淀粉含量	74.92%
粗蛋白含量	9.21%
粗脂肪含量	4.30%
赖氨酸含量	0.29%
抗病性	接种鉴定抗大斑病，中抗小斑病

幼　苗

株　形

雄　蕊

花　丝

果　型

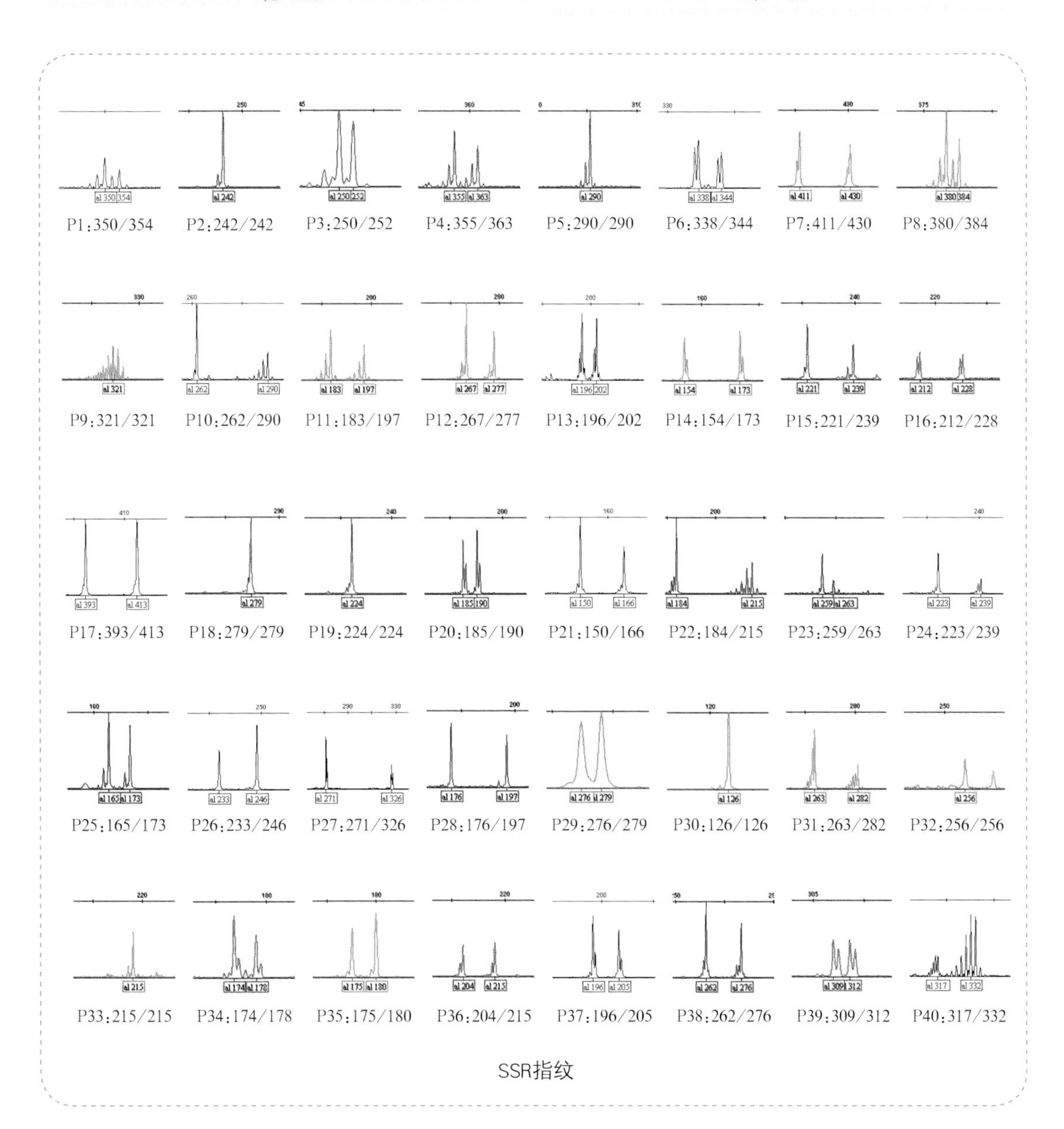
P1:350/354
P2:242/242
P3:250/252
P4:355/363
P5:290/290
P6:338/344
P7:411/430
P8:380/384
P9:321/321
P10:262/290
P11:183/197
P12:267/277
P13:196/202
P14:154/173
P15:221/239
P16:212/228
P17:393/413
P18:279/279
P19:224/224
P20:185/190
P21:150/166
P22:184/215
P23:259/263
P24:223/239
P25:165/173
P26:233/246
P27:271/326
P28:176/197
P29:276/279
P30:126/126
P31:263/282
P32:256/256
P33:215/215
P34:174/178
P35:175/180
P36:204/215
P37:196/205
P38:262/276
P39:309/312
P40:317/332

SSR指纹

81.农科玉368

基本信息	
品种名称	农科玉368
亲本组合	父本：D6644　母本：京糯6
审定编号	京审玉2015011
品种类型	糯玉米
育种单位	北京华奥农科玉育种开发有限责任公司
种子标样提交单位	北京华奥农科玉育种开发有限责任公司
2016年推广区域	北京市、黄淮海区、东南区
特征特性	
生育期	春播播种至鲜穗采收90天
株型	半紧凑
株高	272cm
穗位高	118cm
叶片	18片
花丝颜色	粉红色
果穗	单株有效穗数1.0个，空秆率1.7%，穗型筒型，穗长20.0cm，穗粗5.1cm，穗行数13.7行，行粒数40.2粒，秃尖长0.3cm，粒行整齐，出籽率68.0%
籽粒	白色，粒深1.1cm
千粒重	419.2g（鲜籽粒）
粗淀粉含量	18.89%（支链淀粉/粗淀粉99.85%）
粗蛋白含量	3.24%
粗脂肪含量	1.539%
赖氨酸含量	0.12%
抗病性	合格

幼　苗

株　形

雄　蕊

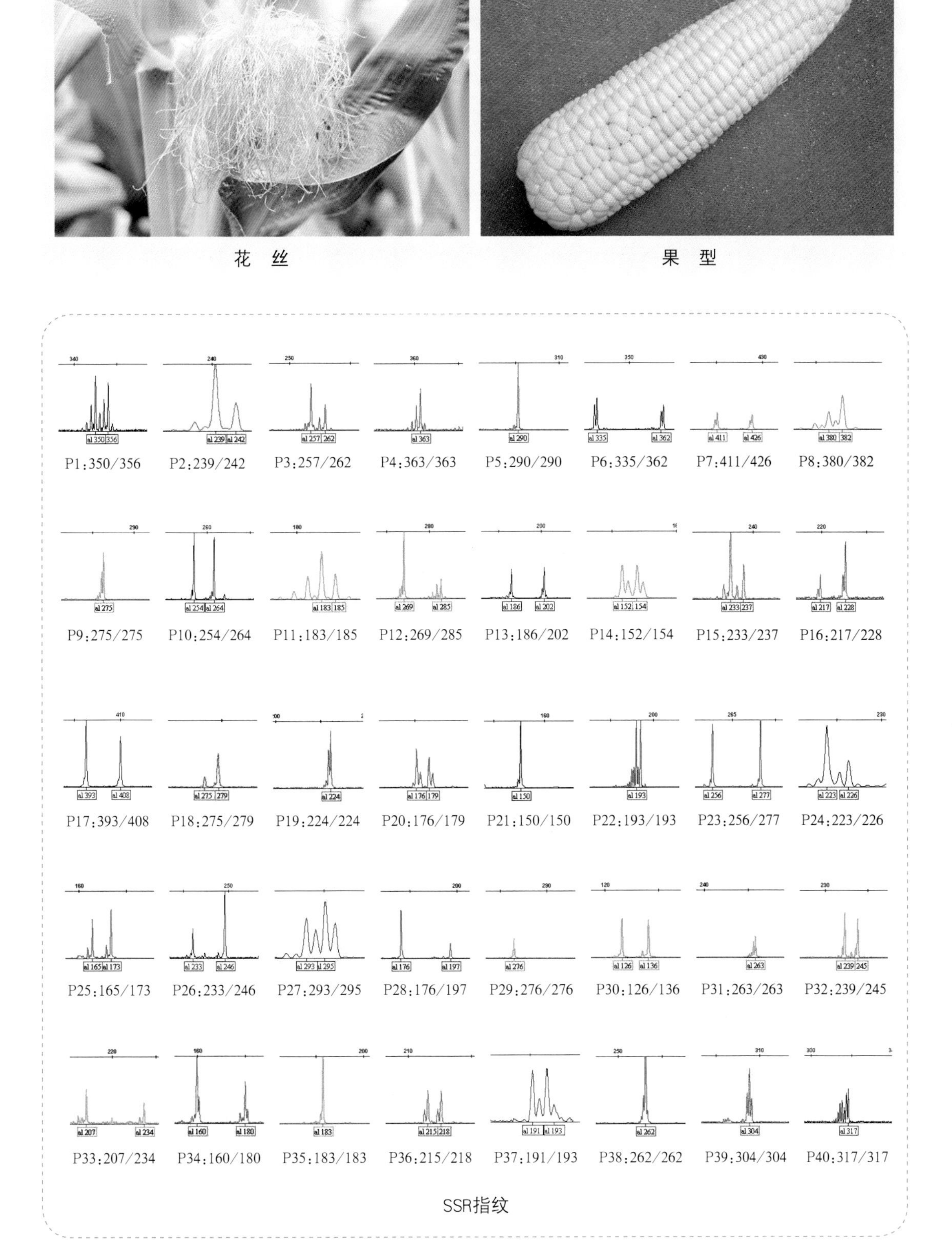
P1:350/356
P2:239/242
P3:257/262
P4:363/363
P5:290/290
P6:335/362
P7:411/426
P8:380/382
P9:275/275
P10:254/264
P11:183/185
P12:269/285
P13:186/202
P14:152/154
P15:233/237
P16:217/228
P17:393/408
P18:275/279
P19:224/224
P20:176/179
P21:150/150
P22:193/193
P23:256/277
P24:223/226
P25:165/173
P26:233/246
P27:293/295
P28:176/197
P29:276/276
P30:126/136
P31:263/263
P32:239/245
P33:207/234
P34:160/180
P35:183/183
P36:215/218
P37:191/193
P38:262/262
P39:304/304
P40:317/317

花　丝

果　型

SSR指纹

82.兴花糯1号

基本信息	
品种名称	兴花糯1号
亲本组合	父本：BHN-1　母本：XY-8
审定编号	京审玉2011011
品种类型	糯玉米
育种单位	北京兴都农业技术研究所
种子标样提交单位	北京中农绿桥科技有限公司
特征特性	
生育期	北京地区种植播种至鲜穗采收期平均91天
株型	半紧凑
株高	256cm
穗位高	102cm
叶片	绿色
雄穗	花药紫色
花丝颜色	青色
果穗	穗长21.2cm，穗粗4.6cm，穗行数12～14行，行粒数42粒，秃尖长1.7cm，粒深1.0cm，单株有效穗数1.03个，空杆率1.6%，出籽率57.7%
籽粒	紫白色
百粒重	33.7g
粗淀粉含量	64.07%
粗蛋白含量	9.43%
粗脂肪含量	4.64%
赖氨酸含量	0.31%

幼　苗

株　形

雄　蕊

花　丝

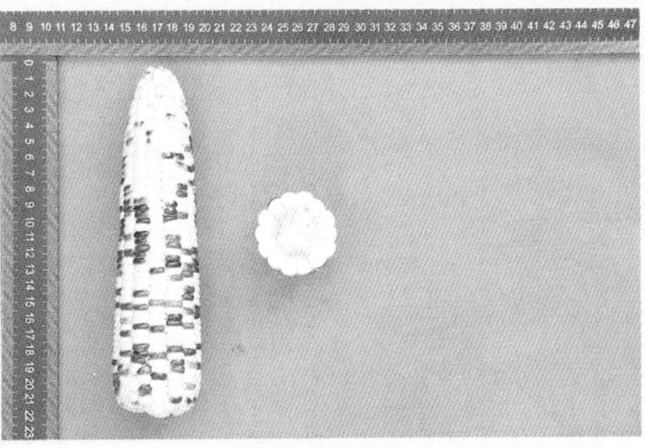
果　型

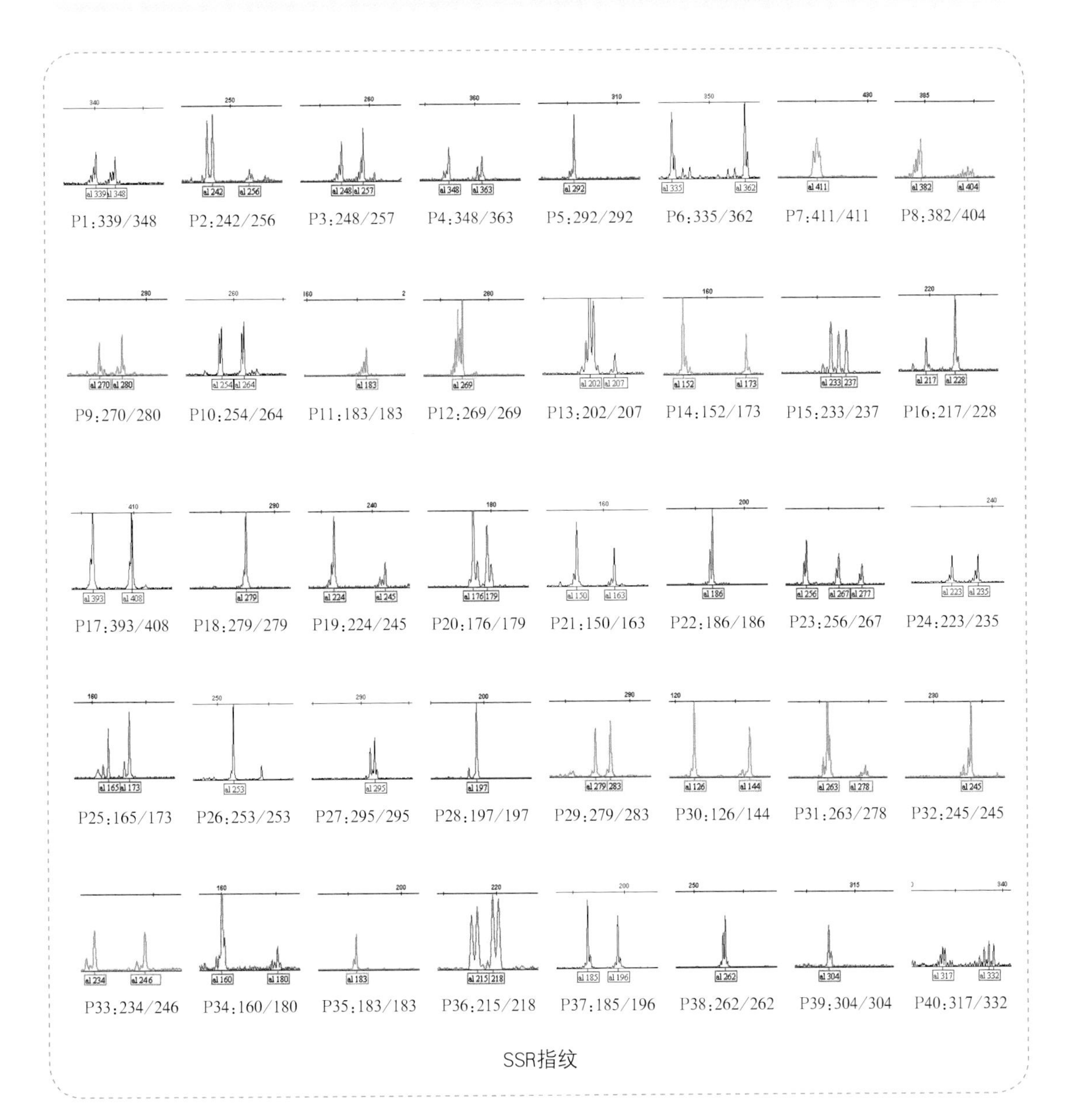
P1:339/348
P2:242/256
P3:248/257
P4:348/363
P5:292/292
P6:335/362
P7:411/411
P8:382/404
P9:270/280
P10:254/264
P11:183/183
P12:269/269
P13:202/207
P14:152/173
P15:233/237
P16:217/228
P17:393/408
P18:279/279
P19:224/245
P20:176/179
P21:150/163
P22:186/186
P23:256/267
P24:223/235
P25:165/173
P26:253/253
P27:295/295
P28:197/197
P29:279/283
P30:126/144
P31:263/278
P32:245/245
P33:234/246
P34:160/180
P35:183/183
P36:215/218
P37:185/196
P38:262/262
P39:304/304
P40:317/332
SSR指纹

83.禾玉9566

基本信息	
品种名称	禾玉9566
亲本组合	父本：F66　母本：F36
审定编号	国审玉2007021
品种权号	CNA20060367.1
品种类型	普通玉米
育种单位	北京中农三禾农业科技有限公司
种子标样提交单位	北京中农三禾农业科技有限公司
2016年推广区域	内蒙古、湖北、湖南、四川、重庆、贵州、陕西
特征特性	
生育期	在西南地区出苗至成熟111天，比对照早3天
株型	半紧凑
株高	248cm
穗位高	90cm
叶片	幼苗叶鞘紫色，叶片深绿色，叶缘绿色，成株叶片数20片
雄穗	花药粉红色，颖壳绿色
花丝颜色	淡粉色
果穗	筒型，穗长17.8cm，穗行数14～16行，穗轴浅粉色
籽粒	黄色、半马齿型
百粒重	32.2g
籽粒容重	716g/L
粗淀粉含量	69.05%
粗蛋白含量	9.22%
粗脂肪含量	4.40%
赖氨酸含量	0.29%
抗病性	抗大斑病，中抗小斑病、茎腐病、纹枯病和玉米螟，感丝黑穗病

幼　苗

株　形

雄　蕊

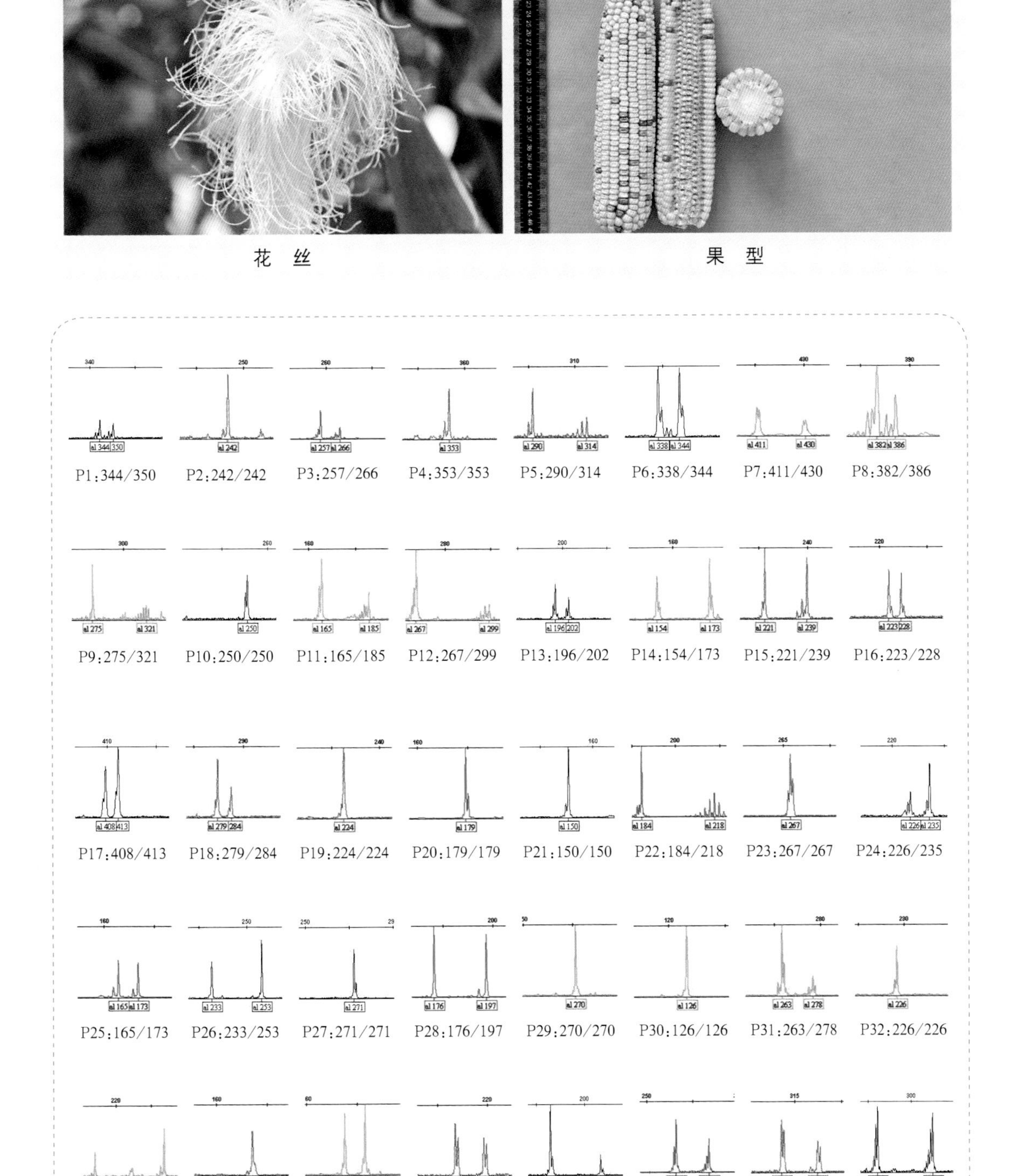
P1:344/350
P2:242/242
P3:257/266
P4:353/353
P5:290/314
P6:338/344
P7:411/430
P8:382/386
P9:275/321
P10:250/250
P11:165/185
P12:267/299
P13:196/202
P14:154/173
P15:221/239
P16:223/228
P17:408/413
P18:279/284
P19:224/224
P20:179/179
P21:150/150
P22:184/218
P23:267/267
P24:226/235
P25:165/173
P26:233/253
P27:271/271
P28:176/197
P29:270/270
P30:126/126
P31:263/278
P32:226/226
P33:207/246
P34:174/174
P35:175/183
P36:207/218
P37:185/205
P38:262/276
P39:309/324
P40:283/310

花　丝

果　型

SSR指纹

84.京科青贮932

基本信息	
品种名称	京科青贮932
亲本组合	父本：MX1321　母本：京X005
审定编号	京审玉2015008
品种权号	20150629.0
品种类型	青贮玉米
育种单位	北京顺鑫农科种业科技有限公司 北京市农林科学院玉米研究中心
种子标样提交单位	北京中农三禾农业科技有限公司
2016年推广区域	黄淮海夏播区、东华北春播区、西北春播区
特征特性	
生育期	在北京地区夏播从播种至最佳收获期102天
株型	半紧凑
株高	275cm
穗位高	106cm
叶片	收获期单株叶片数13.5，单株枯叶片数2.2
雄穗	雄穗分枝长8 ～ 12cm，侧枝上冲、小穗密度中
花丝颜色	红色
果穗	长筒形，穗长23cm左右，穗行14 ～ 16行
籽粒	黄色，硬粒型
百粒重	32.2g
粗蛋白含量	7.83%～ 8.93%
抗病性	抗小斑病，高抗腐霉茎腐病，感弯孢叶斑病

幼　苗

株　形

雄　蕊

花　丝

果　型

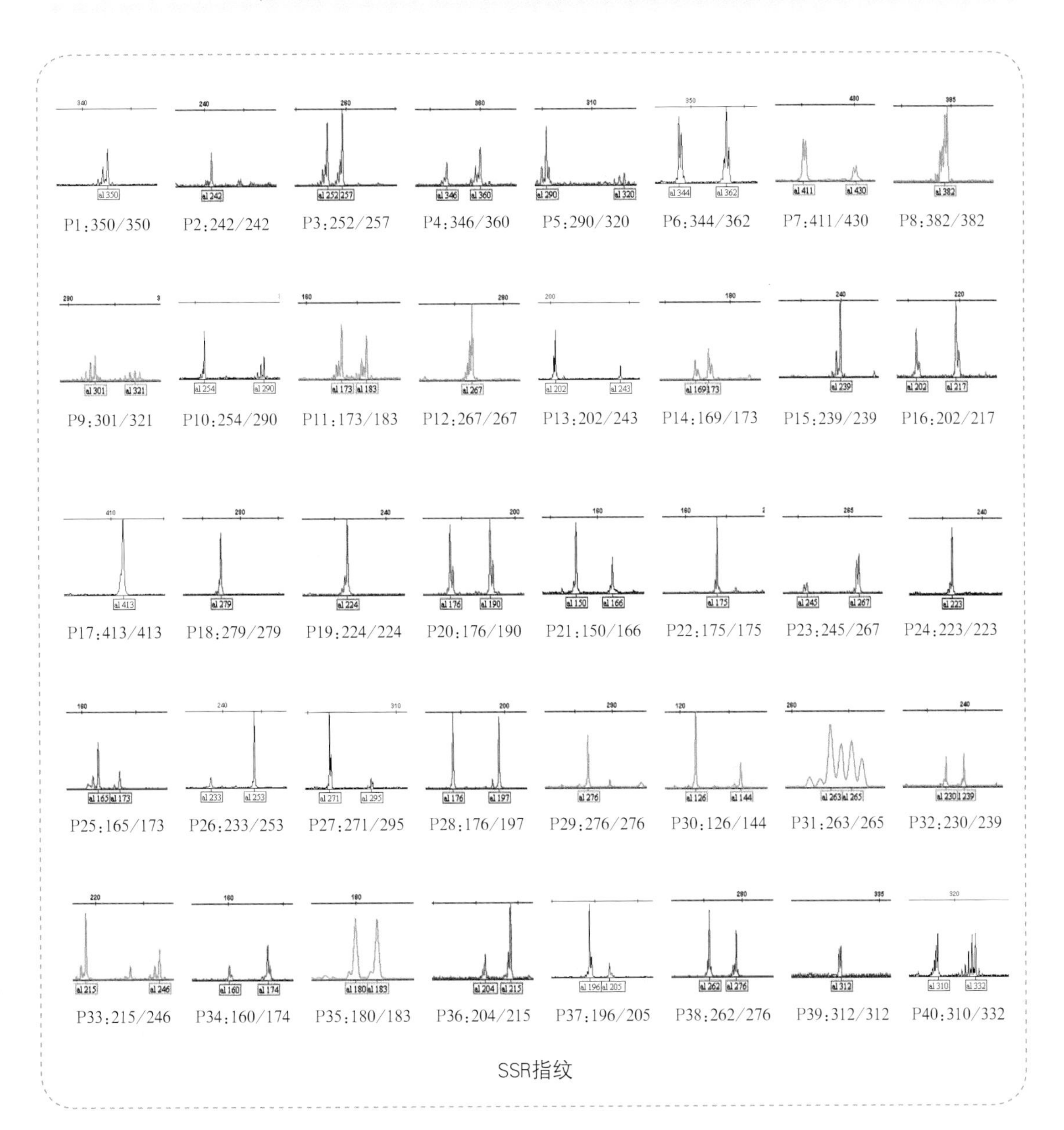
P1:350/350
P2:242/242
P3:252/257
P4:346/360
P5:290/320
P6:344/362
P7:411/430
P8:382/382
P9:301/321
P10:254/290
P11:173/183
P12:267/267
P13:202/243
P14:169/173
P15:239/239
P16:202/217
P17:413/413
P18:279/279
P19:224/224
P20:176/190
P21:150/166
P22:175/175
P23:245/267
P24:223/223
P25:165/173
P26:233/253
P27:271/295
P28:176/197
P29:276/276
P30:126/144
P31:263/265
P32:230/239
P33:215/246
P34:160/174
P35:180/183
P36:204/215
P37:196/205
P38:262/276
P39:312/312
P40:310/332
SSR指纹

85.禾玉36

基本信息	
品种名称	禾玉36
亲本组合	父本：0912　母本：2381
审定编号	黔审玉2012005号
品种类型	普通玉米
育种单位	北京中农三禾农业科技有限公司
种子标样提交单位	北京中农三禾农业科技有限公司
2016年推广区域	贵州
特征特性	
生育期	133天，比对照黔单16短1天
株型	半紧凑
株高	267cm
穗位高	123cm
叶片	幼苗长势强、叶鞘紫色、叶缘紫色
雄穗	雄穗一次分枝13个，最低位侧枝以上主轴长42cm，最高位侧枝以上主轴长28cm，颖片紫色，花药黄色
花丝颜色	白色
果穗	柱型，穗长20.5cm，穗行数16行，穗轴红色
籽粒	黄色，马齿型
百粒重	37.0g
籽粒容重	752g/L
粗淀粉含量	76.18%
粗蛋白含量	7.65%
粗脂肪含量	3.77%
赖氨酸含量	0.25%
抗病性	抗大斑病，中抗小斑病、茎腐病、纹枯病和玉米螟，感丝黑穗病

幼　苗

株　形

雄　蕊

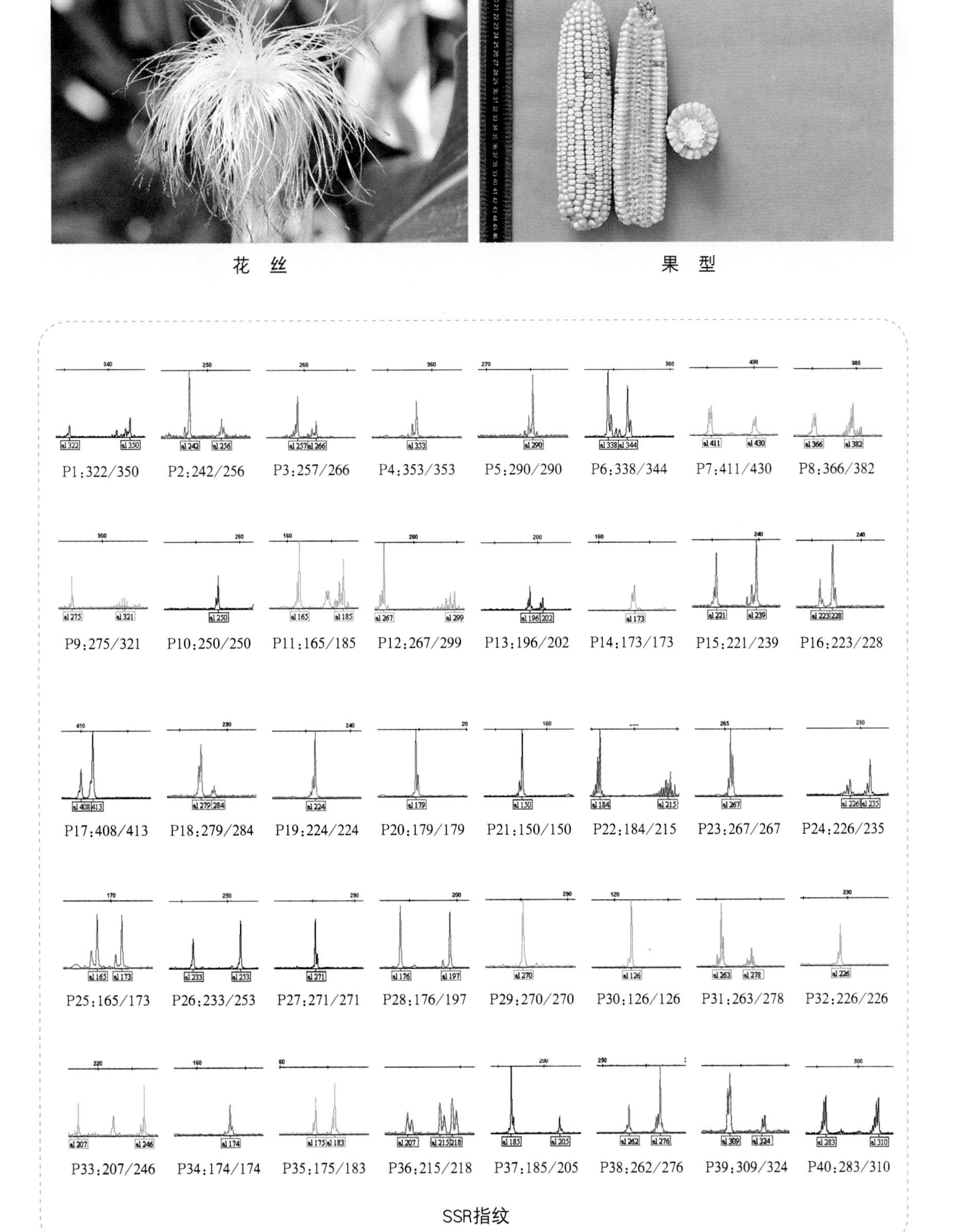
P1:322/350
P2:242/256
P3:257/266
P4:353/353
P5:290/290
P6:338/344
P7:411/430
P8:366/382
P9:275/321
P10:250/250
P11:165/185
P12:267/299
P13:196/202
P14:173/173
P15:221/239
P16:223/228
P17:408/413
P18:279/284
P19:224/224
P20:179/179
P21:150/150
P22:184/215
P23:267/267
P24:226/235
P25:165/173
P26:233/253
P27:271/271
P28:176/197
P29:270/270
P30:126/126
P31:263/278
P32:226/226
P33:207/246
P34:174/174
P35:175/183
P36:215/218
P37:185/205
P38:262/276
P39:309/324
P40:283/310

花　丝

果　型

SSR指纹

86.旺禾6号

基本信息	
品种名称	旺禾6号
亲本组合	父本：HYU14-3-1　母本：R172
审定编号	京审玉2014005
品种类型	普通玉米
育种单位	北京广源旺禾种业有限公司
种子标样提交单位	北京广源旺禾种业有限公司
2016年推广区域	北京
特征特性	
生育期	夏播出苗至成熟102天，比对照京单28晚2天
株型	半紧凑
株高	258cm
穗位高	103cm
果穗	筒形，穗轴红色，穗长17.5cm，穗粗5.2cm，秃尖长0.6cm，穗行数12～16行，行粒数35.5粒，穗粒重168.7g，出籽率79.3%，粒深1.2cm
籽粒	黄色，半马齿型
百粒重	37.11g
籽粒容重	742g/L
粗淀粉含量	73.86%
粗蛋白含量	9.57%
粗脂肪含量	4.12%
赖氨酸含量	0.29%
抗病性	中抗大斑病，小斑病、弯孢叶斑病和腐霉茎腐病，高感矮花叶病

幼　苗

株　形

雄　蕊

花　丝

果　型

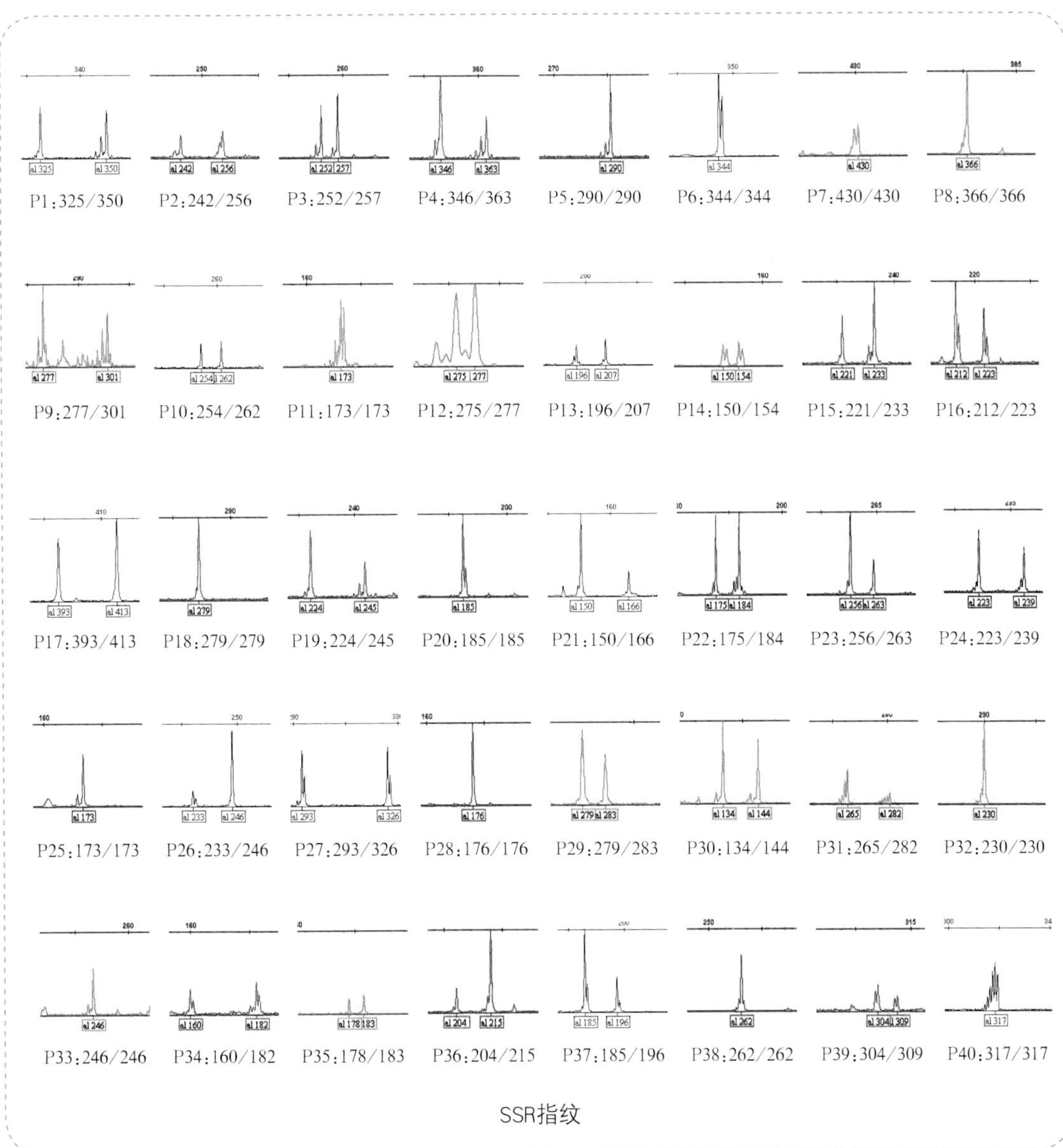
P1:325/350
P2:242/256
P3:252/257
P4:346/363
P5:290/290
P6:344/344
P7:430/430
P8:366/366
P9:277/301
P10:254/262
P11:173/173
P12:275/277
P13:196/207
P14:150/154
P15:221/233
P16:212/223
P17:393/413
P18:279/279
P19:224/245
P20:185/185
P21:150/166
P22:175/184
P23:256/263
P24:223/239
P25:173/173
P26:233/246
P27:293/326
P28:176/176
P29:279/283
P30:134/144
P31:265/282
P32:230/230
P33:246/246
P34:160/182
P35:178/183
P36:204/215
P37:185/196
P38:262/262
P39:304/309
P40:317/317
SSR指纹

87.旺禾8号

基本信息	
品种名称	旺禾8号
亲本组合	父本：KA18　母本：B5-16
审定编号	京审玉2011003
品种类型	普通玉米
育种单位	北京广源旺禾种业有限公司
种子标样提交单位	北京广源旺禾种业有限公司
2016年推广区域	北京、河北、内蒙古
特征特性	
生育期	北京地区夏播生育期平均106.7天
株型	半紧凑
株高	241.4cm
穗位高	86.4cm
果穗	筒型，穗轴红色，穗长17.1cm，穗粗4.9cm，秃尖长0.6cm，穗行数12～16行，行粒数36.5粒，穗粒重139.4g，出籽率81.4%，粒深1.2cm
籽粒	黄色，半硬粒型
百粒重	34.16g
籽粒容重	688g/L
粗淀粉含量	75.97%
粗蛋白含量	8.13%
粗脂肪含量	3.54%
赖氨酸含量	0.25%
抗病性	抗大斑、小斑病，中抗弯孢菌叶斑病，感矮花叶和茎腐病

幼　苗

株　形

雄　蕊

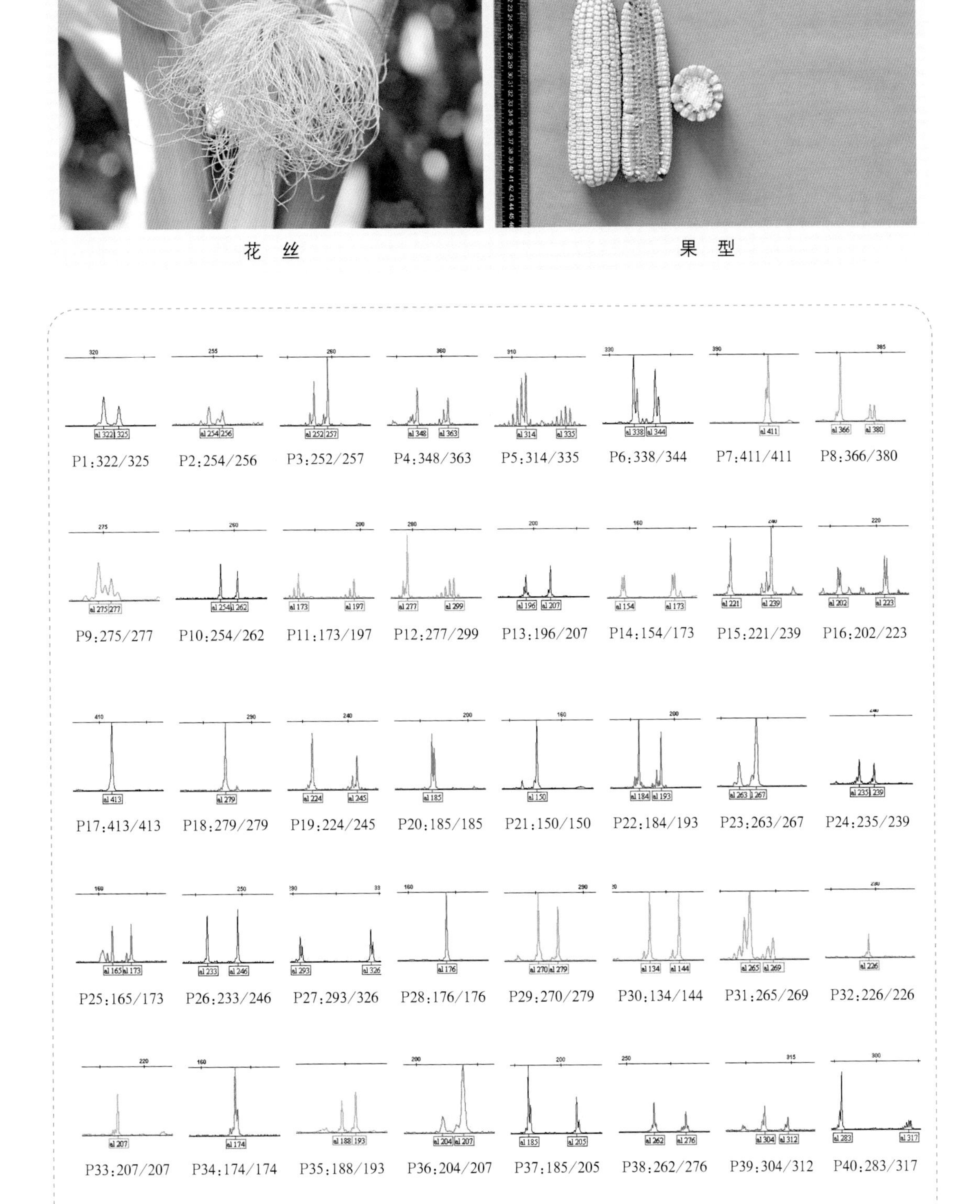
花 丝
果 型
P1:322/325
P2:254/256
P3:252/257
P4:348/363
P5:314/335
P6:338/344
P7:411/411
P8:366/380
P9:275/277
P10:254/262
P11:173/197
P12:277/299
P13:196/207
P14:154/173
P15:221/239
P16:202/223
P17:413/413
P18:279/279
P19:224/245
P20:185/185
P21:150/150
P22:184/193
P23:263/267
P24:235/239
P25:165/173
P26:233/246
P27:293/326
P28:176/176
P29:270/279
P30:134/144
P31:265/269
P32:226/226
P33:207/207
P34:174/174
P35:188/193
P36:204/207
P37:185/205
P38:262/276
P39:304/312
P40:283/317

SSR指纹

88. 早粒1号

基本信息	
品种名称	早粒1号
亲本组合	父本：ZS1031　母本：DM54
审定编号	冀审玉2016026号
品种类型	普通玉米
育种单位	定兴县玉米研究所、 北京广源旺禾种业有限公司
种子标样 提交单位	北京广源旺禾种业有限公司
2016年 推广区域	河北
特征特性	
生育期	生育期91天左右
株型	紧凑
株高	274cm
穗位高	89cm
叶片	幼苗叶鞘紫色
雄穗	雄穗分枝5～7个，花药绿色
花丝颜色	绿色
果穗	筒型，穗轴红色，穗长15.8cm，穗行数16行左右，秃尖0.8cm，出籽率83.7%
籽粒	黄色，半马齿型
百粒重	26.40g
粗淀粉含量	71.94%
粗蛋白含量	10.79%
粗脂肪含量	3.49%
赖氨酸含量	0.32%
抗病性	2013年，中抗小斑病、大斑病、矮花叶病，感茎腐病、弯孢叶斑病；2014年，高抗矮花叶病，中抗大斑病、茎腐病，抗小斑病

幼　苗

株　形

雄　蕊

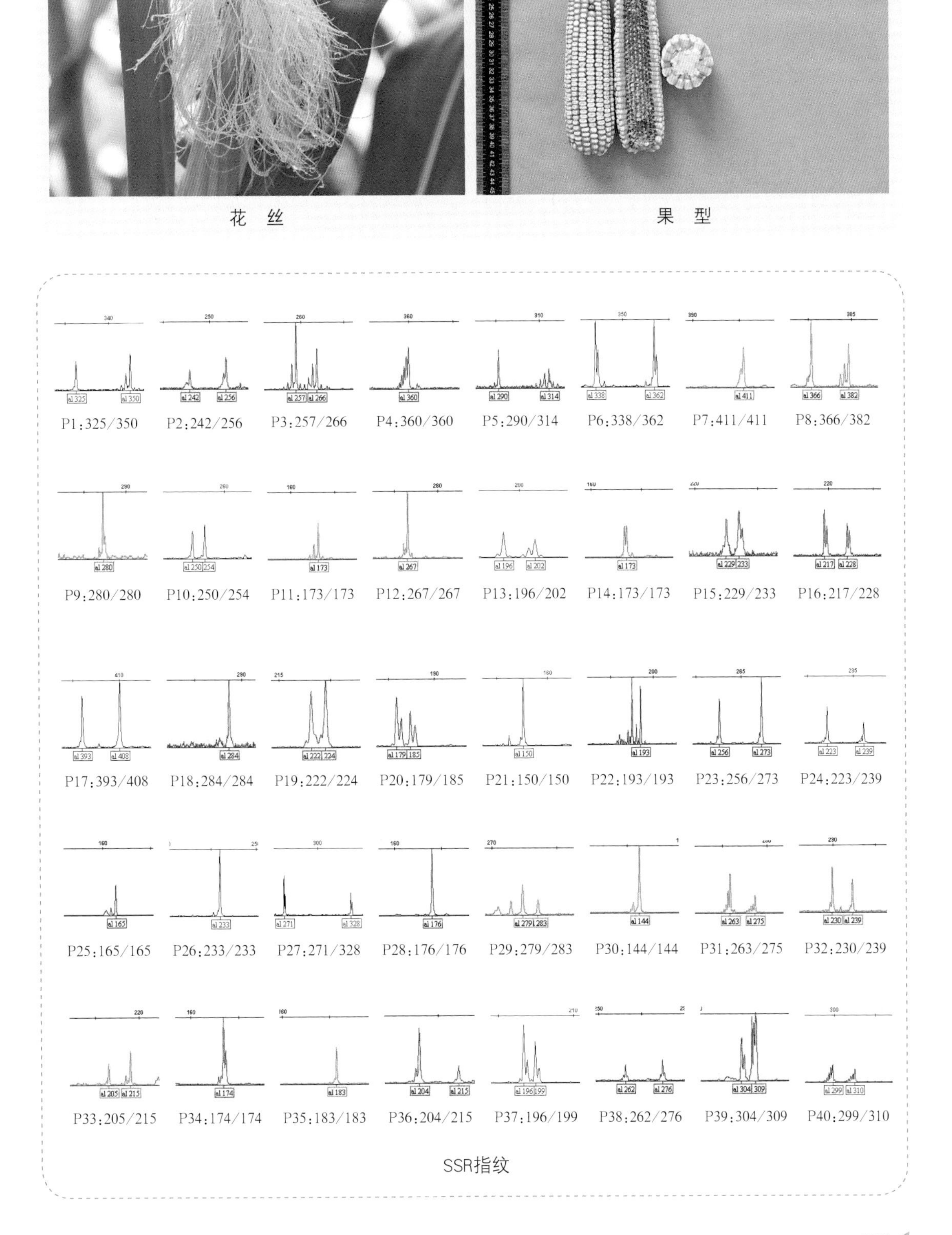
花　丝
果　型
P1:325/350
P2:242/256
P3:257/266
P4:360/360
P5:290/314
P6:338/362
P7:411/411
P8:366/382
P9:280/280
P10:250/254
P11:173/173
P12:267/267
P13:196/202
P14:173/173
P15:229/233
P16:217/228
P17:393/408
P18:284/284
P19:222/224
P20:179/185
P21:150/150
P22:193/193
P23:256/273
P24:223/239
P25:165/165
P26:233/233
P27:271/328
P28:176/176
P29:279/283
P30:144/144
P31:263/275
P32:230/239
P33:205/215
P34:174/174
P35:183/183
P36:204/215
P37:196/199
P38:262/276
P39:304/309
P40:299/310

SSR指纹

89. 龙耘糯1号

基本信息	
品种名称	龙耘糯1号
亲本组合	父本：BN70　母本：BN125
审定编号	津审玉2013010
品种类型	普通玉米
育种单位	北京龙耘种业有限公司
种子标样提交单位	北京龙耘种业有限公司
2016年推广区域	天津
特征特性	
生育期	出苗到采收期88天
株型	中等紧凑
株高	260.0cm
穗位高	100.0cm
叶片	18片
雄穗	黄褐色
花丝颜色	浅红色
果穗	穗长21.5cm，穗粗4.7cm，穗行14行，行粒数43.1粒
籽粒	白色
百粒重	41g
籽粒容重	766g/L
粗淀粉含量	66.36%
粗蛋白含量	10.50%
粗脂肪含量	4.54%
赖氨酸含量	0.30%
抗病性	经天津市农科院植保所鉴定：抗丝黑穗病（5.7%），感黑粉病（20.1%）；经河北省农科院植保所鉴定：抗丝黑穗病（2.9%），高抗黑粉病（0%）

幼　苗

株　形

雄　蕊

花 丝

果 型

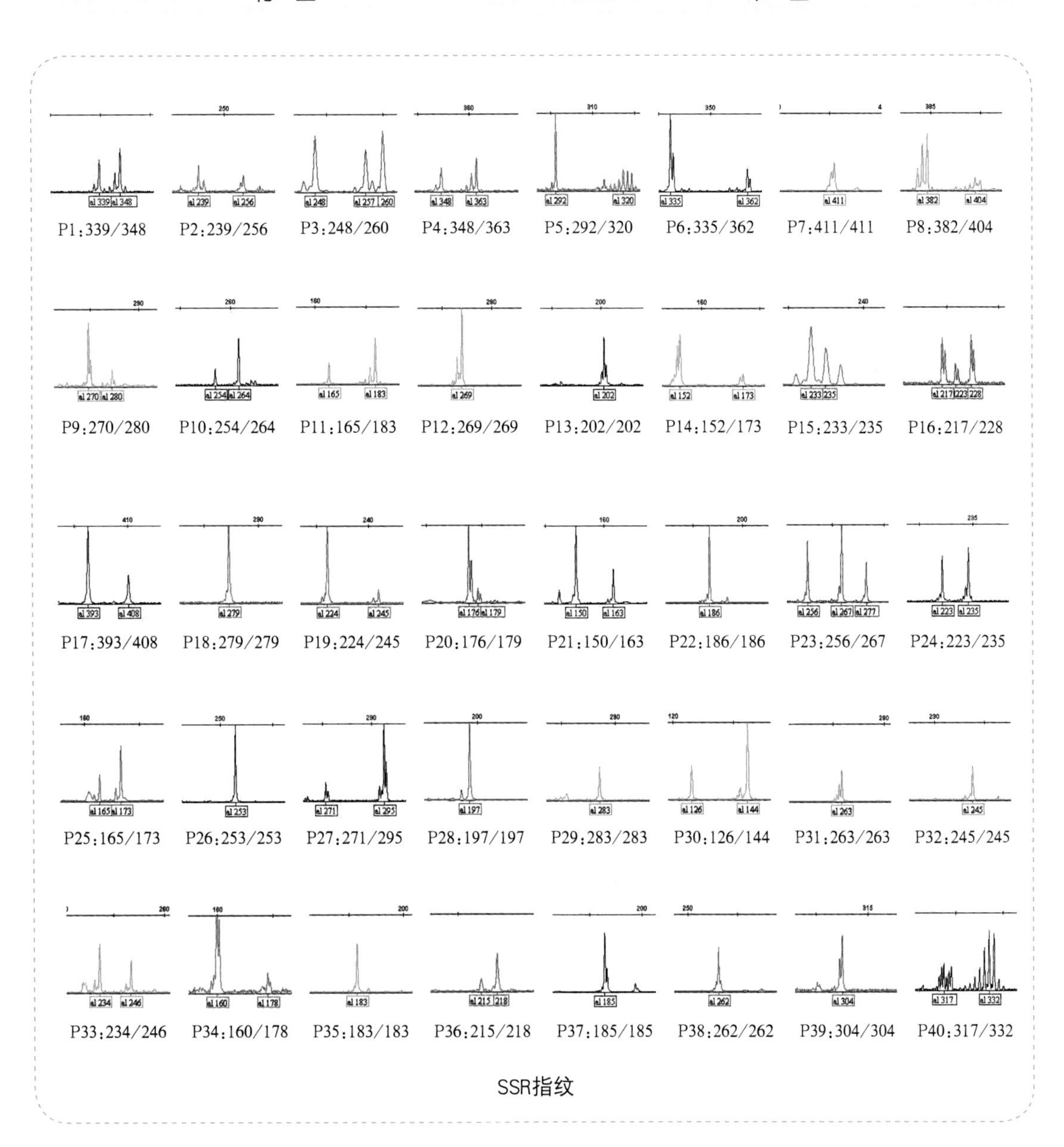
P1:339/348
P2:239/256
P3:248/260
P4:348/363
P5:292/320
P6:335/362
P7:411/411
P8:382/404
P9:270/280
P10:254/264
P11:165/183
P12:269/269
P13:202/202
P14:152/173
P15:233/235
P16:217/228
P17:393/408
P18:279/279
P19:224/245
P20:176/179
P21:150/163
P22:186/186
P23:256/267
P24:223/235
P25:165/173
P26:253/253
P27:271/295
P28:197/197
P29:283/283
P30:126/144
P31:263/263
P32:245/245
P33:234/246
P34:160/178
P35:183/183
P36:215/218
P37:185/185
P38:262/262
P39:304/304
P40:317/332
SSR指纹

90. 中农大451

基本信息	
品种名称	中农大451
亲本组合	父本：H127R　母本：BN486
审定编号	京审玉2011002、冀引玉2015008号、鄂审玉2009001
品种类型	普通玉米
育种单位	国家玉米改良中心
种子标样提交单位	北京龙耘种业有限公司
2016年推广区域	北京、湖北
特征特性	
生育期	北京地区春播生育期120.8天
株型	半紧凑
株高	303cm
穗位高	124cm
叶片	21片
雄穗	紫色
花丝颜色	绿色
果穗	穗长20cm，穗粗5.4cm，穗行数14～16行，行粒数38.6，穗粒重203.3g，出籽率87.2%，粒深1.2cm
籽粒	黄色，半马齿型
百粒重	38.31g
籽粒容重	752g/L
粗淀粉含量	66.8%
粗蛋白含量	9.33%
粗脂肪含量	4.1%
赖氨酸含量	0.28%
抗病性	中抗大斑、小斑和弯孢菌叶斑病，高抗矮花叶病，高感丝黑穗和茎腐病

幼　苗

株　形

雄　蕊

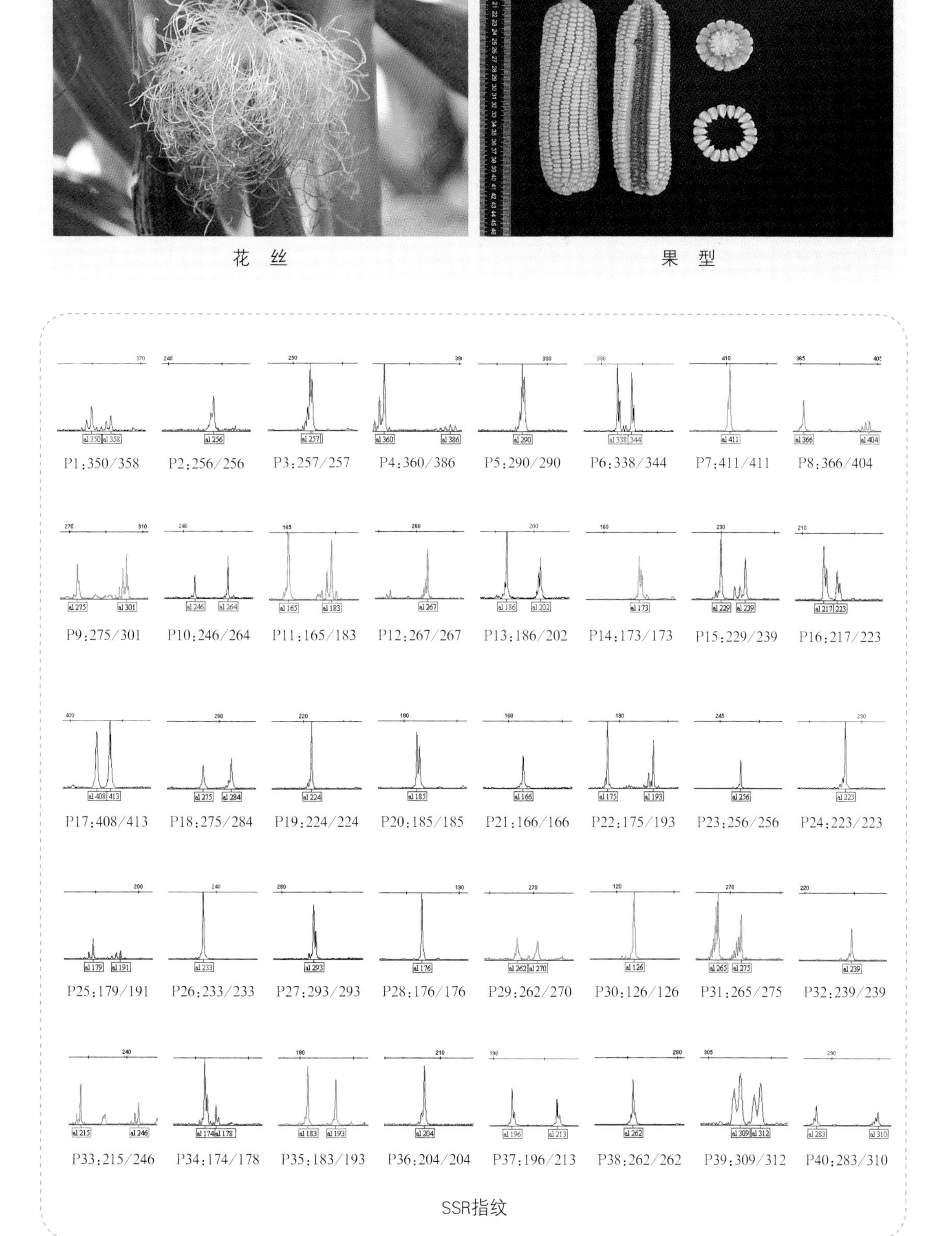
P1:350/358
P2:256/256
P3:257/257
P4:360/386
P5:290/290
P6:338/344
P7:411/411
P8:366/404
P9:275/301
P10:246/264
P11:165/183
P12:267/267
P13:186/202
P14:173/173
P15:229/239
P16:217/223
P17:408/413
P18:275/284
P19:224/224
P20:185/185
P21:166/166
P22:175/193
P23:256/256
P24:223/223
P25:179/191
P26:233/233
P27:293/293
P28:176/176
P29:262/270
P30:126/126
P31:265/275
P32:239/239
P33:215/246
P34:174/178
P35:183/193
P36:204/204
P37:196/213
P38:262/262
P39:309/312
P40:283/310

花　丝

果　型

SSR指纹

91.京农科728

基本信息	
品种名称	京农科728
亲本组合	父本：京2416　母本：京MC01
审定编号	国审玉20170007、国审玉2012003、黑审玉2016017、黑审玉2016017（吉林）、蒙认玉2016011号、京审玉2014006
品种类型	普通玉米
育种单位	北京农林科学院玉米研究中心
种子标样提交单位	北京龙耘种业有限公司
2016年推广区域	京津冀、黑龙江、内蒙古
特征特性	
生育期	夏播出苗至成熟98天
株型	紧凑
株高	274cm
穗位高	97cm
叶片	19片
雄穗	淡紫色
花丝颜色	淡红色
果穗	筒型，穗轴红色，穗长20cm，穗粗5.1cm，穗行数14～16行，行粒数35.2粒。穗粒重173.1g，出籽率86.1%，粒深1.2cm
籽粒	黄色，半马齿型
百粒重	38.90g
籽粒容重	782g/L
粗淀粉含量	73.81%
粗蛋白含量	10.86%
粗脂肪含量	4.14%
赖氨酸含量	0.37%
抗病性	高抗腐霉茎腐病，抗大斑病，中抗小斑病，高感弯孢叶斑病和矮花叶病

幼　苗

株　形

雄　蕊

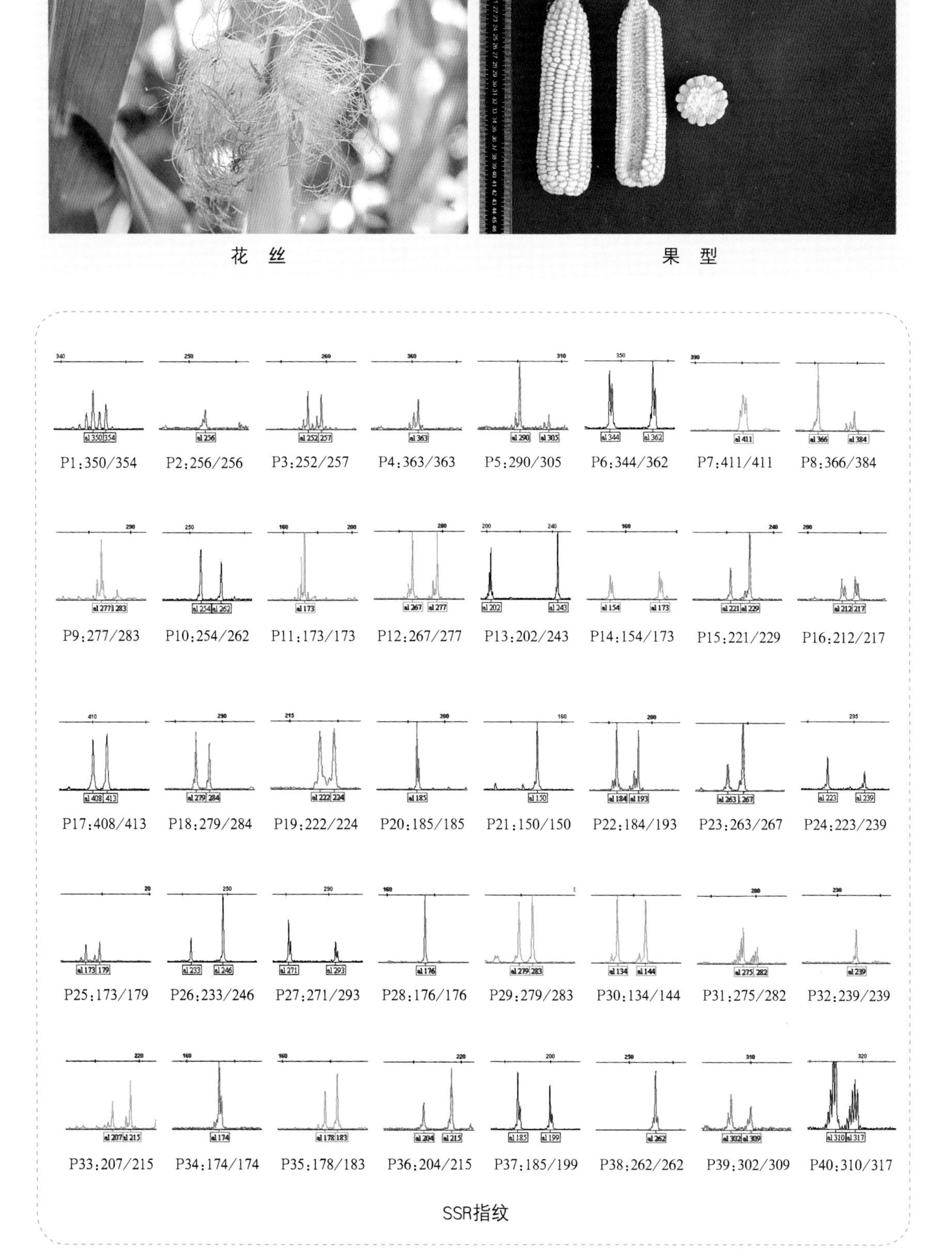
P1:350/354
P2:256/256
P3:252/257
P4:363/363
P5:290/305
P6:344/362
P7:411/411
P8:366/384
P9:277/283
P10:254/262
P11:173/173
P12:267/277
P13:202/243
P14:154/173
P15:221/229
P16:212/217
P17:408/413
P18:279/284
P19:222/224
P20:185/185
P21:150/150
P22:184/193
P23:263/267
P24:223/239
P25:173/179
P26:233/246
P27:271/293
P28:176/176
P29:279/283
P30:134/144
P31:275/282
P32:239/239
P33:207/215
P34:174/174
P35:178/183
P36:204/215
P37:185/199
P38:262/262
P39:302/309
P40:310/317

花 丝

果 型

SSR指纹

92.京农科828

基本信息	
品种名称	京农科828
亲本组合	父本：京2416　母本：京88
审定编号	京审玉20170002、津审玉20170004、（辽）引玉[2017]第077号
品种类型	普通玉米
育种单位	北京农林科学院玉米研究中心
种子标样提交单位	北京龙耘种业有限公司
特征特性	
生育期	春播出苗至成熟99天
株型	半紧凑
株高	272cm
穗位高	103cm
叶片	20片
雄穗	淡紫色
花丝颜色	淡红色
果穗	长筒型，穗轴红色，穗长18.6cm，穗粗5.0cm，穗行数16行，行粒数36.7。穗粒重178.1g，粒深1.2cm
籽粒	黄色，半硬粒型
百粒重	36.80g
籽粒容重	774g/L
粗淀粉含量	73.84%
粗蛋白含量	10.29%
粗脂肪含量	4.57%
赖氨酸含量	0.32%
抗病性	抗腐霉茎腐病，中抗大斑病，高感丝黑穗病、镰孢穗腐病和矮花叶病

幼　苗

株　形

雄　蕊

花 丝

果 型

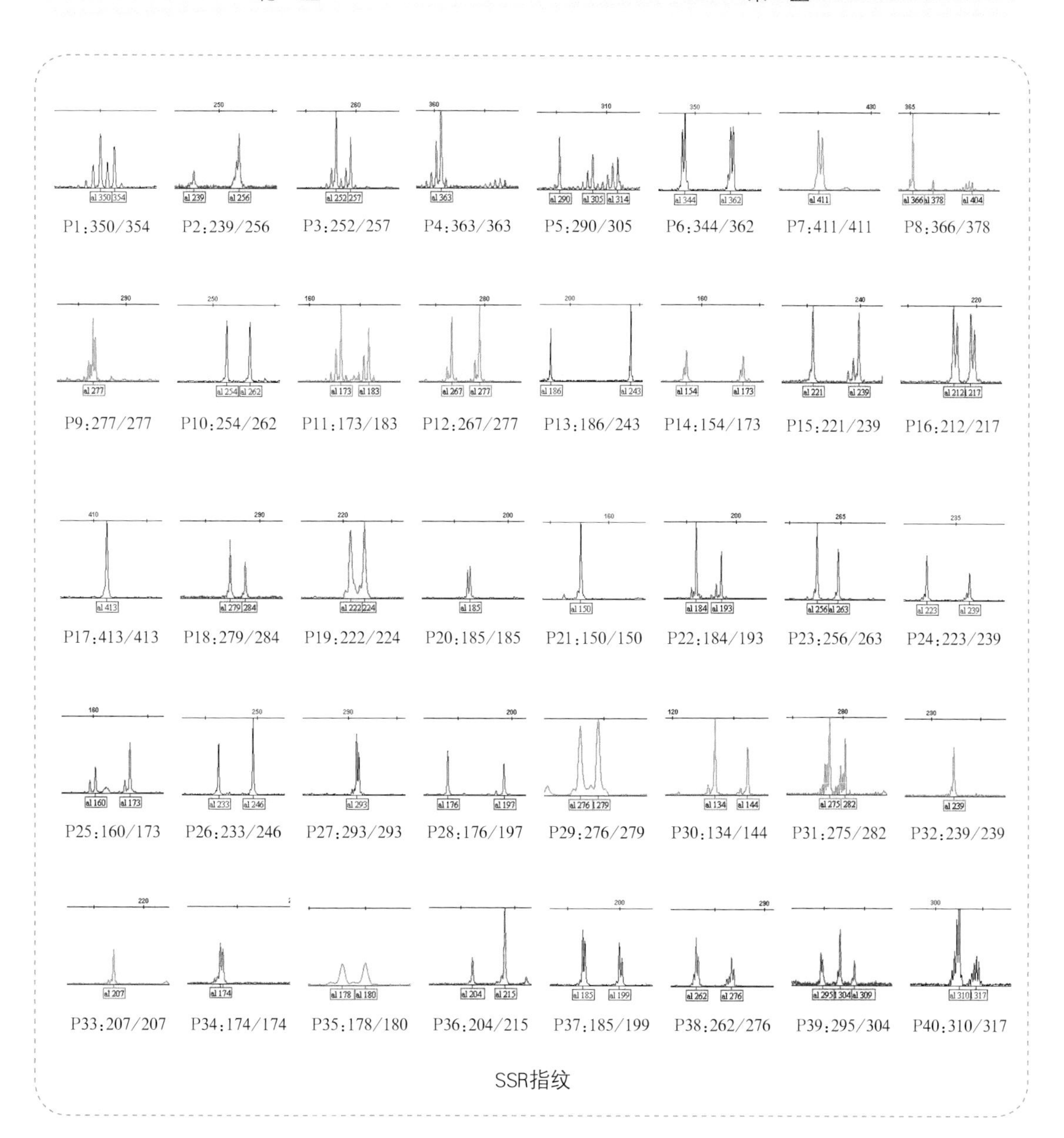
P1:350/354
P2:239/256
P3:252/257
P4:363/363
P5:290/305
P6:344/362
P7:411/411
P8:366/378
P9:277/277
P10:254/262
P11:173/183
P12:267/277
P13:186/243
P14:154/173
P15:221/239
P16:212/217
P17:413/413
P18:279/284
P19:222/224
P20:185/185
P21:150/150
P22:184/193
P23:256/263
P24:223/239
P25:160/173
P26:233/246
P27:293/293
P28:176/197
P29:276/279
P30:134/144
P31:275/282
P32:239/239
P33:207/207
P34:174/174
P35:178/180
P36:204/215
P37:185/199
P38:262/276
P39:295/304
P40:310/317

SSR指纹

93.中禾107

基本信息	
品种名称	中禾107
亲本组合	父本：SZ8007　母本：SZ8011
审定编号	皖玉2016028
品种权号	CNA014175E
品种类型	普通玉米
育种单位	临泽县禾丰种业有限责任公司 北京世诚中农科技有限公司
种子标样提交单位	北京世诚中农科技有限公司
2016年推广区域	河南、安徽
特征特性	
生育期	102天左右，比对照品种（弘大8号）晚熟1天
株型	半紧凑
株高	244cm
穗位高	105.5cm
叶片	幼苗叶鞘紫色，叶片宽长
雄穗	雄花分支数10～12，花药淡绿色
花丝颜色	紫红色
果穗	白轴，穗长17.0cm、穗粗4.9cm、秃顶0.5cm、穗行数15.9行、行粒数30.0粒、出籽率84.5%
籽粒	黄色，马齿粒
百粒重	33.78g
籽粒容重	755g/L
粗淀粉含量	74.36%
粗蛋白含量	8.40%
粗脂肪含量	4.33%
赖氨酸含量	0.33%
抗病性	2013年中抗小斑病（病级5级），中抗南方锈病（病级5级），中抗纹枯病（病指42），中抗茎腐病（发病率20%）；2014年感小斑病（病级7级），抗南方锈病（病级3级），中抗纹枯病（病指44），抗茎腐病（发病率10%）

幼　苗

株　形

雄　蕊

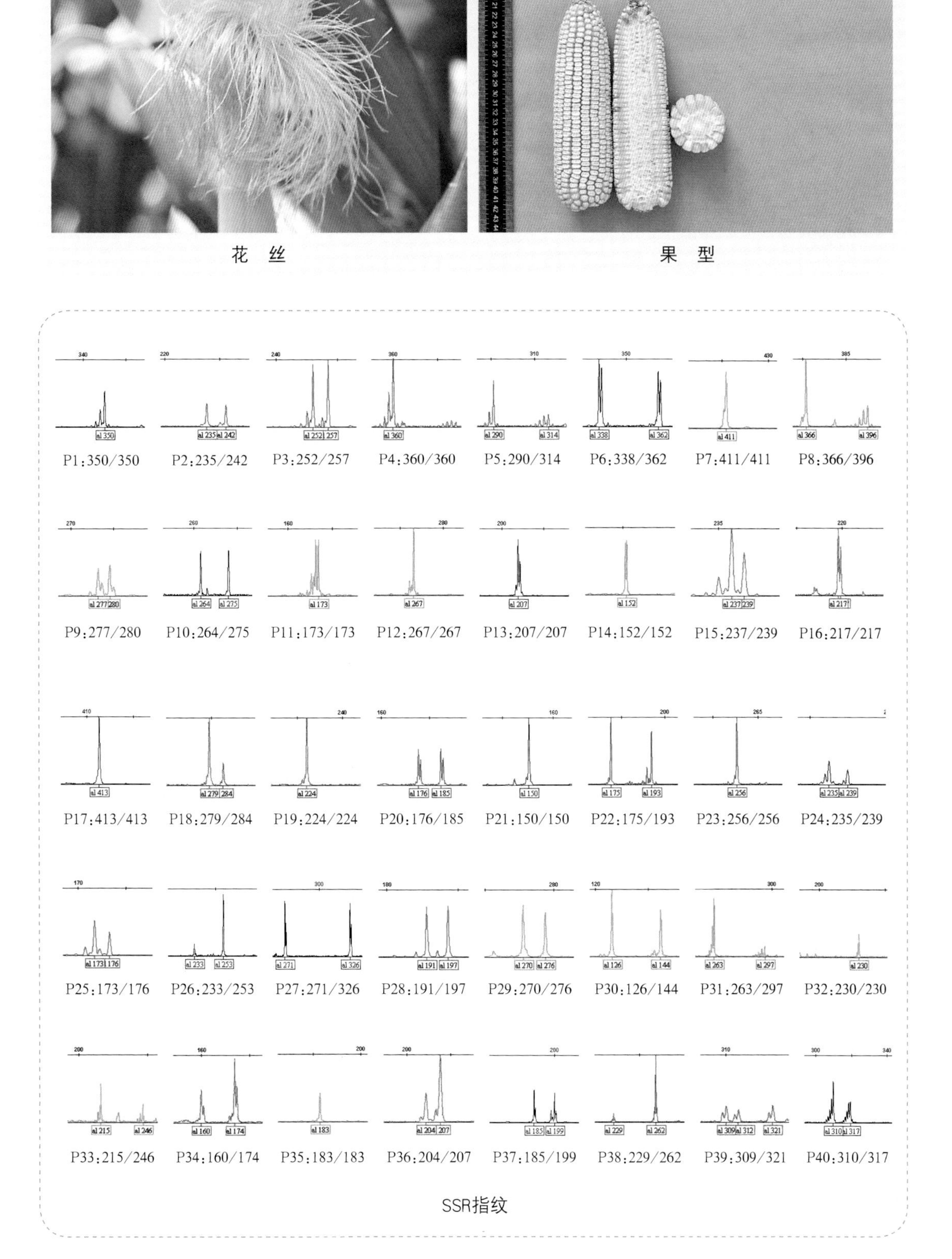
P1:350/350
P2:235/242
P3:252/257
P4:360/360
P5:290/314
P6:338/362
P7:411/411
P8:366/396
P9:277/280
P10:264/275
P11:173/173
P12:267/267
P13:207/207
P14:152/152
P15:237/239
P16:217/217
P17:413/413
P18:279/284
P19:224/224
P20:176/185
P21:150/150
P22:175/193
P23:256/256
P24:235/239
P25:173/176
P26:233/253
P27:271/326
P28:191/197
P29:270/276
P30:126/144
P31:263/297
P32:230/230
P33:215/246
P34:160/174
P35:183/183
P36:204/207
P37:185/199
P38:229/262
P39:309/321
P40:310/317

花　丝

果　型

SSR指纹

94.正泰3号

基本信息	
品种名称	正泰3号
亲本组合	父本：NP2589　母本：P7863
审定编号	吉审玉2016035
品种类型	普通玉米
育种单位	三北种业有限公司 北京沃尔正泰农业科技有限公司
种子标样提交单位	北京沃尔正泰农业科技有限公司
2016年推广区域	吉林
特征特性	
生育期	出苗至成熟127天
株型	半紧凑
株高	310.0cm
穗位高	116.0cm
叶片	幼苗绿色，叶鞘紫色，叶缘紫红色；成株叶片数19～20片
雄穗	花药绿色，颖壳绿色
花丝颜色	绿色
果穗	锥形，穗长19.8cm，穗行数16～18行，穗轴浅红色
籽粒	黄色，半马齿型
百粒重	35.9g
籽粒容重	786g/L
粗淀粉含量	73.08%
粗蛋白含量	10.12%
粗脂肪含量	3.89%
赖氨酸含量	0.34%
抗病性	中抗丝黑穗病和茎腐病，感大斑病、弯孢菌叶斑病和玉米螟

幼　苗

株　形

雄　蕊

花 丝

果 型

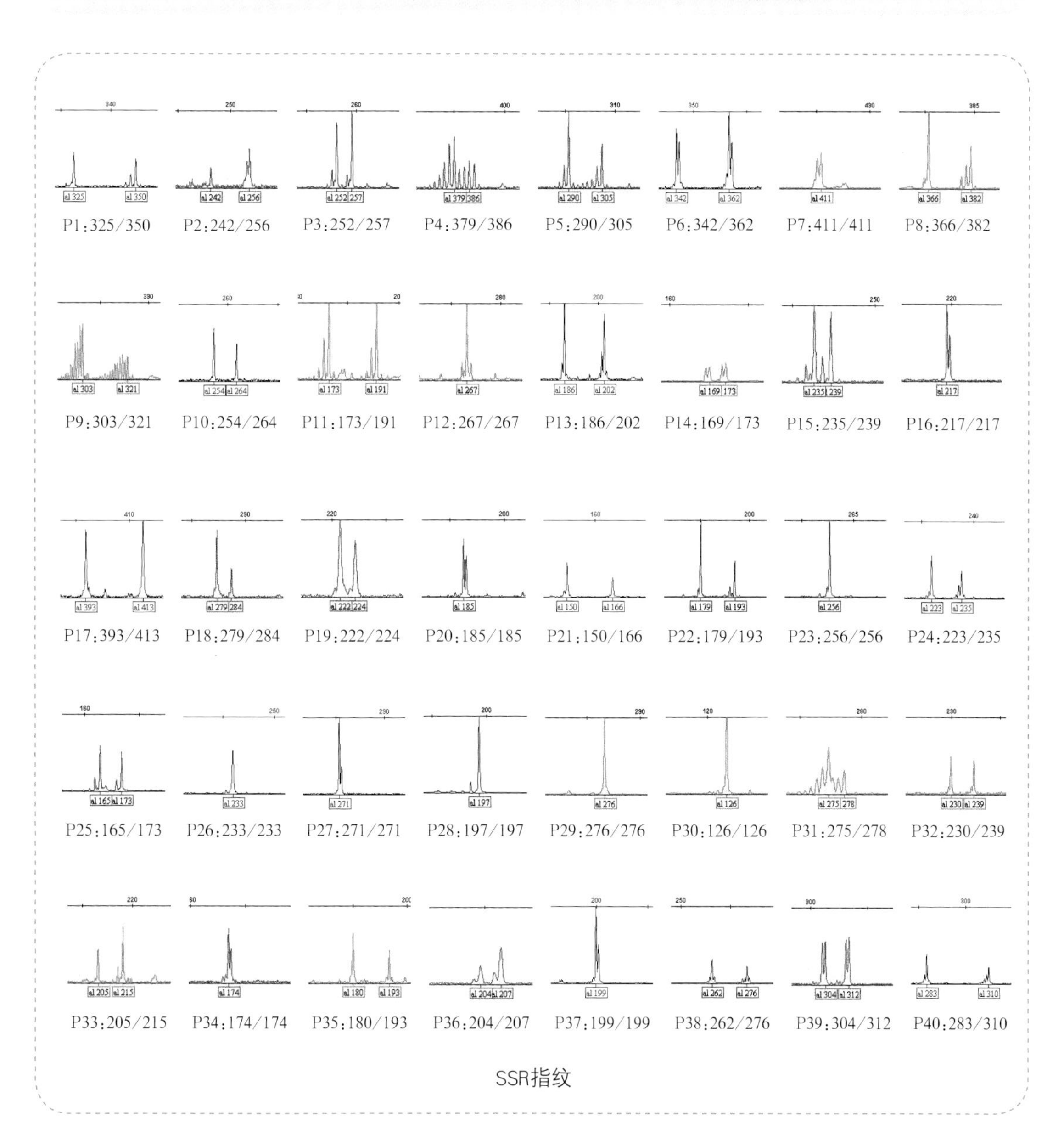
P1:325/350
P2:242/256
P3:252/257
P4:379/386
P5:290/305
P6:342/362
P7:411/411
P8:366/382
P9:303/321
P10:254/264
P11:173/191
P12:267/267
P13:186/202
P14:169/173
P15:235/239
P16:217/217
P17:393/413
P18:279/284
P19:222/224
P20:185/185
P21:150/166
P22:179/193
P23:256/256
P24:223/235
P25:165/173
P26:233/233
P27:271/271
P28:197/197
P29:276/276
P30:126/126
P31:275/278
P32:230/239
P33:205/215
P34:174/174
P35:180/193
P36:204/207
P37:199/199
P38:262/276
P39:304/312
P40:283/310
SSR指纹

95.正泰101

基本信息	
品种名称	正泰101
亲本组合	父本：HM12111　母本：F12222
审定编号	吉审玉2015031
品种类型	普通玉米
育种单位	北京沃尔正泰农业科技有限公司
种子标样提交单位	北京沃尔正泰农业科技有限公司
2016年推广区域	吉林
特征特性	
生育期	出苗至成熟127天
株型	紧凑
株高	274.0cm左右
穗位高	106.0cm左右
叶片	幼苗绿色，叶鞘紫色，叶缘紫色；成株叶片数19片
雄穗	花药紫色
花丝颜色	粉色
果穗	筒形，穗长17.9cm左右，穗行数18行，穗轴红色
籽粒	黄色，半硬粒型
百粒重	37.8g
籽粒容重	746g/L
粗淀粉含量	75.33%
粗蛋白含量	8.90%
粗脂肪含量	4.0%
赖氨酸含量	0.29%
抗病性	抗丝黑穗病，中抗茎腐病和玉米螟，感大斑病和弯孢菌叶斑病
其他	需≥10℃活动积温2 700℃左右

幼　苗

株　形

雄　蕊

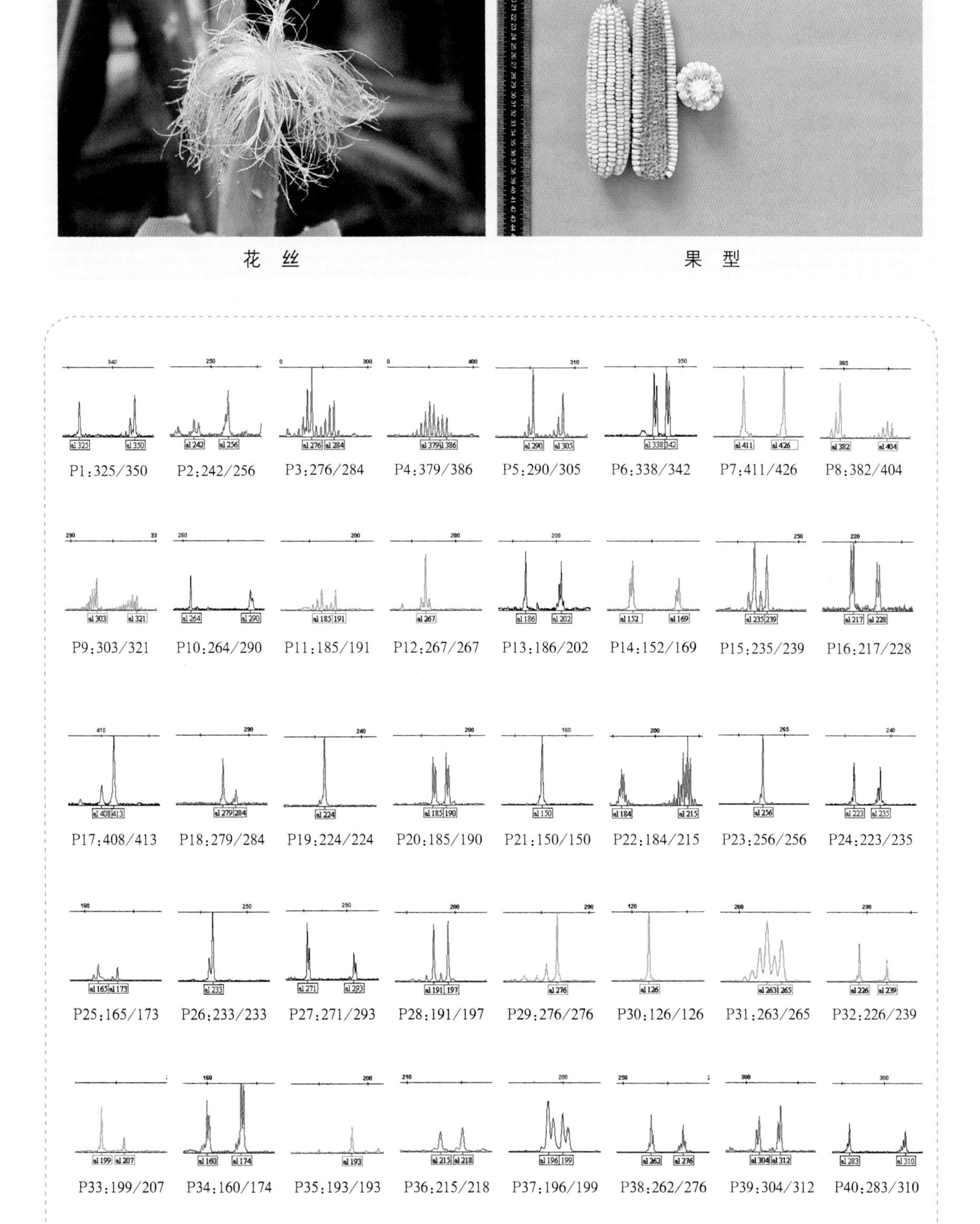
P1:325/350
P2:242/256
P3:276/284
P4:379/386
P5:290/305
P6:338/342
P7:411/426
P8:382/404
P9:303/321
P10:264/290
P11:185/191
P12:267/267
P13:186/202
P14:152/169
P15:235/239
P16:217/228
P17:408/413
P18:279/284
P19:224/224
P20:185/190
P21:150/150
P22:184/215
P23:256/256
P24:223/235
P25:165/173
P26:233/233
P27:271/293
P28:191/197
P29:276/276
P30:126/126
P31:263/265
P32:226/239
P33:199/207
P34:160/174
P35:193/193
P36:215/218
P37:196/199
P38:262/276
P39:304/312
P40:283/310

花　丝

果　型

SSR指纹

96. 长城淀12号

基本信息	
品种名称	长城淀12号
亲本组合	父本：XH3　母本：Me12
审定编号	国审玉2003021
品种类型	普通玉米
育种单位	河北省承德华泰专用玉米种子新技术发展有限责任公司
种子标样提交单位	北京禾佳源农业科技开发有限公司
特征特性	
生育期	春播生育期108天（比农大108早熟3～5天），夏播97天
株型	较紧凑
株高	250cm左右
穗位高	100cm左右
叶片	幼苗芽鞘紫色，幼苗叶片及叶缘颜色绿，20～21片
果穗	长18cm左右，穗行数12或14行，穗轴白色
籽粒	黄色，半马齿型
百粒重	34g，出籽率85%左右
抗病性	高抗粗缩病，抗玉米灰斑病、弯孢菌叶斑病、茎腐病和穗腐病，中抗纹枯病、矮花叶病和玉米螟

幼　苗

株　形

雄　蕊

花　丝

果　型

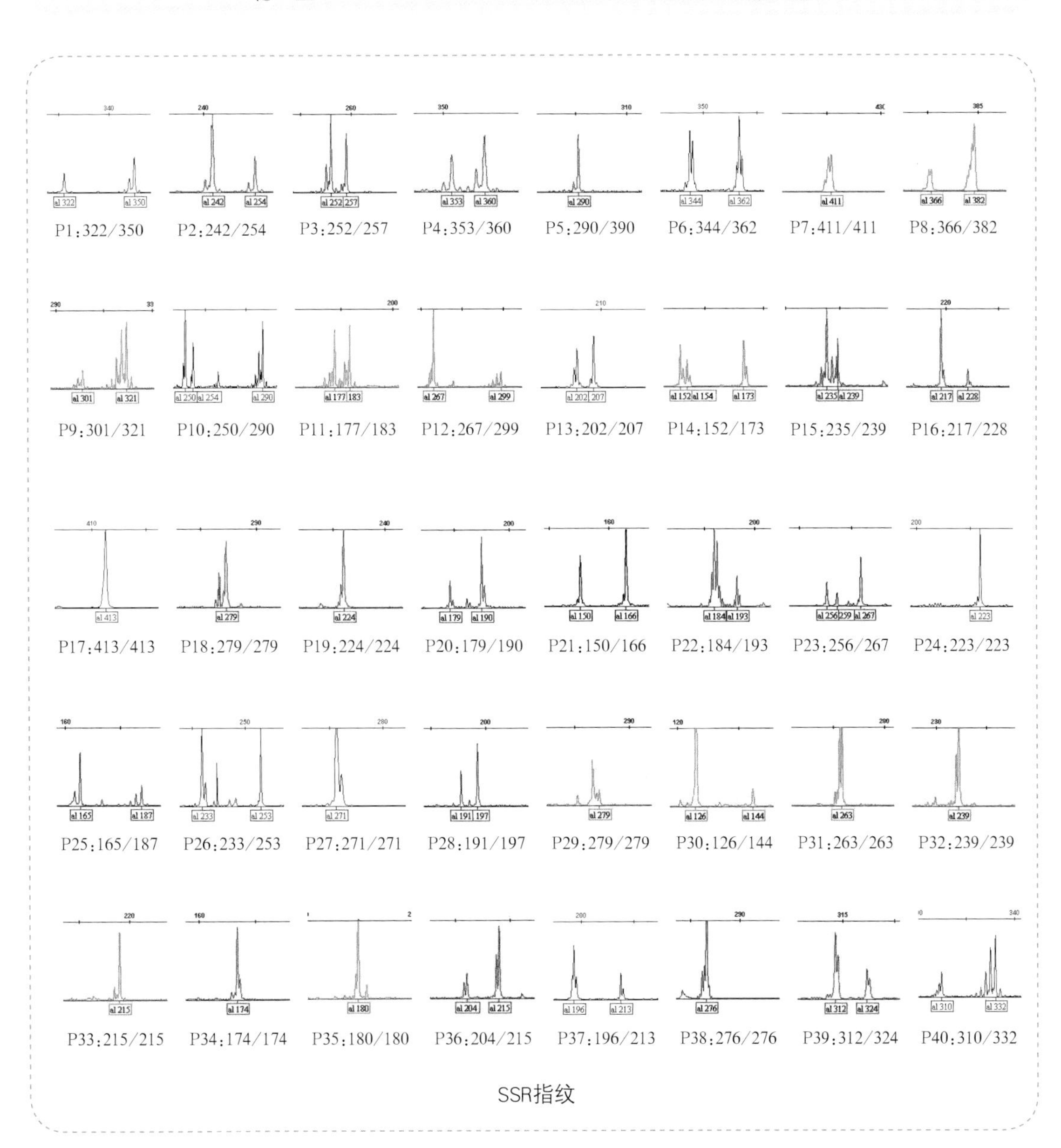
P1:322/350
P2:242/254
P3:252/257
P4:353/360
P5:290/390
P6:344/362
P7:411/411
P8:366/382
P9:301/321
P10:250/290
P11:177/183
P12:267/299
P13:202/207
P14:152/173
P15:235/239
P16:217/228
P17:413/413
P18:279/279
P19:224/224
P20:179/190
P21:150/166
P22:184/193
P23:256/267
P24:223/223
P25:165/187
P26:233/253
P27:271/271
P28:191/197
P29:279/279
P30:126/144
P31:263/263
P32:239/239
P33:215/215
P34:174/174
P35:180/180
P36:204/215
P37:196/213
P38:276/276
P39:312/324
P40:310/332
SSR指纹

97.联科96

基本信息	
品种名称	联科96
亲本组合	父本：997　母本：067
审定编号	京审玉2008001
品种类型	普通玉米
育种单位	北京联科种业有限责任公司
种子标样提交单位	北京联科种业有限责任公司
2016年推广区域	50万亩
特征特性	
生育期	北京春播生育期120天，与郑单958熟相当
株型	紧凑
株高	287cm
穗位高	116cm
叶片	19～20片
雄穗	分支6～9枝，花粉量大，花药黄色
花丝颜色	浅粉色
果穗	果穗筒型，白轴，平均穗长17.6cm，穗粗5.4cm，秃尖0.8cm。穗行数16～18行，行粒数36.5粒，穗粒重196.9，出籽率86.6%
籽粒	黄色，半硬粒型，粒深1.2cm
千粒重	356.6g
籽粒容重	786g/L
粗淀粉含量	73.46%
粗蛋白含量	10.39%
粗脂肪含量	3.55%
赖氨酸含量	0.32%
抗病性	接种鉴定抗玉米大斑病、小斑病、矮花叶病，感弯孢菌叶斑病、茎腐病、丝黑穗病
其他	胚乳结构特殊，密度大、硬度高，具有很高的出糁率，是口粮和食品工业原料的首选品种。2015年以来百事食品（中国）有限公司公司将“联科96”列为玉米食品原料的“首批、首选”品种

幼　苗

株　形

雄　蕊

花　丝

果　型

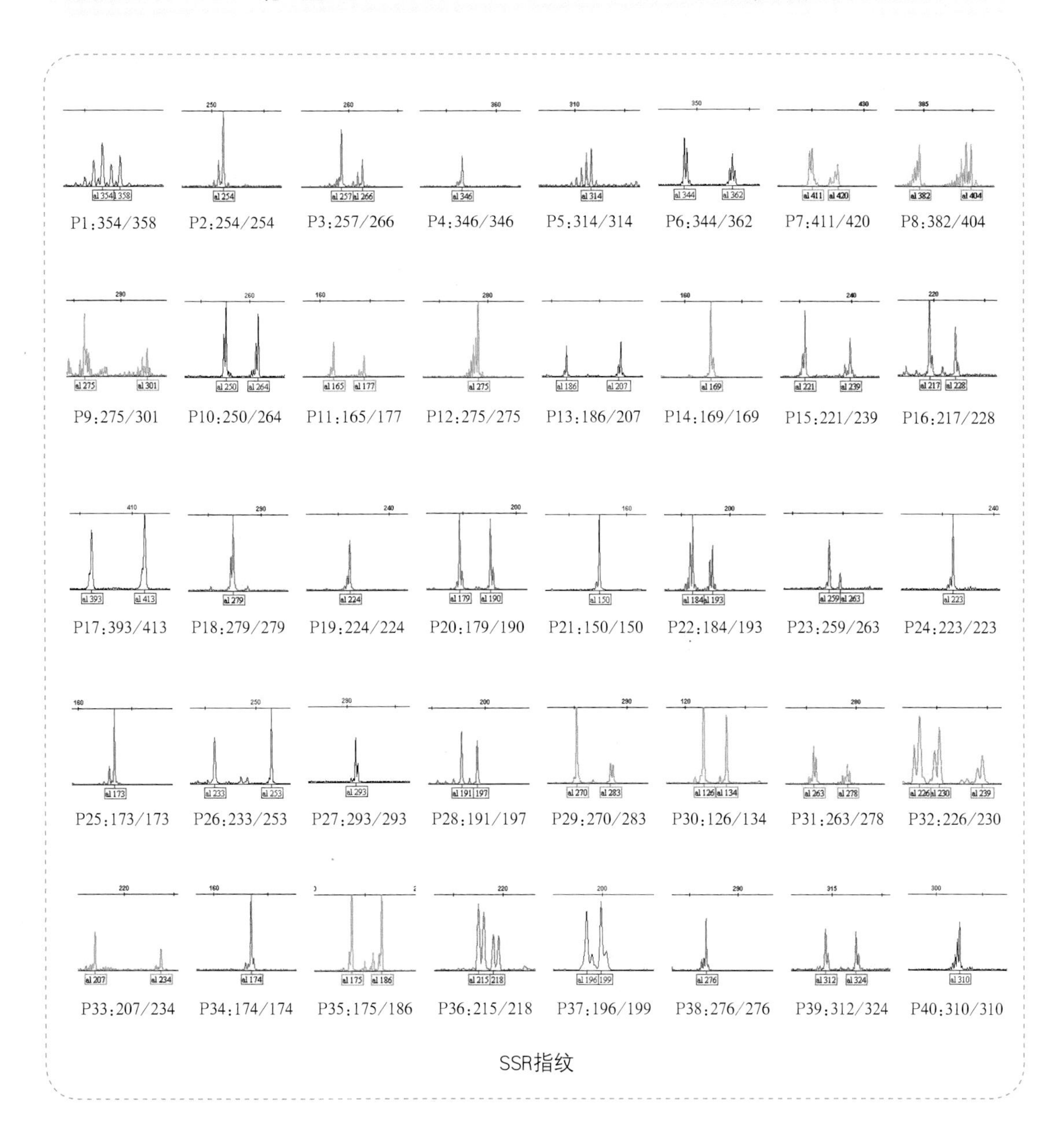
P1:354/358
P2:254/254
P3:257/266
P4:346/346
P5:314/314
P6:344/362
P7:411/420
P8:382/404
P9:275/301
P10:250/264
P11:165/177
P12:275/275
P13:186/207
P14:169/169
P15:221/239
P16:217/228
P17:393/413
P18:279/279
P19:224/224
P20:179/190
P21:150/150
P22:184/193
P23:259/263
P24:223/223
P25:173/173
P26:233/253
P27:293/293
P28:191/197
P29:270/283
P30:126/134
P31:263/278
P32:226/230
P33:207/234
P34:174/174
P35:175/186
P36:215/218
P37:196/199
P38:276/276
P39:312/324
P40:310/310

SSR指纹

98.联科532

基本信息	
品种名称	联科532
亲本组合	父本：GT2　母本：R53
审定编号	京审玉2014002
品种类型	普通玉米
育种单位	北京联科种业有限公司
种子标样提交单位	北京联科种业有限公司
2016年推广区域	10万亩
特征特性	
生育期	北京春播出苗至成熟112天，比对照郑单958早1天
株型	紧凑
株高	270cm
穗位高	106cm
空秆率	4.6%
叶片	19～21片
雄穗	7～9枝
花丝颜色	浅粉
果穗	果穗筒型，白轴，穗长21.2cm，穗粗5.3cm，秃尖长0.9cm，穗行数14～18行，行粒数41.0粒，穗粒重209.0g，出籽率86.4%
籽粒	黄色，半马齿型，粒深1.2cm
千粒重	348.4g
籽粒容重	787g/L
粗淀粉含量	74.10%
粗蛋白含量	8.83%
粗脂肪含量	3.60%
赖氨酸含量	0.28%
抗病性	接种鉴定抗大斑病，中抗小斑病、丝黑穗病和腐霉茎腐病，感弯孢叶斑病，高感矮花叶病

幼　苗

株　形

雄　蕊

花　丝

果　型

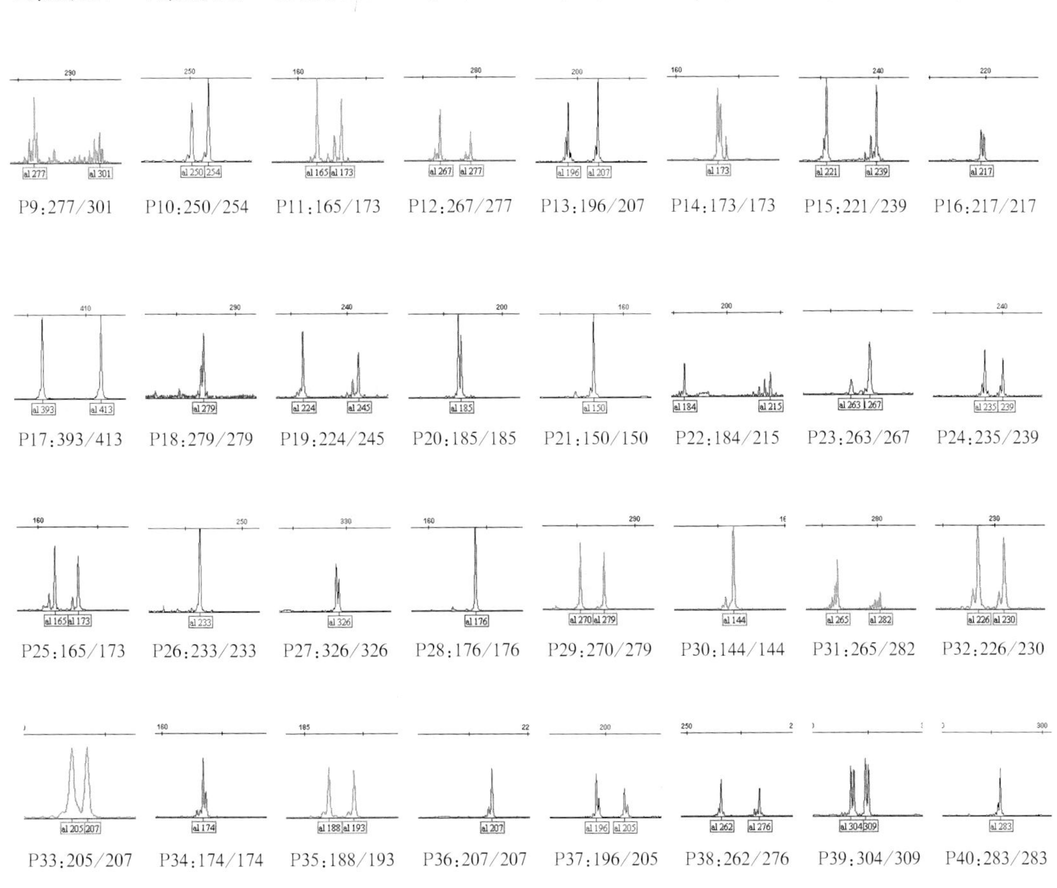
P1:322/354
P2:242/242
P3:257/284
P4:348/363
P5:290/314
P6:338/344
P7:411/411
P8:366/380
P9:277/301
P10:250/254
P11:165/173
P12:267/277
P13:196/207
P14:173/173
P15:221/239
P16:217/217
P17:393/413
P18:279/279
P19:224/245
P20:185/185
P21:150/150
P22:184/215
P23:263/267
P24:235/239
P25:165/173
P26:233/233
P27:326/326
P28:176/176
P29:270/279
P30:144/144
P31:265/282
P32:226/230
P33:205/207
P34:174/174
P35:188/193
P36:207/207
P37:196/205
P38:262/276
P39:304/309
P40:283/283

SSR指纹

99. 青源青贮4号

基本信息	
品种名称	青源青贮4号
亲本组合	父本：A8　母本：H238
审定编号	京审玉2013008
品种类型	青贮玉米
育种单位	北京佰青源畜牧业科技发展有限公司
种子标样提交单位	北京佰青源畜牧业科技发展有限公司
特征特性	
生育期	北京地区春播从播种至收获121天
株型	半紧凑
株高	294cm
穗位高	127cm
叶片	收获期单株叶片数16.5，单株枯叶片数3.1
粗蛋白含量	8.63%
抗病性	田间综合抗病性好，保绿性较好；接种鉴定高抗茎腐病，抗大斑病和小斑病，感丝黑穗病，高感弯孢叶斑病和矮花叶病
其他	中性洗涤纤维含量48.95%，酸性洗涤纤维含量19.13%

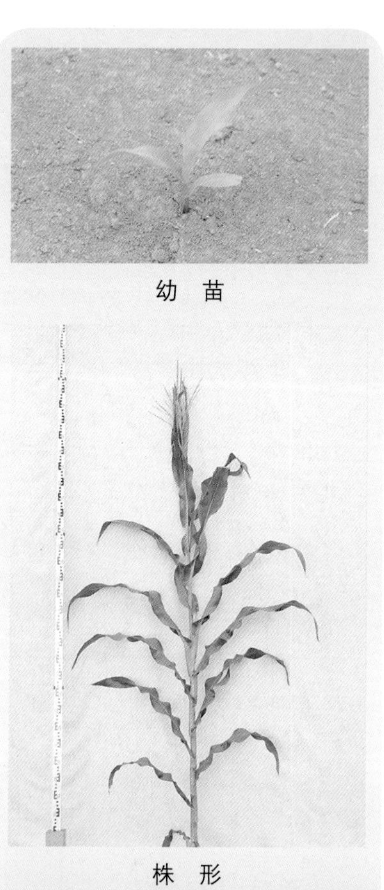
幼　苗

株　形

雄　蕊

花　丝

果　型

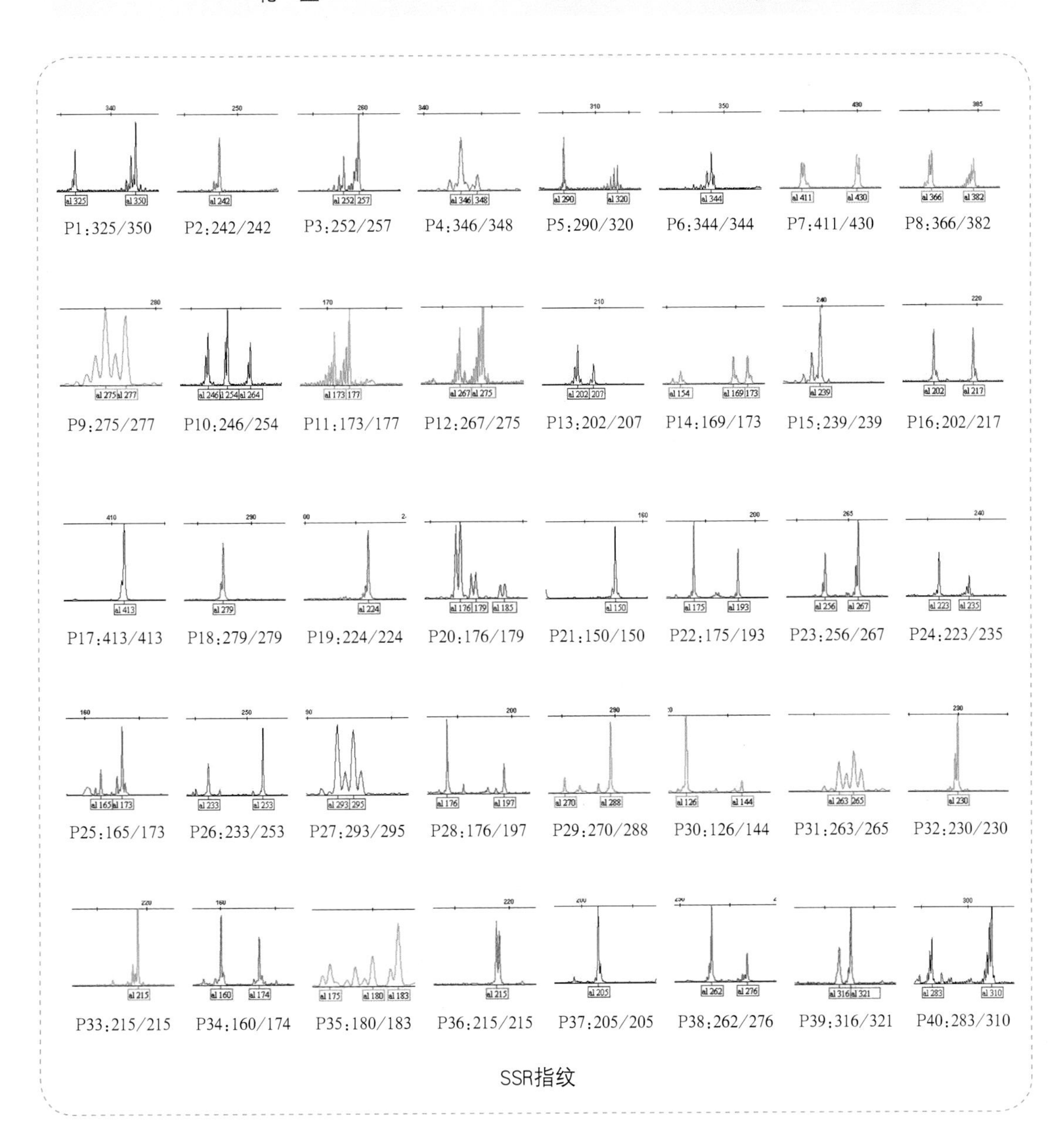
P1:325/350
P2:242/242
P3:252/257
P4:346/348
P5:290/320
P6:344/344
P7:411/430
P8:366/382
P9:275/277
P10:246/254
P11:173/177
P12:267/275
P13:202/207
P14:169/173
P15:239/239
P16:202/217
P17:413/413
P18:279/279
P19:224/224
P20:176/179
P21:150/150
P22:175/193
P23:256/267
P24:223/235
P25:165/173
P26:233/253
P27:293/295
P28:176/197
P29:270/288
P30:126/144
P31:263/265
P32:230/230
P33:215/215
P34:160/174
P35:180/183
P36:215/215
P37:205/205
P38:262/276
P39:316/321
P40:283/310

SSR指纹

100.凯育青贮114

基本信息	
品种名称	凯育青贮114
亲本组合	父本：K88　母本：K80
审定编号	京审玉2013009
品种权号	CNA20141191.7
品种类型	青贮玉米
育种单位	北京未名凯拓作物设计中心有限公司
种子标样提交单位	北京未名凯拓作物设计中心有限公司
2016年推广区域	制种中
特征特性	
生育期	北京地区夏播从播种至收获99天
株型	半紧凑
株高	300cm
穗位高	120cm
叶片	收获期单株叶片数15.1，单株枯叶片数2.9
雄穗	抽出晚，小穗颖片或基部呈紫色，花药淡紫
花丝颜色	花丝紫色
果穗	苞叶长度中，穗形长椎形，穗长24cm,穗粗5.8cm,穗轴粉红色，穗行数16～18行，行粒数46粒左右
籽粒	粒型中间型、粒色及粒顶部色橙红色、籽粒形状中间形、籽粒大小中、穗轴颖片色粉红色
千粒重	420g
粗蛋白含量	8.89%
抗病性	田间综合抗病性好，抗倒性较好，保绿性较好。接种鉴定高抗大斑病和小斑病，抗茎腐病，高感弯孢叶斑病和矮花叶病
其他	中性洗涤纤维含量46.68%，酸性洗涤纤维含量18.80%

幼　苗

株　形

雄　蕊

花　丝

果　型

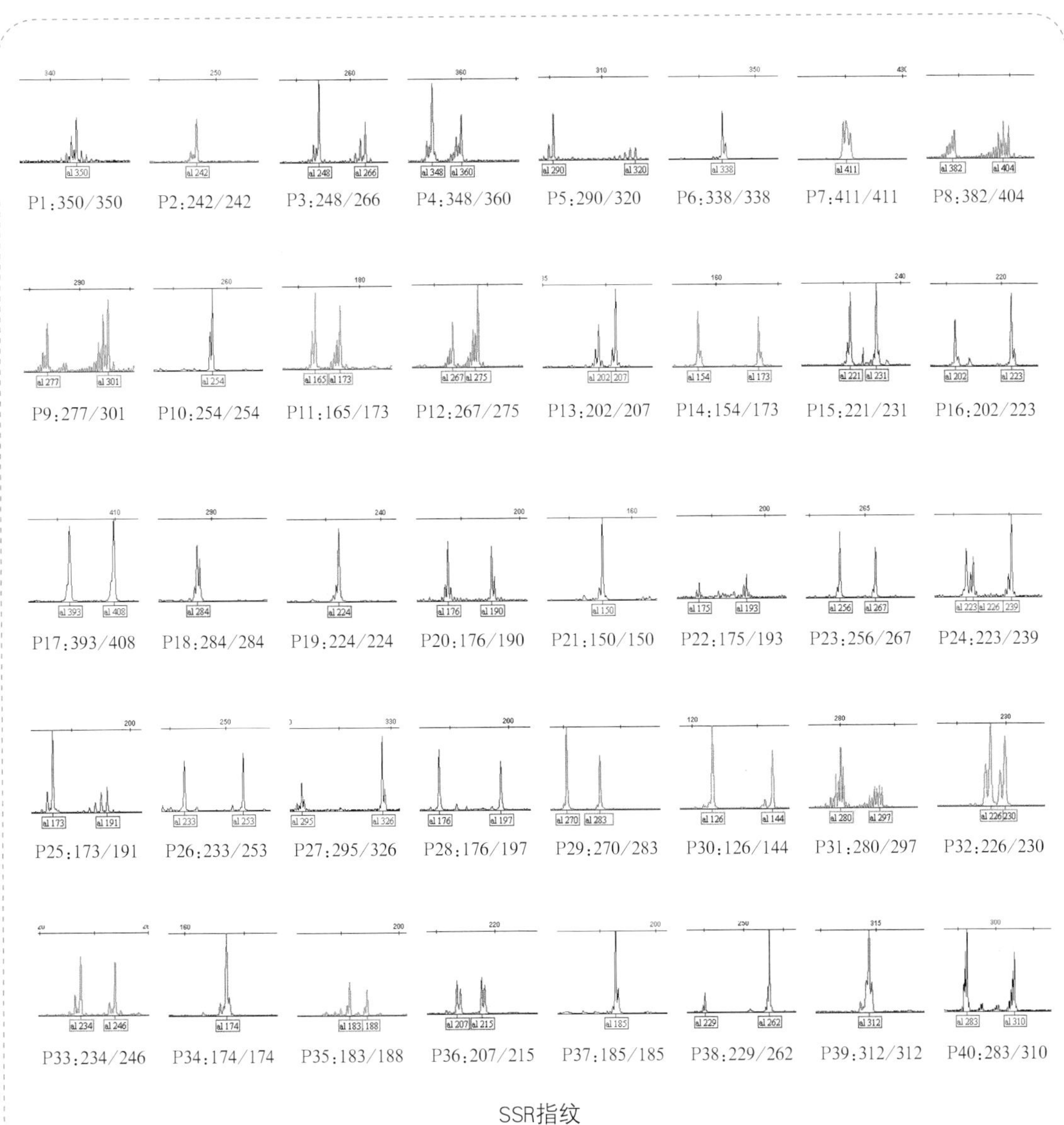
P1:350/350
P2:242/242
P3:248/266
P4:348/360
P5:290/320
P6:338/338
P7:411/411
P8:382/404
P9:277/301
P10:254/254
P11:165/173
P12:267/275
P13:202/207
P14:154/173
P15:221/231
P16:202/223
P17:393/408
P18:284/284
P19:224/224
P20:176/190
P21:150/150
P22:175/193
P23:256/267
P24:223/239
P25:173/191
P26:233/253
P27:295/326
P28:176/197
P29:270/283
P30:126/144
P31:280/297
P32:226/230
P33:234/246
P34:174/174
P35:183/188
P36:207/215
P37:185/185
P38:229/262
P39:312/312
P40:283/310

SSR指纹

101.农大95

基本信息	
品种名称	农大95
亲本组合	父本：W222　母本：F349
审定编号	国审玉2004008
品种权号	CNA20030305.8
品种类型	普通玉米
育种单位	中国农业大学
种子标样提交单位	中国农业大学
2016年推广区域	20万亩
特征特性	
生育期	东北华北地区出苗至成熟133天，与对照农大108相同
株型	半紧凑
株高	280cm
穗位高	130cm
叶片	幼苗叶鞘绿色，叶片深绿色，叶缘绿色，成株叶片数21～22片
雄穗	花药黄色，颖壳绿色带紫条纹
花丝颜色	粉红色
果穗	果穗筒型，穗长22.4cm，穗行数14～18行，穗轴红色
籽粒	黄色，粒型为半马齿型
百粒重	38.9g
籽粒容重	684g/L
粗淀粉含量	73.16%
粗蛋白含量	9.38%
粗脂肪含量	4.03%
赖氨酸含量	0.27%
抗病性	高抗大斑病和玉米螟，抗灰斑病、纹枯病和弯孢菌叶斑病，感丝黑穗病

幼　苗

株　形

雄　蕊

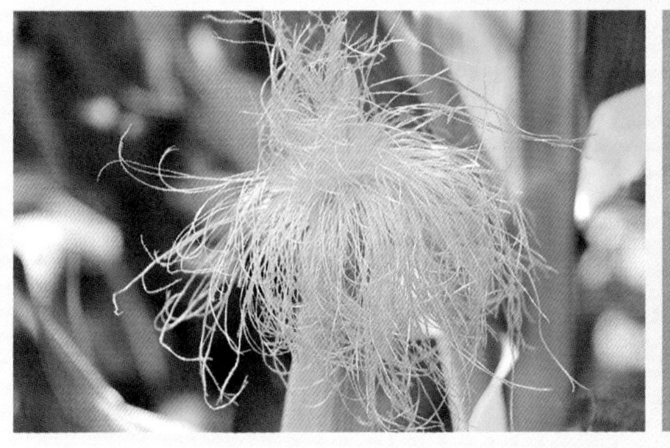

花　丝

果　型

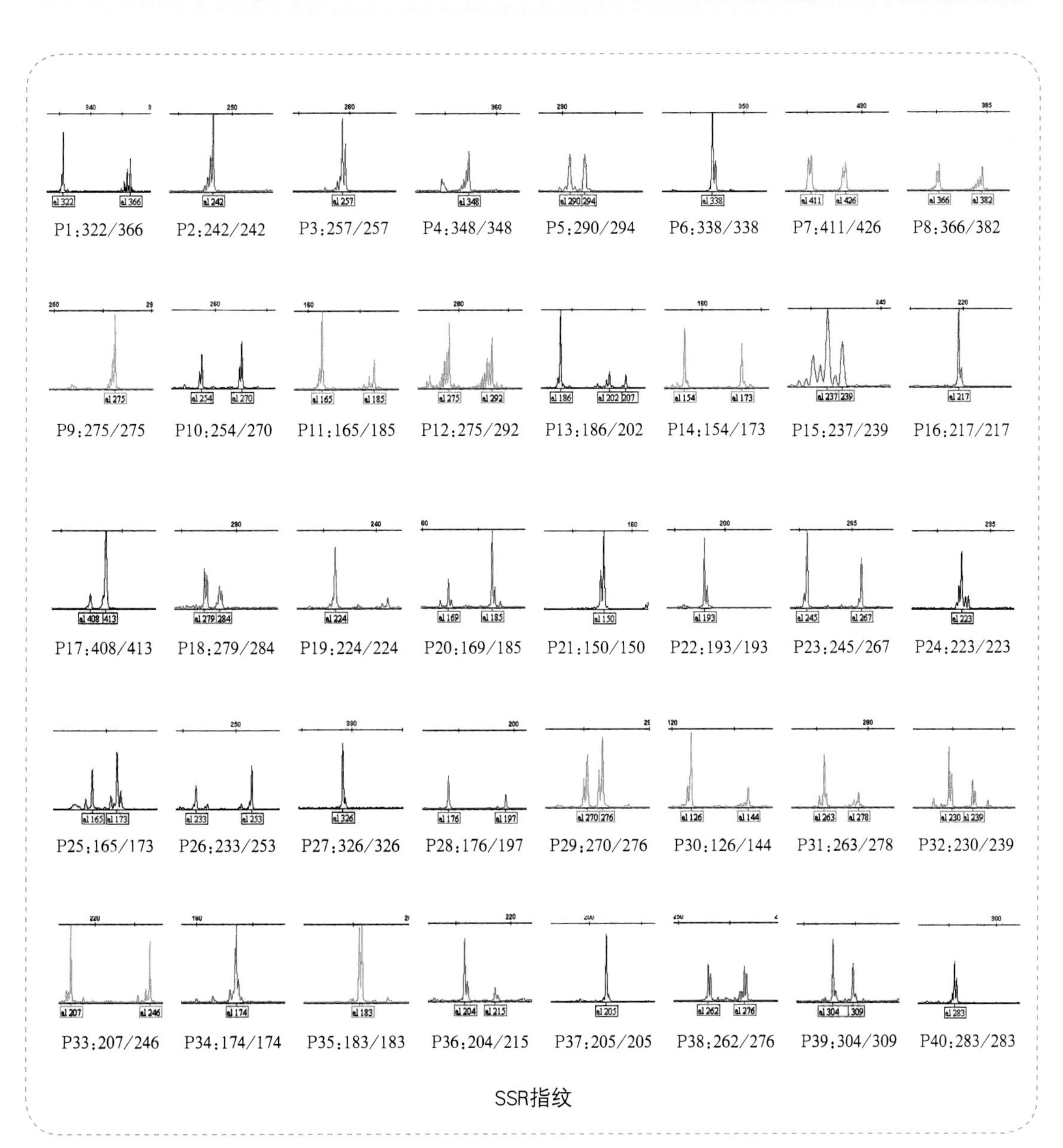
P1:322/366
P2:242/242
P3:257/257
P4:348/348
P5:290/294
P6:338/338
P7:411/426
P8:366/382
P9:275/275
P10:254/270
P11:165/185
P12:275/292
P13:186/202
P14:154/173
P15:237/239
P16:217/217
P17:408/413
P18:279/284
P19:224/224
P20:169/185
P21:150/150
P22:193/193
P23:245/267
P24:223/223
P25:165/173
P26:233/253
P27:326/326
P28:176/197
P29:270/276
P30:126/144
P31:263/278
P32:230/239
P33:207/246
P34:174/174
P35:183/183
P36:204/215
P37:205/205
P38:262/276
P39:304/309
P40:283/283

SSR指纹

102.禾田青贮16

基本信息	
品种名称	禾田青贮16
亲本组合	父本：H89　母本：H78
审定编号	京审玉2015009
品种类型	青贮玉米
育种单位	北京禾田丰泽农业科学研究院有限公司
种子标样提交单位	北京禾田丰泽农业科学研究院有限公司
特征特性	
生育期	在北京地区夏播从播种至最佳收获期102天
株型	紧凑
株高	285cm
穗位高	127cm
叶片	收获期单株叶片数15片，单株枯叶片数3.6片
粗蛋白含量	8.93%～9.00%
抗病性	田间综合抗病性好，保绿性较好。接种鉴定中抗小斑病，高抗腐霉茎腐病，感弯孢叶斑病
其他	中性洗涤纤维含量40.97%～49.25%，酸性洗涤纤维含量17.15%～20.40%

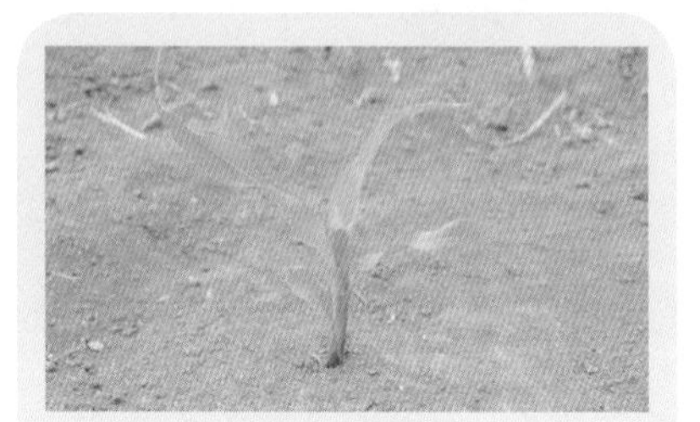
幼　苗

株　形

雄　蕊

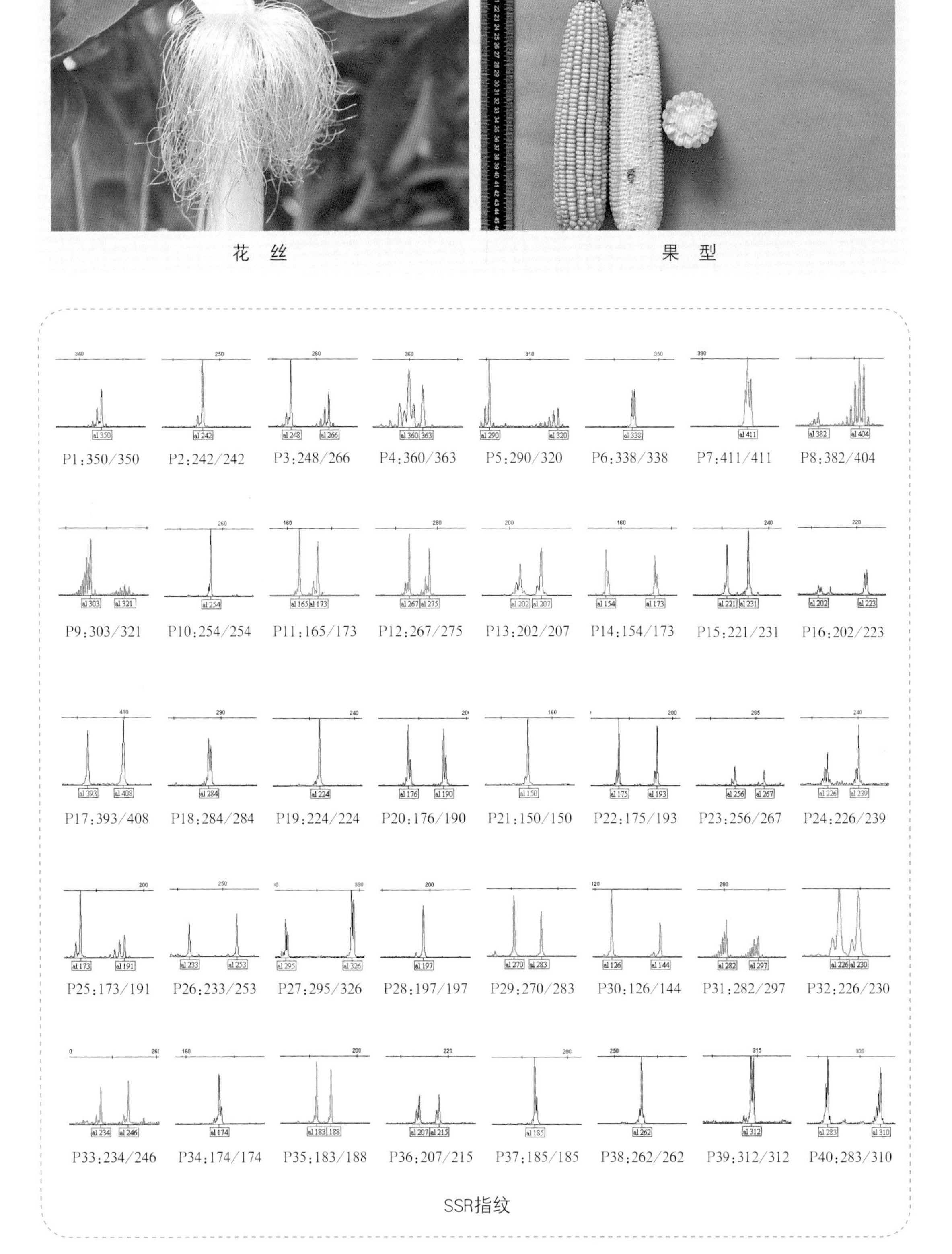
P1:350/350
P2:242/242
P3:248/266
P4:360/363
P5:290/320
P6:338/338
P7:411/411
P8:382/404
P9:303/321
P10:254/254
P11:165/173
P12:267/275
P13:202/207
P14:154/173
P15:221/231
P16:202/223
P17:393/408
P18:284/284
P19:224/224
P20:176/190
P21:150/150
P22:175/193
P23:256/267
P24:226/239
P25:173/191
P26:233/253
P27:295/326
P28:197/197
P29:270/283
P30:126/144
P31:282/297
P32:226/230
P33:234/246
P34:174/174
P35:183/188
P36:207/215
P37:185/185
P38:262/262
P39:312/312
P40:283/310

花 丝　　果 型

SSR指纹

103. 纪元1号

基本信息	
品种名称	纪元1号
亲本组合	父本：K12-选　母本：廊系-1
审定编号	京审玉2005008
品种权号	CNA20040231.5
品种类型	普通玉米
育种单位	河北新纪元种业有限公司
种子标样提交单位	河北新纪元种业有限公司
2016年推广区域	天津、北京、河北、山西、内蒙古、云南、陕西
特征特性	
生育期	北京地区夏播生育期平均103.6天
株型	紧凑
株高	210cm
穗位高	83.7cm
叶片	21～22片
雄穗	分支数中上，授粉良好
花丝颜色	顶部红色
果穗	穗长17.2cm，穗粗5.3cm，穗行数12～14行，秃尖长1.7cm。穗粒重155.2g，出籽率83%，粒深1.0cm
籽粒	黄色，硬粒型
百粒重	35.5g
籽粒容重	755g/L
粗淀粉含量	74.21%
粗蛋白含量	9.68%
粗脂肪含量	3.96%
赖氨酸含量	0.26%
抗病性	抗大斑病、小斑病，感弯孢菌叶斑病、丝黑穗病、矮花叶病和茎腐病，抗倒性中等，保绿性较好

幼　苗

株　形

雄　蕊

花　丝

果　型

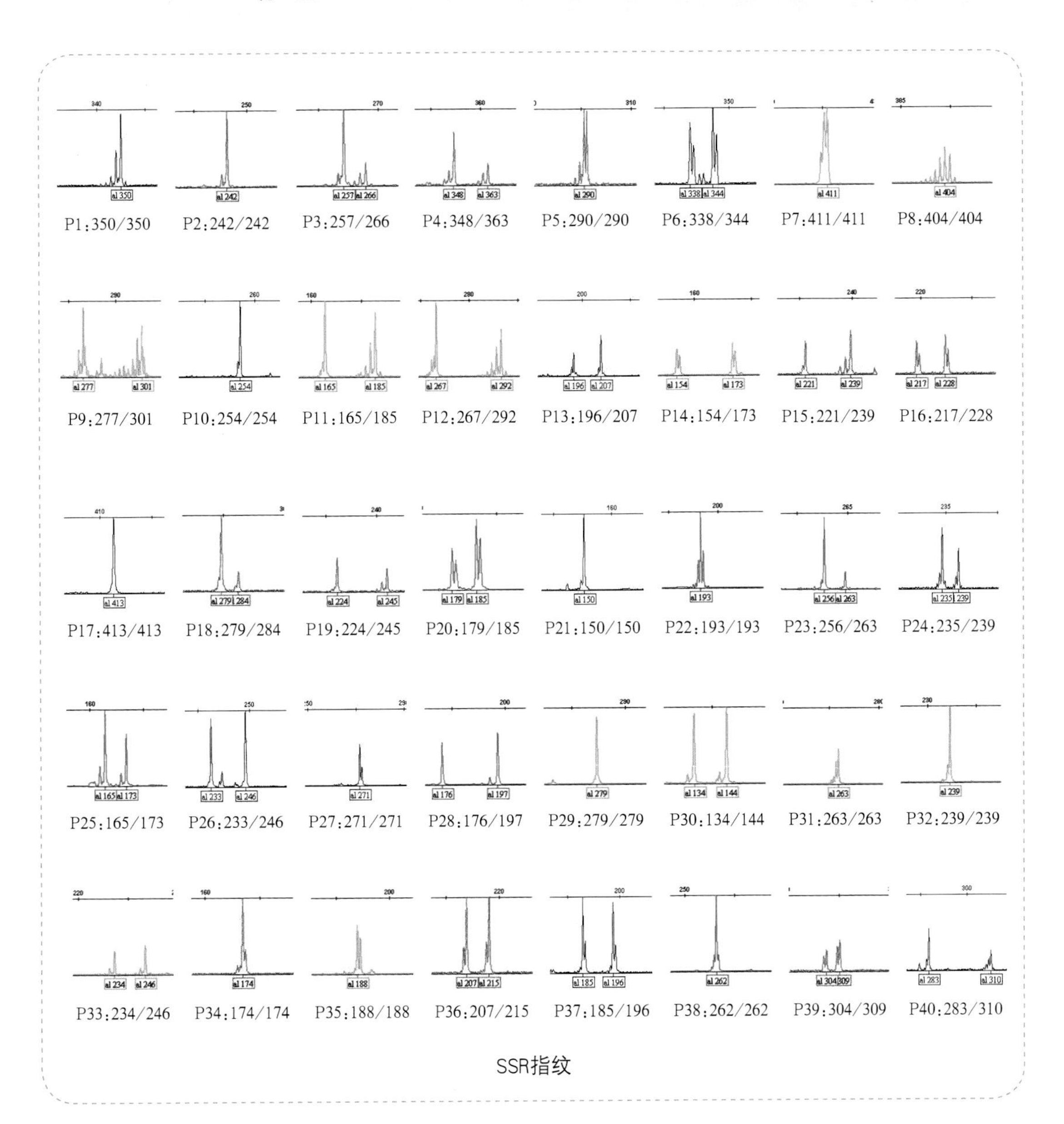
P1:350/350
P2:242/242
P3:257/266
P4:348/363
P5:290/290
P6:338/344
P7:411/411
P8:404/404
P9:277/301
P10:254/254
P11:165/185
P12:267/292
P13:196/207
P14:154/173
P15:221/239
P16:217/228
P17:413/413
P18:279/284
P19:224/245
P20:179/185
P21:150/150
P22:193/193
P23:256/263
P24:235/239
P25:165/173
P26:233/246
P27:271/271
P28:176/197
P29:279/279
P30:134/144
P31:263/263
P32:239/239
P33:234/246
P34:174/174
P35:188/188
P36:207/215
P37:185/196
P38:262/262
P39:304/309
P40:283/310

SSR指纹

104.宽诚1号

基本信息	
品种名称	宽诚1号
亲本组合	父本：海91　母本：海35
审定编号	国审玉2004016、京审玉2004008
品种权号	CNA20050133.X
品种类型	普通玉米
育种单位	河北省宽城种业有限责任公司
种子标样提交单位	河北省宽城种业有限责任公司
特征特性	
生育期	夏播生育期93天
株型	半紧凑
株高	265cm
穗位高	96.5cm
空杆率	0.3%～3.6%
叶片	幼苗叶鞘浅紫色，叶片绿色，叶缘绿色，苗势较强
雄穗	绿色
果穗	筒型，穗长19cm左右，穗行12～14行，红轴，籽粒黄色，硬粒型，百粒重31.67～34.43g
籽粒	排列紧密、橘红色、硬粒型、粒深0.9cm
千粒重	316.5g
籽粒容重	780g/L
粗淀粉含量	75.33%
粗蛋白含量	8.74%
粗脂肪含量	3.61%
赖氨酸含量	0.26%
抗病性	接种试验抗大斑病，中抗小斑病、弯孢菌叶斑病、茎腐病、玉米螟，抗倒伏

幼　苗

株　形

雄　蕊

花 丝

果 型

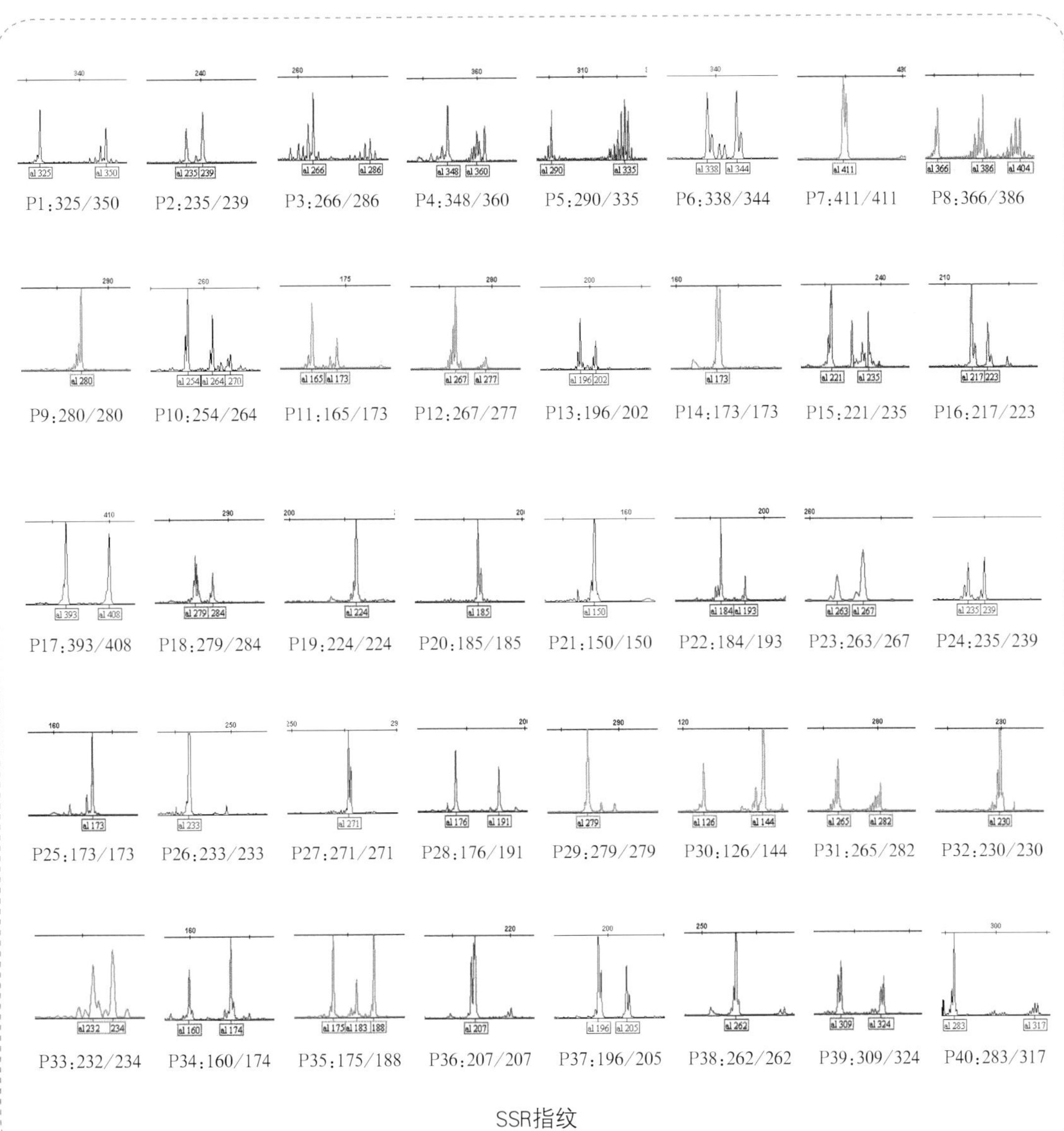
P1:325/350
P2:235/239
P3:266/286
P4:348/360
P5:290/335
P6:338/344
P7:411/411
P8:366/386
P9:280/280
P10:254/264
P11:165/173
P12:267/277
P13:196/202
P14:173/173
P15:221/235
P16:217/223
P17:393/408
P18:279/284
P19:224/224
P20:185/185
P21:150/150
P22:184/193
P23:263/267
P24:235/239
P25:173/173
P26:233/233
P27:271/271
P28:176/191
P29:279/279
P30:126/144
P31:265/282
P32:230/230
P33:232/234
P34:160/174
P35:175/188
P36:207/207
P37:196/205
P38:262/262
P39:309/324
P40:283/317

SSR指纹

105. 辽单565

基本信息	
品种名称	辽单565
亲本组合	父本：辽3162母本：中106
审定编号	京审玉2008002、国审玉2004003、蒙认玉2006012号、唐认玉2018013号、晋引玉2010004
品种权号	CNA20040425.3
品种类型	普通玉米
育种单位	辽宁省农业科学院玉米研究所
种子标样提交单位	辽宁省农业科学院玉米研究所
2016年推广区域	在东华北、黄淮海沈阳区域推广450万亩
特征特性	
生育期	北京地区春播生育期平均119.2天
株型	半紧凑
株高	266cm
穗位高	103.7cm
空杆率	6.75%
叶片	19～20
雄穗	分枝14～18个，花药黄色
花丝颜色	紫红色
果穗	穗长16.7cm，穗粗5.1cm，穗行数14～16行，穗粒重168.9g，出籽率86.5%
籽粒	黄色，半马齿型，粒深1.2cm
千粒重	422.7g
籽粒容重	748.0g/L
粗淀粉含量	74.09%
粗蛋白含量	8.71%
粗脂肪含量	4.05%
赖氨酸含量	0.30%
抗病性	接种鉴定抗玉米小斑病、茎腐病，感大斑病、弯孢菌叶斑病、矮花叶病、丝黑穗病

幼 苗

株 形

雄 蕊

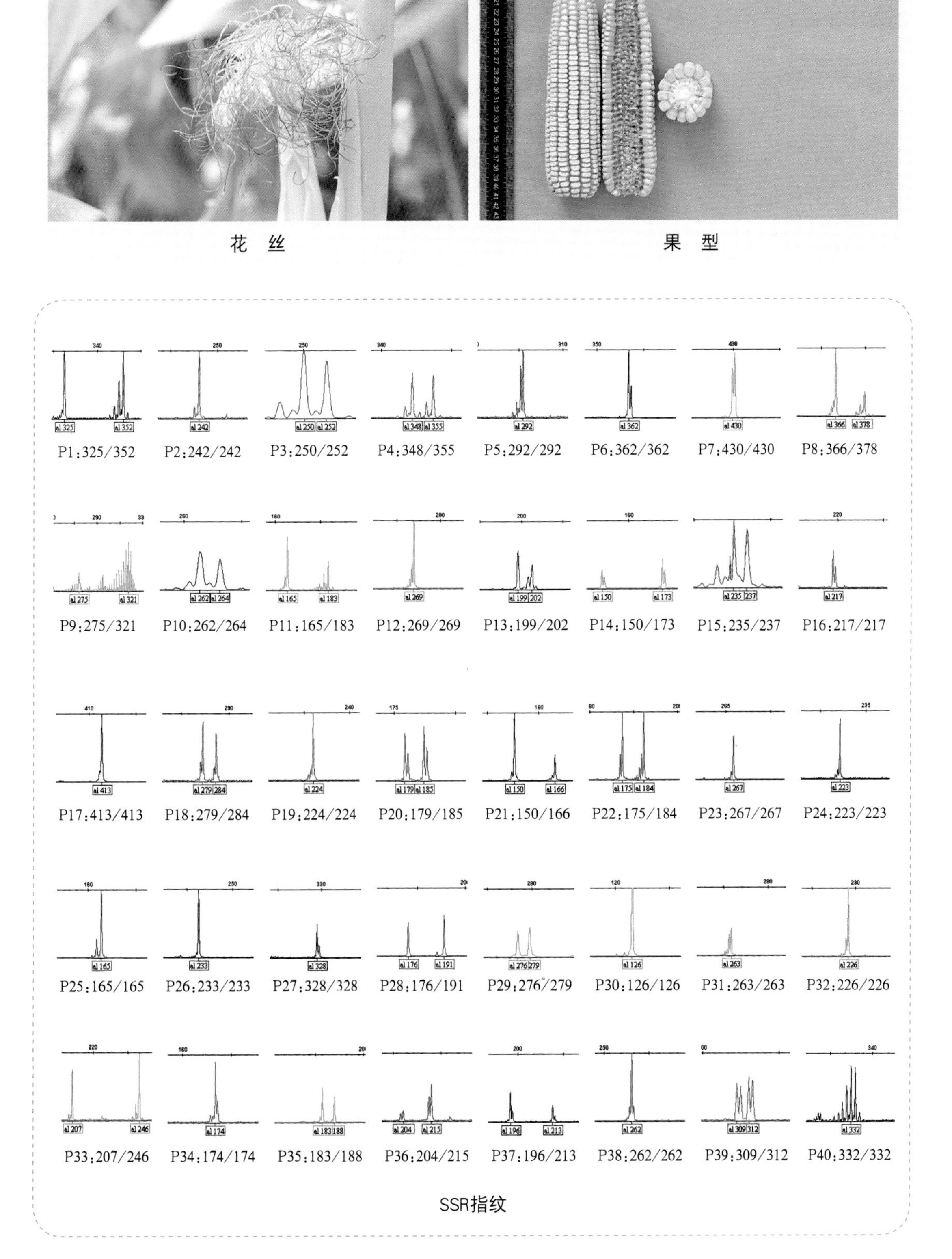

P1:325/352
P2:242/242
P3:250/252
P4:348/355
P5:292/292
P6:362/362
P7:430/430
P8:366/378
P9:275/321
P10:262/264
P11:165/183
P12:269/269
P13:199/202
P14:150/173
P15:235/237
P16:217/217
P17:413/413
P18:279/284
P19:224/224
P20:179/185
P21:150/166
P22:175/184
P23:267/267
P24:223/223
P25:165/165
P26:233/233
P27:328/328
P28:176/191
P29:276/279
P30:126/126
P31:263/263
P32:226/226
P33:207/246
P34:174/174
P35:183/188
P36:204/215
P37:196/213
P38:262/262
P39:309/312
P40:332/332

花　丝

果　型

SSR指纹

106.蠡玉13号

基本信息	
品种名称	蠡玉13号
亲本组合	父本：H598 母本：5812
审定编号	冀审玉2006014、京引玉2013001、豫引玉2005013、皖审玉04050438、吉审玉2007048、陕审玉2005014、晋引玉2008006、津引玉2006016
品种权号	CNA20040663.9
品种类型	普通玉米
育种单位	石家庄蠡玉科技开发有限公司
种子标样提交单位	石家庄蠡玉科技开发有限公司
2016年推广区域	河北、北京、安徽、吉林、陕西、河南、山西、天津
特征特性	
生育期	生育期103天左右
株型	紧凑
株高	257cm左右
穗位高	111cm左右
叶片	幼苗叶鞘紫色
雄穗	花药绿色
花丝颜色	紫红色
果穗	穗长17.7cm，行数14行左右，秃尖0.3cm。穗轴白色，出籽率86.9%
籽粒	黄色，半马齿型
千粒重	345g
粗淀粉含量	74.24%
粗蛋白含量	8.70%
粗脂肪含量	4.14%
赖氨酸含量	0.30%
抗病性	2004—2005年河北省农林科学院植物保护研究所人工抗病鉴定结果，中抗小斑病，抗大斑病，感弯孢菌叶斑病，中抗茎腐病，感瘤黑粉病，抗矮花叶病，感玉米螟

幼　苗

株　形

雄　蕊

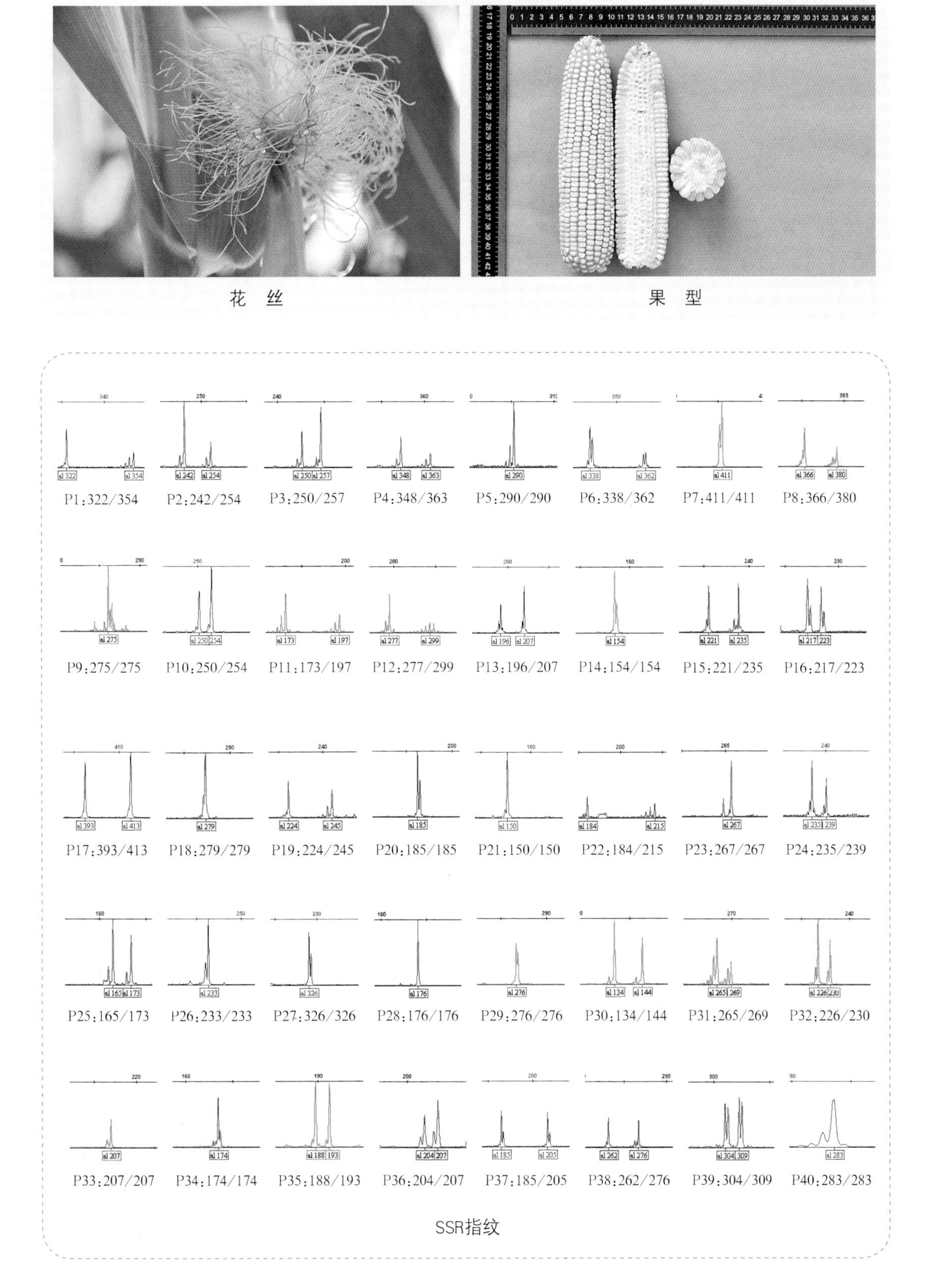
P1:322/354
P2:242/254
P3:250/257
P4:348/363
P5:290/290
P6:338/362
P7:411/411
P8:366/380
P9:275/275
P10:250/254
P11:173/197
P12:277/299
P13:196/207
P14:154/154
P15:221/235
P16:217/223
P17:393/413
P18:279/279
P19:224/245
P20:185/185
P21:150/150
P22:184/215
P23:267/267
P24:235/239
P25:165/173
P26:233/233
P27:326/326
P28:176/176
P29:276/276
P30:134/144
P31:265/269
P32:226/230
P33:207/207
P34:174/174
P35:188/193
P36:204/207
P37:185/205
P38:262/276
P39:304/309
P40:283/283

花　丝

果　型

SSR指纹

107. 登海710

基本信息	
品种名称	登海710
亲本组合	父本：DH357　母本：DH382
审定编号	京审玉2013001
品种权号	CNA20121187.5
品种类型	普通玉米
育种单位	山东登海种业股份有限公司
种子标样提交单位	山东登海种业股份有限公司
特征特性	
生育期	北京地区春播生育期平均120天
株型	紧凑
株高	272.7cm
穗位高	102.7cm
空秆率	5.1%
叶片	19
雄穗	分支6～8个
花丝颜色	绿色
果穗	筒型，穗轴红色，穗长20.7cm，穗粗5.2cm，秃尖长0.8cm，穗行数16～18行，行粒数39.4粒，穗粒重208.5g，出籽率85.1%
籽粒	黄色，马齿型，粒深1.2cm
千粒重	373.1g
籽粒容重	760g/L
粗淀粉含量	72.70%
粗蛋白含量	9.54%
粗脂肪含量	4.32%
赖氨酸含量	0.28%
抗病性	接种鉴定抗大斑病和小斑病，中抗茎腐病，感丝黑穗病，高感弯孢叶斑病和矮花叶病

幼　苗

株　形

雄　蕊

花　丝

果　型

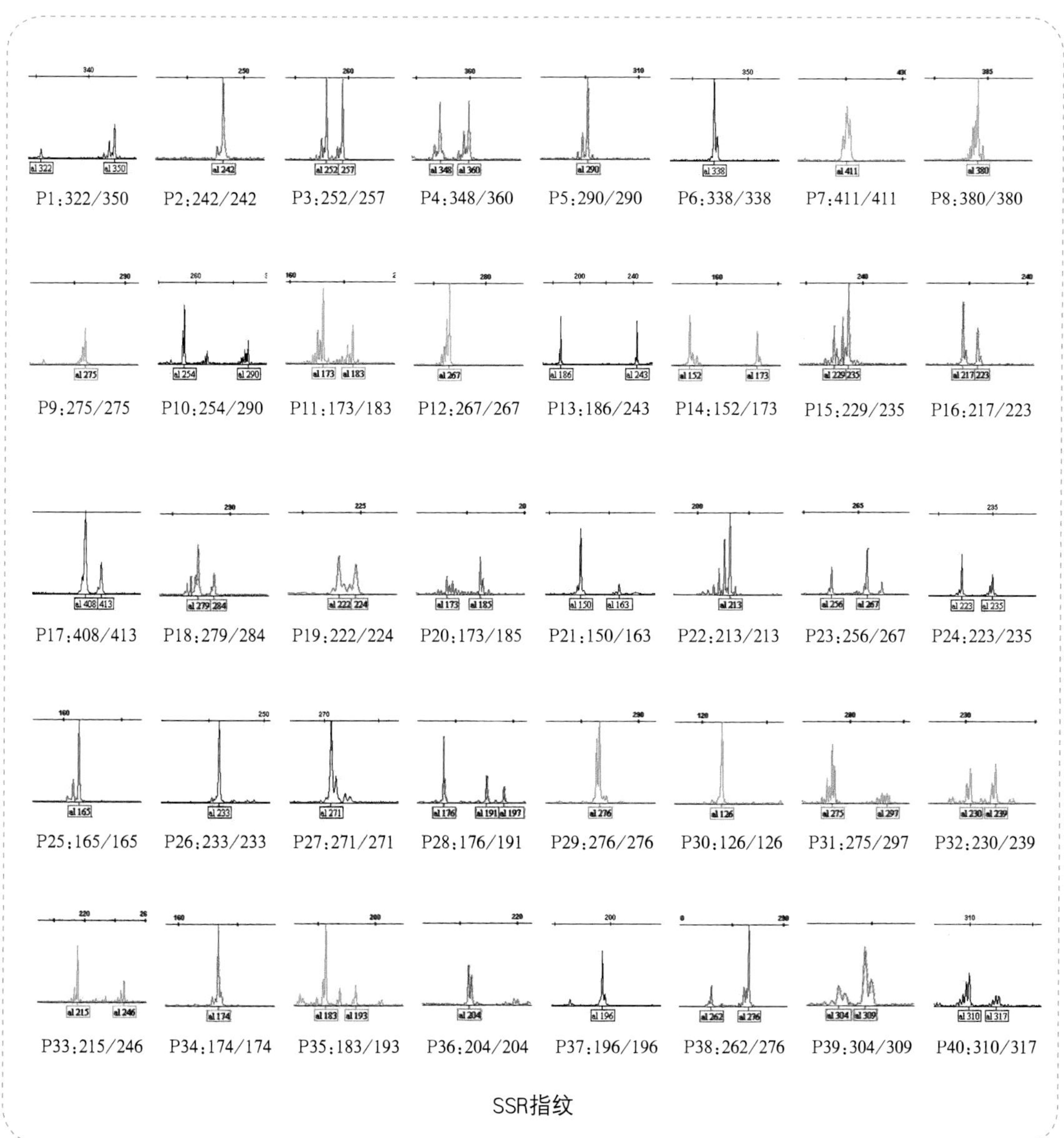
P1:322/350
P2:242/242
P3:252/257
P4:348/360
P5:290/290
P6:338/338
P7:411/411
P8:380/380
P9:275/275
P10:254/290
P11:173/183
P12:267/267
P13:186/243
P14:152/173
P15:229/235
P16:217/223
P17:408/413
P18:279/284
P19:222/224
P20:173/185
P21:150/163
P22:213/213
P23:256/267
P24:223/235
P25:165/165
P26:233/233
P27:271/271
P28:176/191
P29:276/276
P30:126/126
P31:275/297
P32:230/239
P33:215/246
P34:174/174
P35:183/193
P36:204/204
P37:196/196
P38:262/276
P39:304/309
P40:310/317

SSR指纹

108.禾田5号

基本信息	
品种名称	禾田5号
亲本组合	父本：JW276 母本：JW78
审定编号	京审玉2013005
品种类型	普通玉米
育种单位	黑龙江禾田丰泽兴农科技开发有限公司
种子标样提交单位	黑龙江禾田丰泽兴农科技开发有限公司
特征特性	
生育期	北京地区夏播生育期平均107天
株型	紧凑
株高	246.1cm
穗位高	99.0cm
空秆率	2.0%
果穗	果穗筒型，穗轴白色，穗长17.9cm，穗粗5.4cm，秃尖长0.2cm，穗行数12～16行，行粒数34.9粒，穗粒重173.0g，出籽率80.3%
籽粒	籽粒黄色，半硬粒型，粒深1.2cm
千粒重	397.6g
籽粒容重	742g/L
粗淀粉含量	74.47%
粗蛋白含量	8.23%
粗脂肪含量	3.84%
赖氨酸含量	0.27%
抗病性	接种鉴定抗大斑病和小斑病，感弯孢叶斑病，高感矮花叶病和茎腐病

幼 苗

株 形

雄 蕊

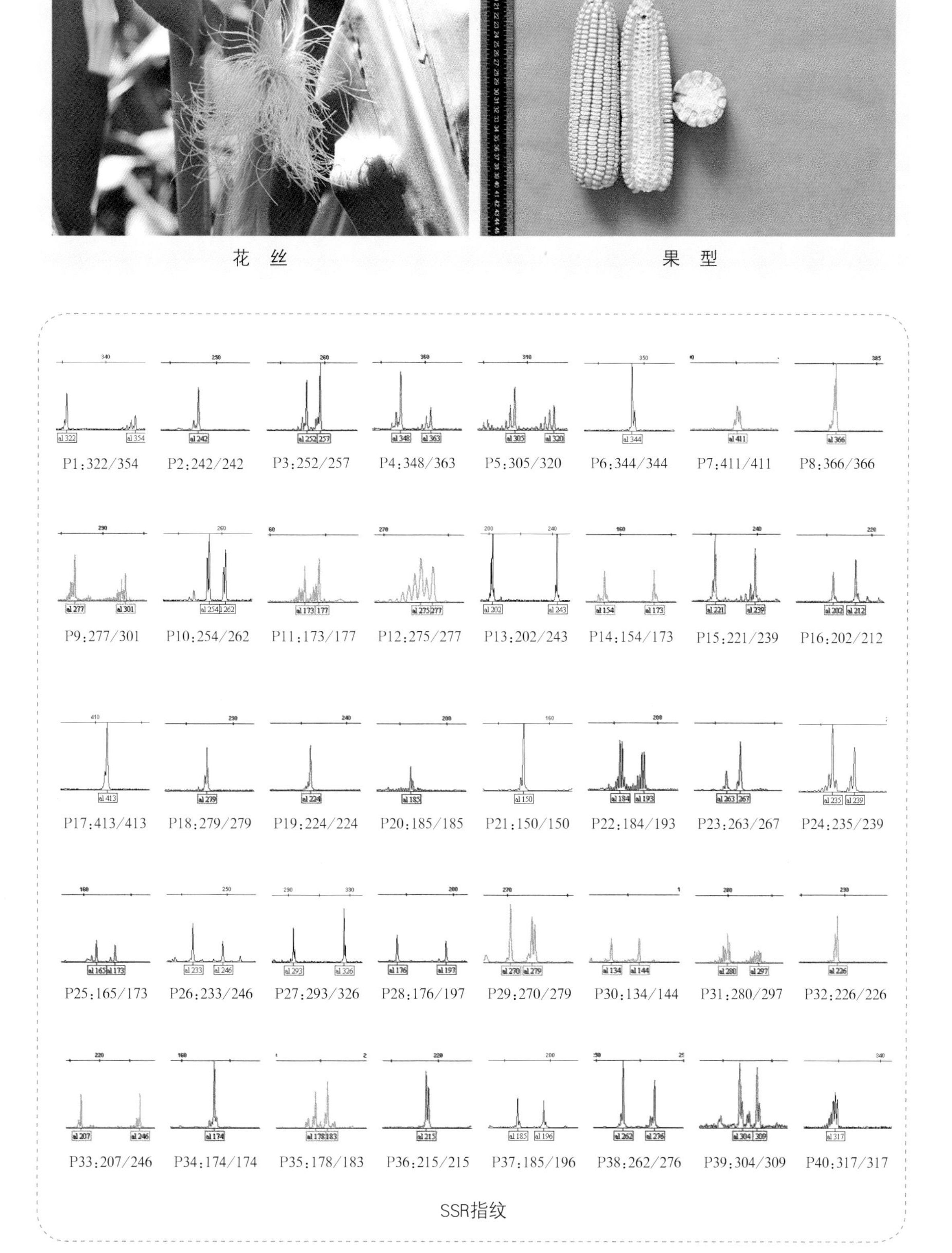
P1:322/354
P2:242/242
P3:252/257
P4:348/363
P5:305/320
P6:344/344
P7:411/411
P8:366/366
P9:277/301
P10:254/262
P11:173/177
P12:275/277
P13:202/243
P14:154/173
P15:221/239
P16:202/212
P17:413/413
P18:279/279
P19:224/224
P20:185/185
P21:150/150
P22:184/193
P23:263/267
P24:235/239
P25:165/173
P26:233/246
P27:293/326
P28:176/197
P29:270/279
P30:134/144
P31:280/297
P32:226/226
P33:207/246
P34:174/174
P35:178/183
P36:215/215
P37:185/196
P38:262/276
P39:304/309
P40:317/317

花　丝　　　　果　型

SSR指纹

109.农研青贮2号

基本信息	
品种名称	农研青贮2号
亲本组合	父本：黄572　母本：B12C80-1
审定编号	京审玉2015007
品种类型	青贮玉米
育种单位	北京市农业技术推广站
种子标样提交单位	北京市农业技术推广站
2016年推广区域	300亩
特征特性	
生育期	在北京地区夏播从播种至最佳收获期102天
株型	紧凑
株高	282cm
穗位高	111cm
叶片	收获期单株叶片数13.4，单株枯叶片数2.5
雄穗	雄穗主轴长，侧枝直立，分支5～7支，与主轴夹角小，长度中等，雄穗小穗护颖淡绿色，花药浅紫色
花丝颜色	浅紫色
果穗	着生姿态为向上，穗柄短，苞叶较紧不露头，果穗长筒型，穗轴红色，穗行数16～18行，行粒数35～40粒
籽粒	黄色，半马齿型
粗蛋白含量	8.24%～8.66%
抗病性	田间综合抗病性好，保绿性较好，接种鉴定中抗弯孢叶斑病，抗小斑病，高抗腐霉茎腐病
其他	中性洗涤纤维含量37.39%～48.01%，酸性洗涤纤维含量15.33%～17.77%

幼　苗

株　形

雄　蕊

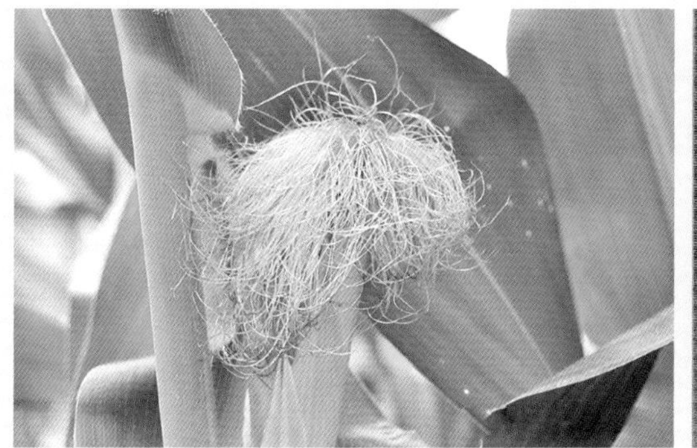
花 丝

果 型

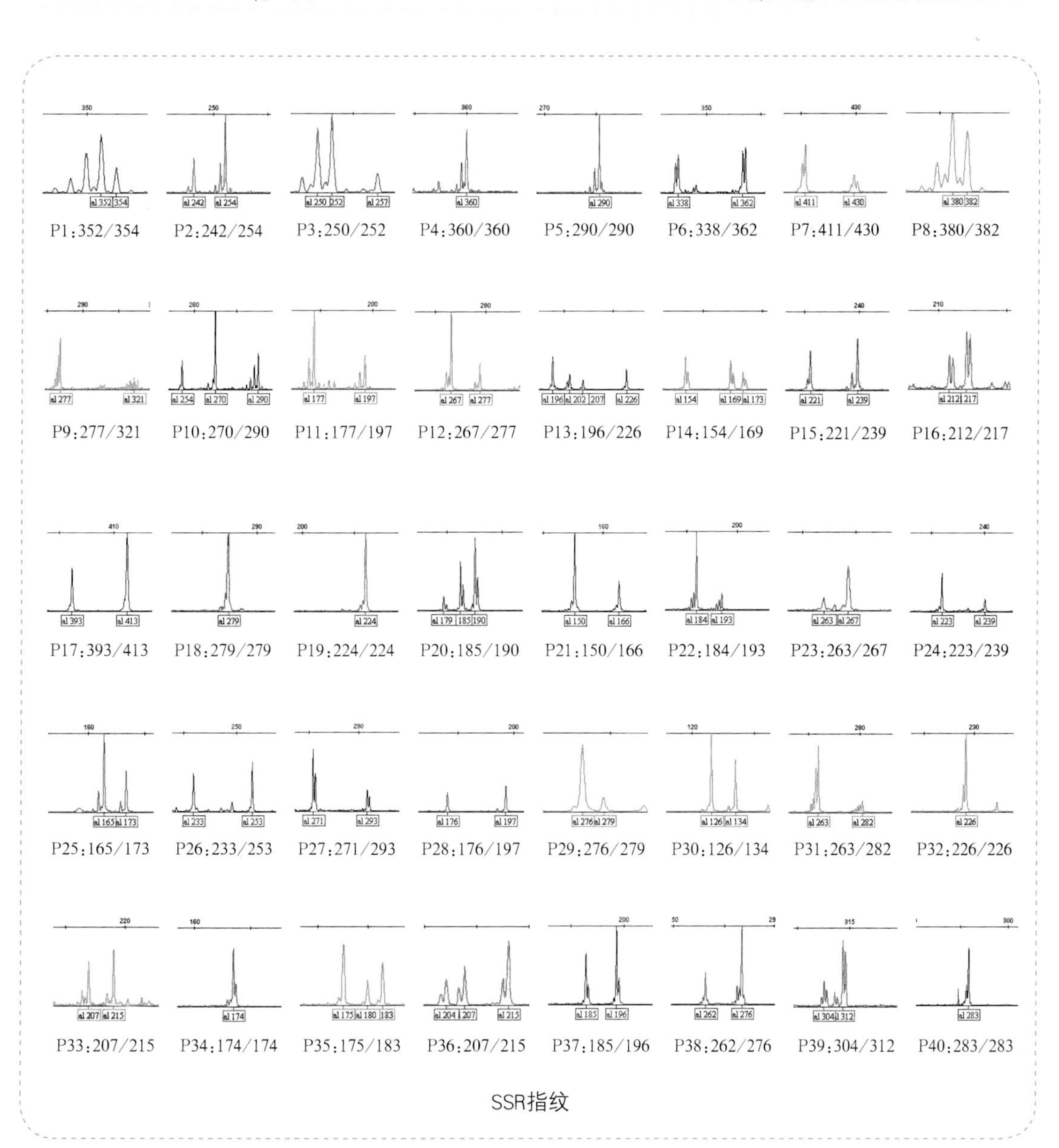
P1:352/354
P2:242/254
P3:250/252
P4:360/360
P5:290/290
P6:338/362
P7:411/430
P8:380/382
P9:277/321
P10:270/290
P11:177/197
P12:267/277
P13:196/226
P14:154/169
P15:221/239
P16:212/217
P17:393/413
P18:279/279
P19:224/224
P20:185/190
P21:150/166
P22:184/193
P23:263/267
P24:223/239
P25:165/173
P26:233/253
P27:271/293
P28:176/197
P29:276/279
P30:126/134
P31:263/282
P32:226/226
P33:207/215
P34:174/174
P35:175/183
P36:207/215
P37:185/196
P38:262/276
P39:304/312
P40:283/283
SSR指纹

110. 京单58

基本信息	
品种名称	京单58
亲本组合	父本：京2416 母本：CH3
审定编号	国审玉2010004
品种类型	普通玉米
育种单位	北京市农林科学院玉米研究中心
种子标样提交单位	北京市农林科学院玉米研究中心
特征特性	
生育期	京津唐地区出苗至成熟98天，比京玉7号晚1天
株型	紧凑
株高	240cm
穗位高	90cm
叶片	幼苗叶鞘淡紫色，叶片绿色，叶缘淡紫色，成株叶片数20片
雄穗	花药淡紫色，颖壳绿色
花丝颜色	淡紫色
果穗	筒型，穗长17cm，穗行数14行，穗轴白色
籽粒	黄色，半马齿型
百粒重	42.3g
籽粒容重	747g/L
粗淀粉含量	74.21%
粗蛋白含量	8.98%
粗脂肪含量	3.68%
赖氨酸含量	0.25%
抗病性	经中国农业科学院作物科学研究所两年接种鉴定，抗小斑病，中抗大斑病和茎腐病，感矮花叶病，高感弯孢菌叶斑病和玉米螟

幼　苗

株　形

雄　蕊

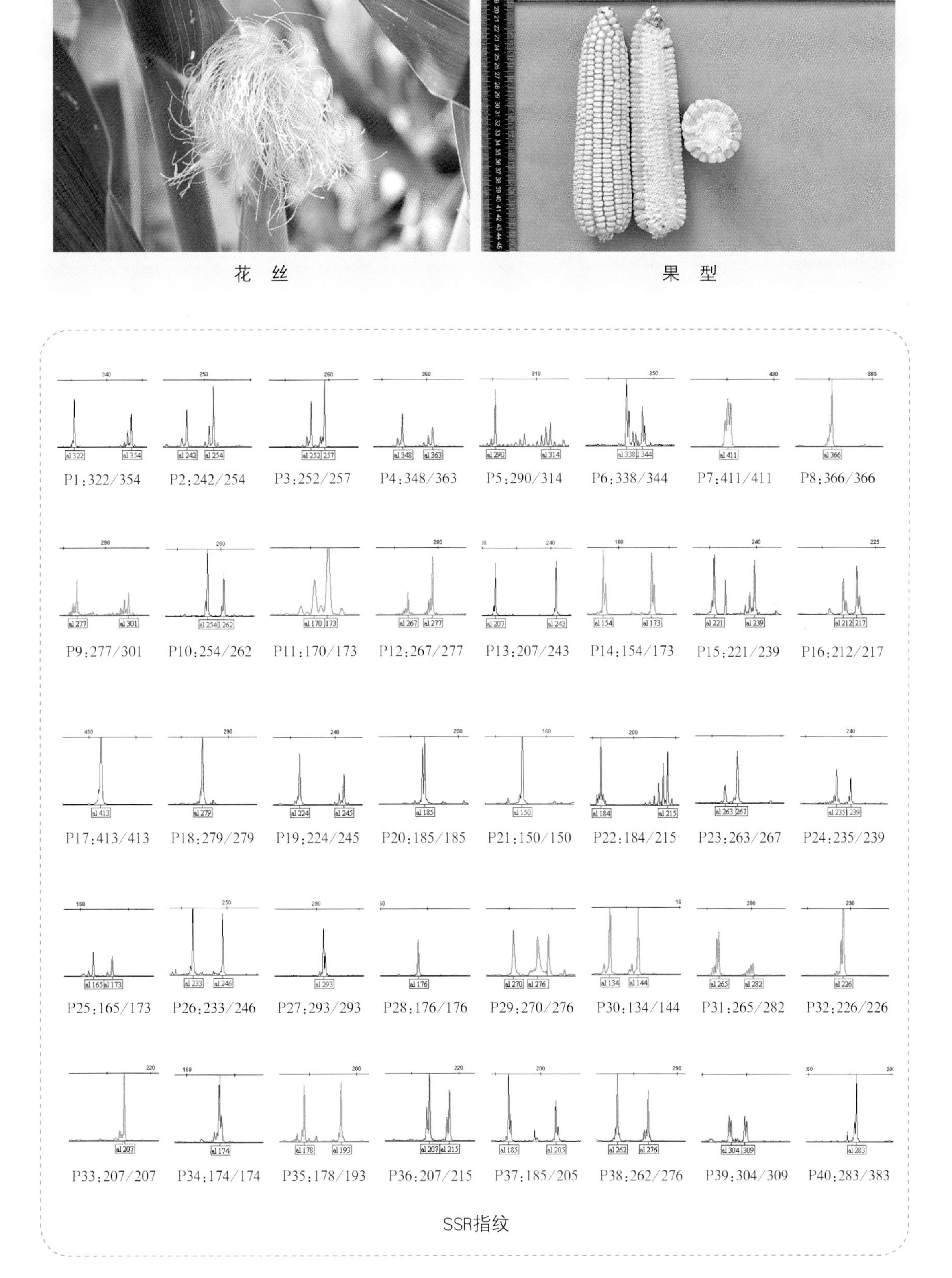
P1:322/354
P2:242/254
P3:252/257
P4:348/363
P5:290/314
P6:338/344
P7:411/411
P8:366/366
P9:277/301
P10:254/262
P11:170/173
P12:267/277
P13:207/243
P14:154/173
P15:221/239
P16:212/217
P17:413/413
P18:279/279
P19:224/245
P20:185/185
P21:150/150
P22:184/215
P23:263/267
P24:235/239
P25:165/173
P26:233/246
P27:293/293
P28:176/176
P29:270/276
P30:134/144
P31:265/282
P32:226/226
P33:207/207
P34:174/174
P35:178/193
P36:207/215
P37:185/205
P38:262/276
P39:304/309
P40:283/383

花　丝

果　型

SSR指纹

111. 京玉11号

基本信息	
品种名称	京玉11号
亲本组合	父本：京24　母本：京89
审定编号	京审玉2004005
品种类型	普通玉米
育种单位	北京市农林科学院玉米研究中心
种子标样提交单位	北京市农林科学院玉米研究中心
特征特性	
生育期	全生育期在北京101.5天
株型	紧凑，活秆成熟
株高	238cm
穗位高	97cm
空秆率	0.7%
雄穗	分枝中等，主轴明显，分枝较直，花药绿色
花丝颜色	黄绿色
果穗	穗长17.6cm，穗粗5.1cm，穗行数12～14行，果穗圆筒型，穗轴红色，穗粒重156.6g
籽粒	黄色，半硬粒型（出籽率86.0%）
千粒重	362.5g
籽粒容重	712g/L
粗淀粉含量	75.32%
粗蛋白含量	8.17%
粗脂肪含量	4.17%
赖氨酸含量	0.26%
抗病性	接种试验抗大斑病、小斑病，高抗矮花叶病，感弯孢叶斑病、丝黑穗病，抗倒性较好；高抗矮花叶病，感弯孢叶斑病、丝黑穗病，抗倒性较好

幼　苗

株　形

雄　蕊

花　丝　　　　　　　　果　型

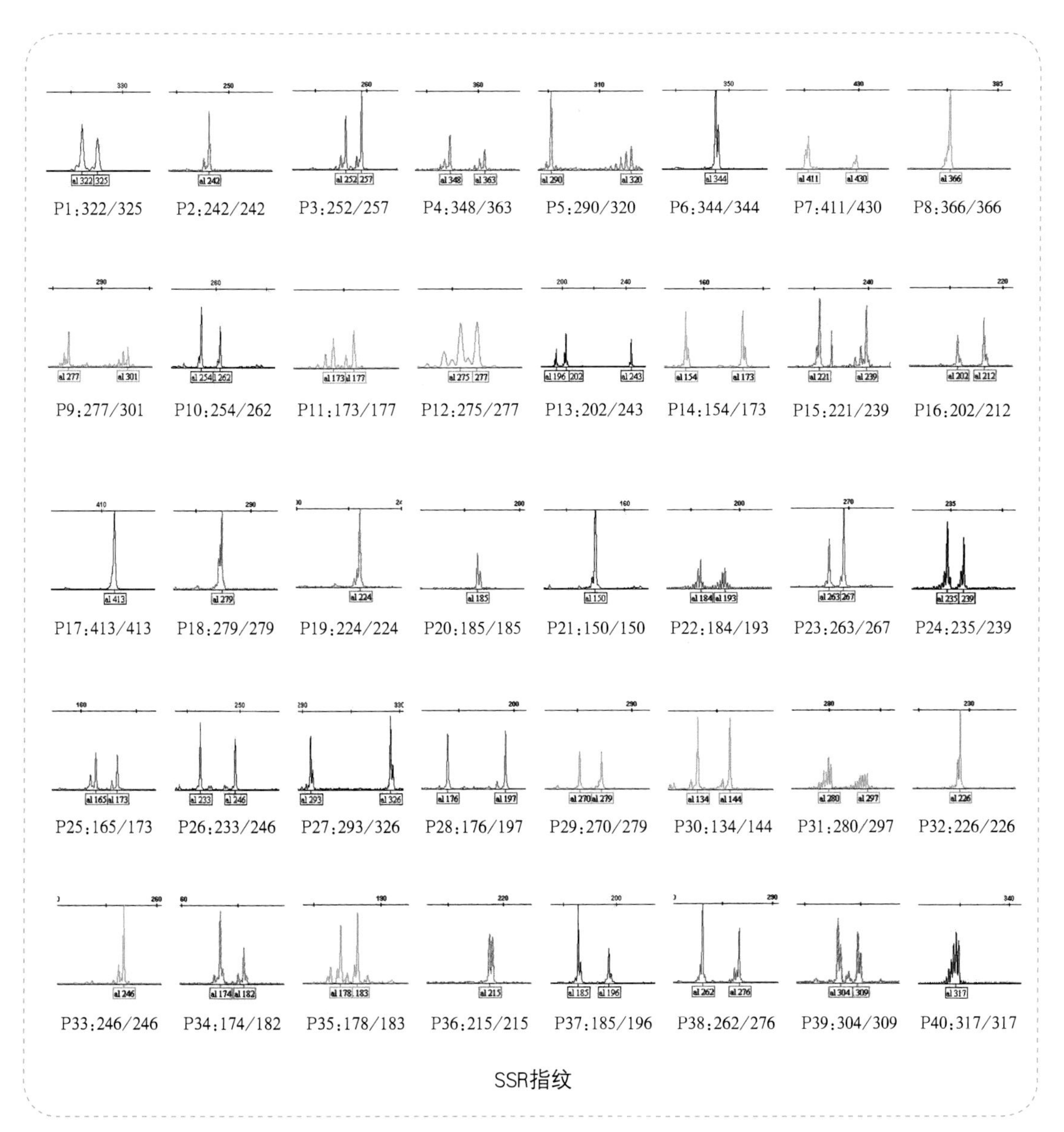

P1:322/325
P2:242/242
P3:252/257
P4:348/363
P5:290/320
P6:344/344
P7:411/430
P8:366/366
P9:277/301
P10:254/262
P11:173/177
P12:275/277
P13:202/243
P14:154/173
P15:221/239
P16:202/212
P17:413/413
P18:279/279
P19:224/224
P20:185/185
P21:150/150
P22:184/193
P23:263/267
P24:235/239
P25:165/173
P26:233/246
P27:293/326
P28:176/197
P29:270/279
P30:134/144
P31:280/297
P32:226/226
P33:246/246
P34:174/182
P35:178/183
P36:215/215
P37:185/196
P38:262/276
P39:304/309
P40:317/317

SSR指纹

112. 京单36

基本信息	
品种名称	京单36
亲本组合	父本：JC73　母本：YML22
审定编号	京审玉2009002
品种类型	普通玉米
育种单位	北京市农林科学院玉米研究中心
种子标样提交单位	北京市农林科学院玉米研究中心
特征特性	
生育期	北京地区春播生育期平均120.9天
株型	紧凑
株高	263cm
穗位高	114cm
空杆率	3.2%
雄穗	分枝4～8个，花药淡紫色
花丝颜色	浅粉色
果穗	穗长17.3cm，穗粗5.4cm，穗行数16行，穗粒重188.9g，出籽率87.5%
籽粒	黄色，半马齿型，粒深1.2cm
千粒重	359.6g
籽粒容重	736g/L
粗淀粉含量	73.13%
粗蛋白含量	8.63%
粗脂肪含量	4.06%
赖氨酸含量	0.29%
抗病性	接种鉴定抗大斑病、中抗小斑病和茎腐病，感弯孢菌叶斑病、矮花叶病和丝黑穗病

幼　苗

株　形

雄　蕊

花　丝

果　型

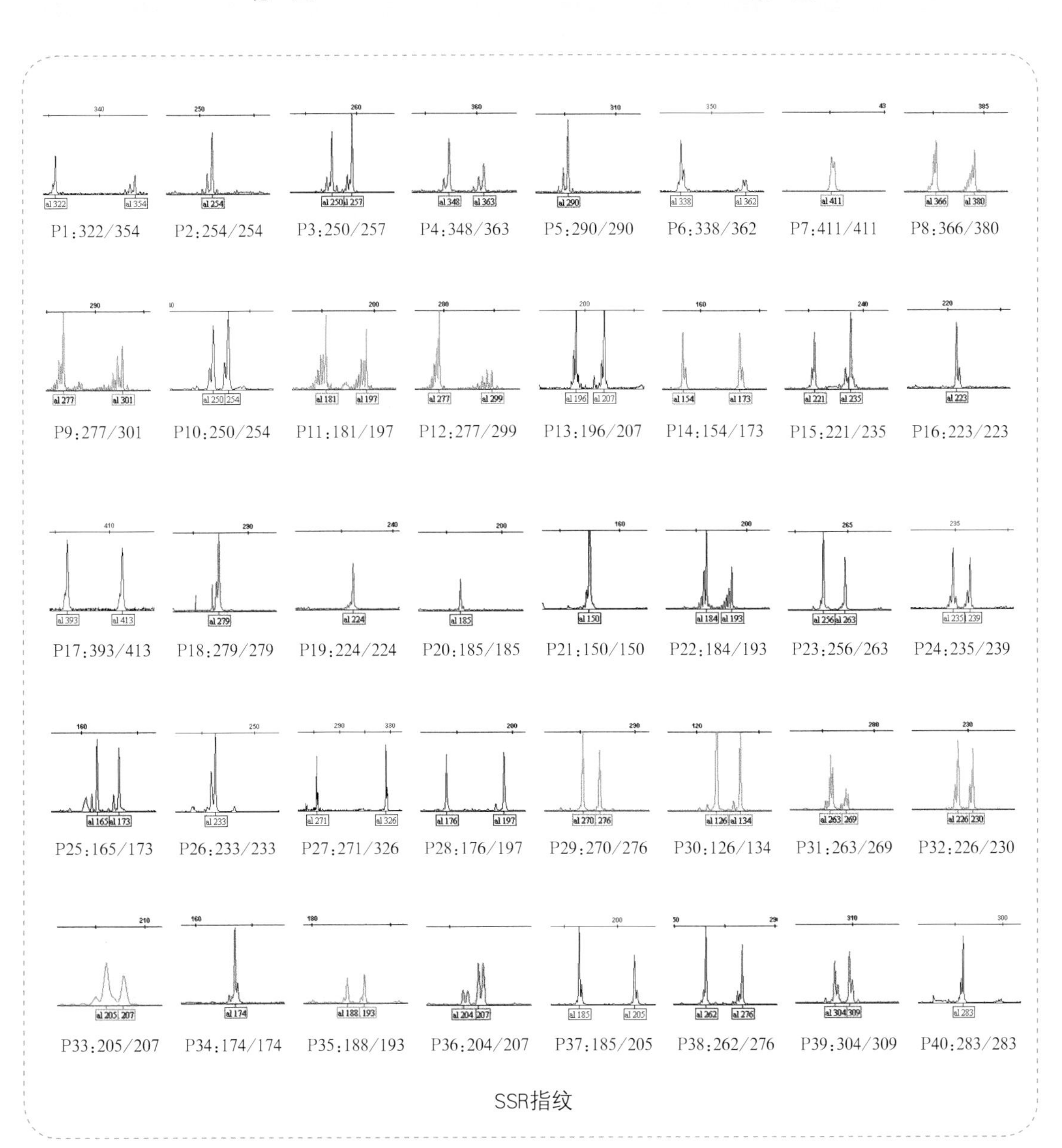
P1:322/354
P2:254/254
P3:250/257
P4:348/363
P5:290/290
P6:338/362
P7:411/411
P8:366/380
P9:277/301
P10:250/254
P11:181/197
P12:277/299
P13:196/207
P14:154/173
P15:221/235
P16:223/223
P17:393/413
P18:279/279
P19:224/224
P20:185/185
P21:150/150
P22:184/193
P23:256/263
P24:235/239
P25:165/173
P26:233/233
P27:271/326
P28:176/197
P29:270/276
P30:126/134
P31:263/269
P32:226/230
P33:205/207
P34:174/174
P35:188/193
P36:204/207
P37:185/205
P38:262/276
P39:304/309
P40:283/283

SSR指纹

113.MC703

基本信息	
品种名称	MC703
亲本组合	父本：京17　母本：京X005
审定编号	京审玉2015001
品种类型	普通玉米
育种单位	北京顺鑫农科种业科技有限公司 北京市农林科学院玉米研究中心
种子标样提交单位	北京顺鑫农科种业科技有限公司 北京市农林科学院玉米研究中心
特征特性	
生育期	春播出苗至成熟111天，比对照郑单958早1天
株型	紧凑
株高	313cm
穗位高	112cm
空秆率	3.0%
果穗	果穗长筒型，穗轴红色，穗长19.4cm，穗粗5.0cm，秃尖长0.9cm，穗行数16.7行，行粒数38.6粒，穗粒重199.4g，出籽率87.5%
籽粒	黄色，半马齿型，粒深1.2cm
千粒重	366.3g
籽粒容重	778g/L
粗淀粉含量	74.53%
粗蛋白含量	10.39%
粗脂肪含量	3.02%
赖氨酸含量	0.34%
抗病性	接种鉴定抗大斑病，感小斑病和丝黑穗病

幼　苗

株　形

雄　蕊

花　丝

果　型

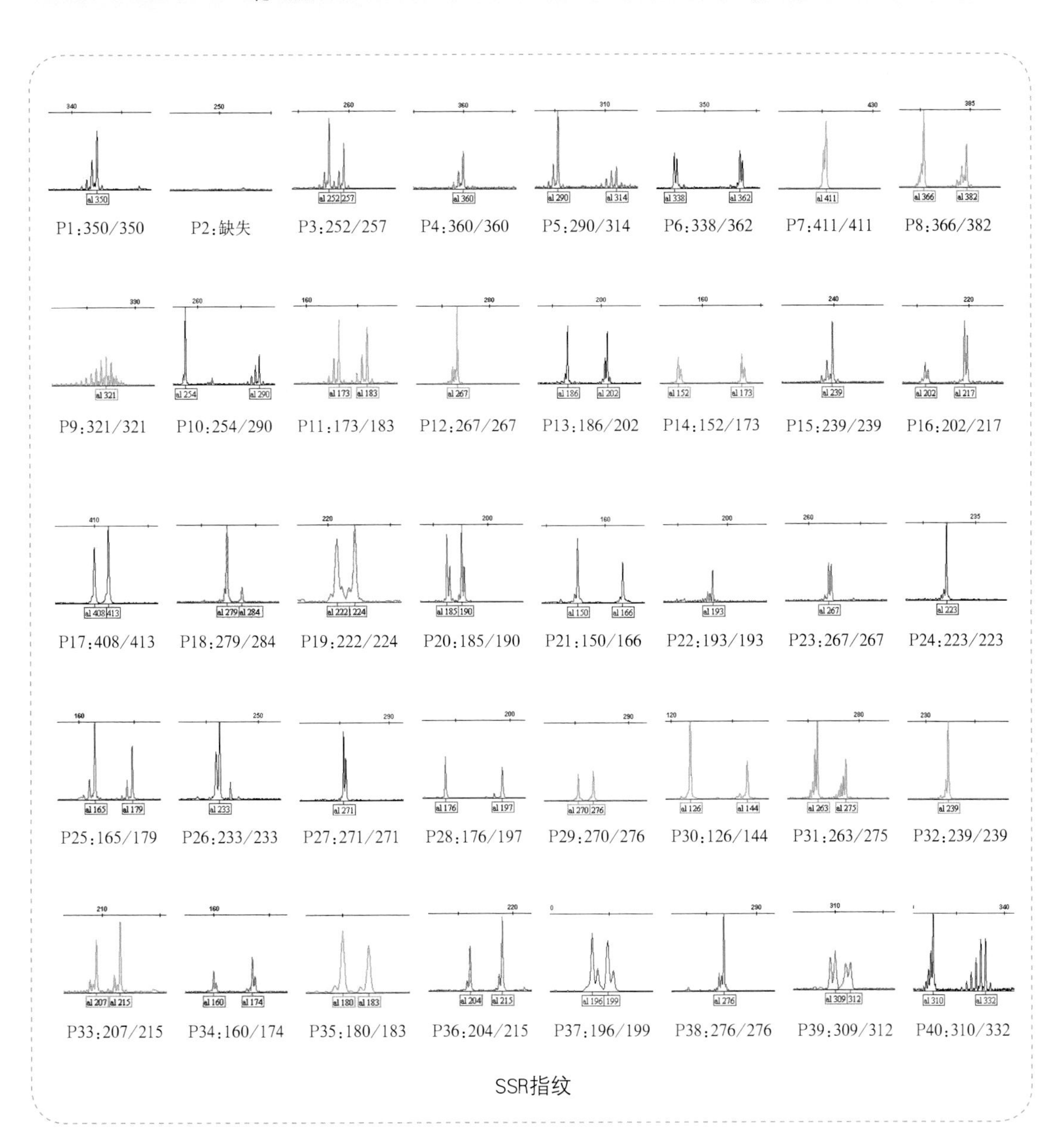
P1:350/350
P2:缺失
P3:252/257
P4:360/360
P5:290/314
P6:338/362
P7:411/411
P8:366/382
P9:321/321
P10:254/290
P11:173/183
P12:267/267
P13:186/202
P14:152/173
P15:239/239
P16:202/217
P17:408/413
P18:279/284
P19:222/224
P20:185/190
P21:150/166
P22:193/193
P23:267/267
P24:223/223
P25:165/179
P26:233/233
P27:271/271
P28:176/197
P29:270/276
P30:126/144
P31:263/275
P32:239/239
P33:207/215
P34:160/174
P35:180/183
P36:204/215
P37:196/199
P38:276/276
P39:309/312
P40:310/332

SSR指纹

114.MC812

基本信息	
品种名称	MC812
亲本组合	父本：京2416　母本：京B547
审定编号	京审玉2015003
品种类型	普通玉米
育种单位	北京顺鑫农科种业科技有限公司 北京市农林科学院玉米研究中心
种子标样提交单位	北京顺鑫农科种业科技有限公司 北京市农林科学院玉米研究中心
特征特性	
生育期	夏播出苗至成熟103天，与对照京单28相同
株型	紧凑
株高	268cm
穗位高	109cm
空秆率	1.7%
果穗	果穗筒型，穗轴红色，穗长17.2cm，穗粗5.2cm，秃尖长0.9cm，穗行数14.7行，行粒数34.7粒，穗粒重168g，出籽率81.9%
籽粒	黄色，半马齿型，粒深1.2cm
千粒重	394.0g
籽粒容重	754g/L
粗淀粉含量	74.35%
粗蛋白含量	8.61%
粗脂肪含量	4.29%
赖氨酸含量	0.31%
抗病性	接种鉴定中抗大斑病和小斑病

幼　苗

株　形

雄　蕊

花　丝

果　型

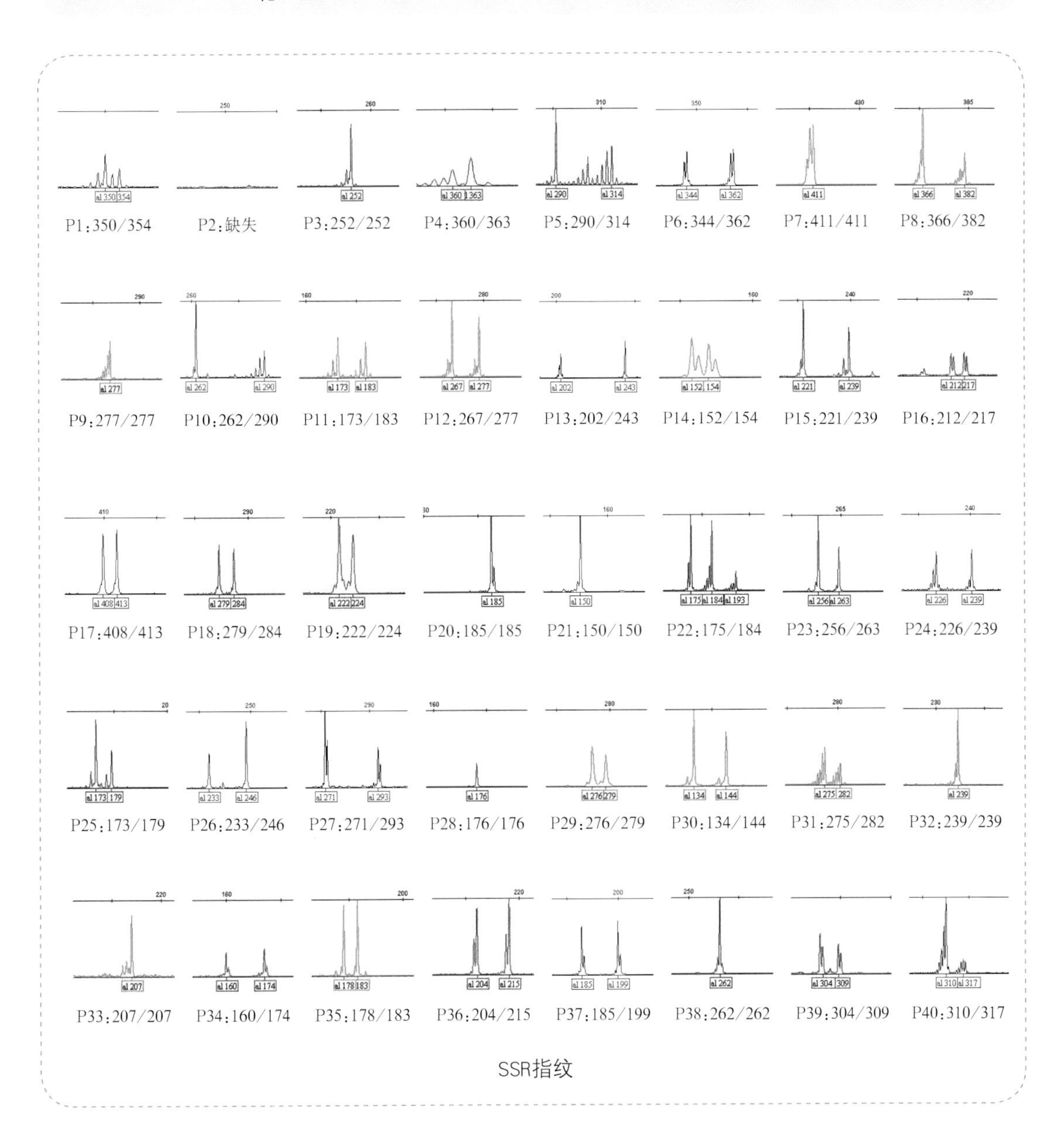
P1:350/354
P2:缺失
P3:252/252
P4:360/363
P5:290/314
P6:344/362
P7:411/411
P8:366/382
P9:277/277
P10:262/290
P11:173/183
P12:267/277
P13:202/243
P14:152/154
P15:221/239
P16:212/217
P17:408/413
P18:279/284
P19:222/224
P20:185/185
P21:150/150
P22:175/184
P23:256/263
P24:226/239
P25:173/179
P26:233/246
P27:271/293
P28:176/176
P29:276/279
P30:134/144
P31:275/282
P32:239/239
P33:207/207
P34:160/174
P35:178/183
P36:204/215
P37:185/199
P38:262/262
P39:304/309
P40:310/317

SSR指纹

115.MC4592

基本信息	
品种名称	MC4592
亲本组合	父本：京92　母本：京4055
审定编号	京审玉2014001
品种类型	普通玉米
育种单位	北京市农林科学院玉米研究中心
种子标样提交单位	北京市农林科学院玉米研究中心

特征特性	
生育期	春播出苗至成熟111天，比对照郑单958早2天
株型	半紧凑
株高	287cm
穗位高	123cm
空秆率	3.6%
果穗	果穗筒型，穗轴红色，穗长17.9cm，穗粗5.1cm，秃尖长0.3cm，穗行数12～16行，行粒数38.9粒，穗粒重186.2g，出籽率85.9%
籽粒	黄色，半马齿型，粒深1.1cm
千粒重	380.2g
籽粒容重	770g/L
粗淀粉含量	72.52%
粗蛋白含量	10.10%
粗脂肪含量	4.02%
赖氨酸含量	0.31%
抗病性	接种鉴定中抗大斑病、小斑病、丝黑穗病和腐霉茎腐病，感弯孢叶斑病，高感矮花叶病

幼　苗

株　形

雄　蕊

花　丝

果　型

P1:350/354　P2:254/254　P3:250/252　P4:360/360　P5:314/335　P6:338/344　P7:411/430　P8:380/404

P9:291/321　P10:250/290　P11:165/183　P12:267/277　P13:186/196　P14:152/154　P15:221/239　P16:217/223

P17:413/413　P18:279/284　P19:222/224　P20:185/185　P21:150/150　P22:175/184　P23:256/263　P24:226/239

P25:160/173　P26:233/233　P27:293/293　P28:197/197　P29:276/276　P30:126/134　P31:263/282　P32:230/230

P33:207/207　P34:160/174　P35:180/183　P36:204/204　P37:185/199　P38:276/276　P39:304/309　P40:310/310

SSR指纹

116. 京科193

基本信息	
品种名称	京科193
亲本组合	父本：京24Ht　母本：DH07019
审定编号	京审玉2013003
品种权号	CNA007697G
品种类型	普通玉米
育种单位	北京市农林科学院玉米研究中心
种子标样提交单位	北京市农林科学院玉米研究中心
2016年推广区域	8万亩
特征特性	
生育期	北京地区夏播生育期平均104天
株型	半紧凑
株高	273.6cm
穗位高	109.1cm
叶片	21片
雄穗	一级分支8～10个
花丝颜色	浅红
果穗	果穗筒型，穗轴红色，穗长17.9cm，穗粗5.2cm，秃尖长0.4cm，穗行数12～16行，行粒数36.9粒，穗粒重175.4g，出籽率82.6%
籽粒	黄色，半硬粒型，粒深1.2cm
千粒重	402.3g
籽粒容重	740g/L
粗淀粉含量	74.85%
粗蛋白含量	8.99%
粗脂肪含量	3.76%
赖氨酸含量	0.30%
抗病性	接种鉴定高抗大斑病，中抗小斑病，感茎腐病，高感弯孢叶斑病和矮花叶病

幼　苗

株　形

雄　蕊

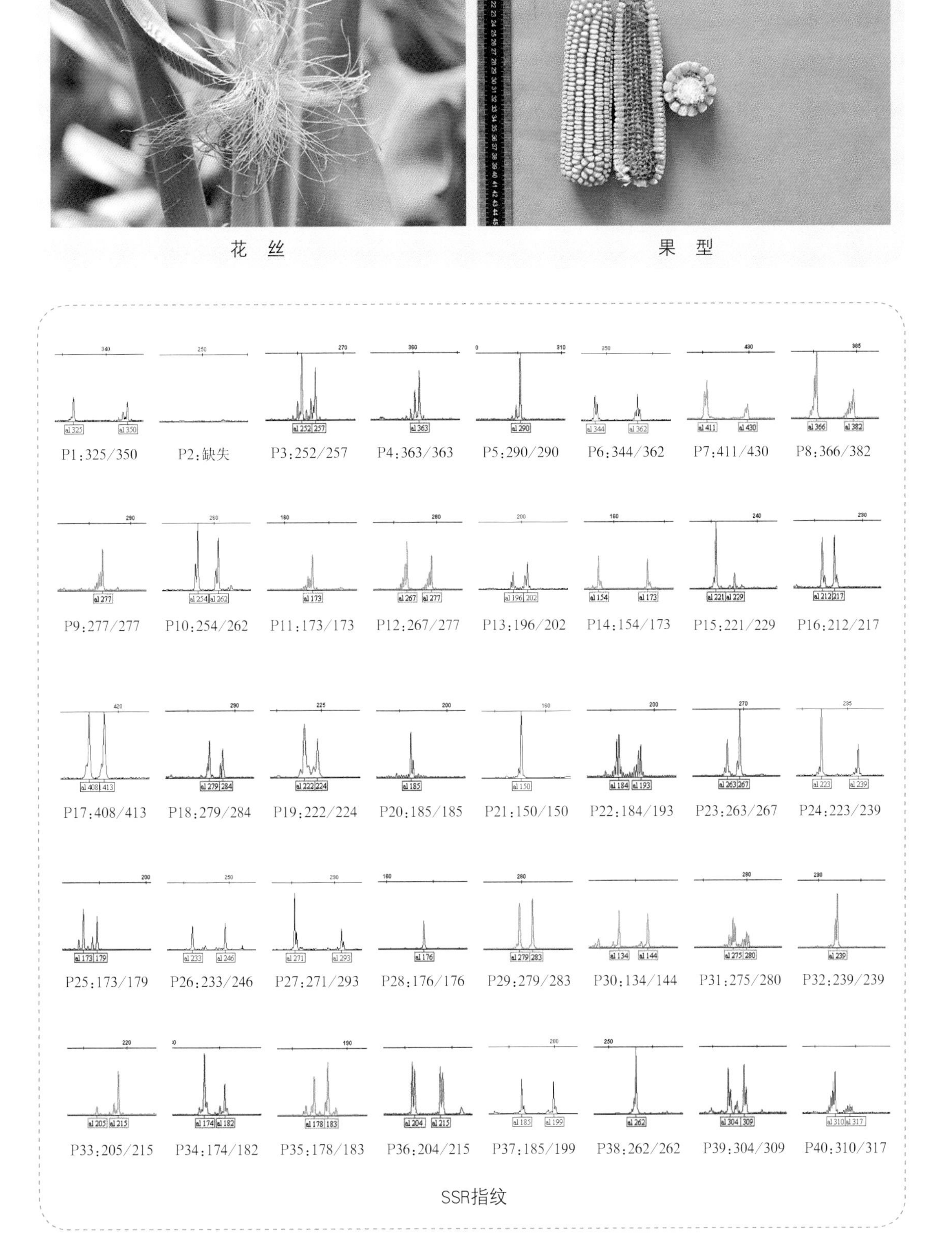
P1:325/350
P2:缺失
P3:252/257
P4:363/363
P5:290/290
P6:344/362
P7:411/430
P8:366/382
P9:277/277
P10:254/262
P11:173/173
P12:267/277
P13:196/202
P14:154/173
P15:221/229
P16:212/217
P17:408/413
P18:279/284
P19:222/224
P20:185/185
P21:150/150
P22:184/193
P23:263/267
P24:223/239
P25:173/179
P26:233/246
P27:271/293
P28:176/176
P29:279/283
P30:134/144
P31:275/280
P32:239/239
P33:205/215
P34:174/182
P35:178/183
P36:204/215
P37:185/199
P38:262/262
P39:304/309
P40:310/317

花 丝　　果 型

SSR指纹

117.京科甜179

基本信息	
品种名称	京科甜179
亲本组合	父本：T8867　母本：T68
审定编号	京审玉2014007
品种类型	甜玉米
育种单位	北京农林科学院玉米研究中心
种子标样提交单位	北京农林科学院玉米研究中心
2016年推广区域	北京
特征特性	
生育期	春播播种至鲜穗采收87天
株型	平展
株高	198.7cm
穗位高	71.2 cm
空杆率	2.1 %（单株有效穗数0.95 个）
叶片	17片
花丝颜色	黄绿色
果穗	穗型筒型，穗长19.3 cm，穗粗5.1 cm，穗行数16～18行，行粒数40.8，秃尖长0.1 cm，粒行整齐，出籽率67.5 %
籽粒	粒色黄白，粒深1.2cm
千粒重	404.1g
粗淀粉含量	12.63%
粗蛋白含量	11.96%
粗脂肪含量	4.92%
赖氨酸含量	0.39%
抗病性	合格
其他	还原糖10.7%，总糖47.1%，蔗糖34.6%

幼　苗

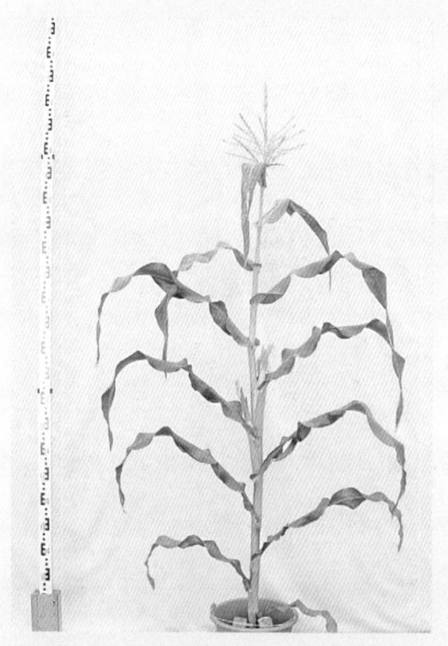

株　形

雄　蕊

花 丝

果 型

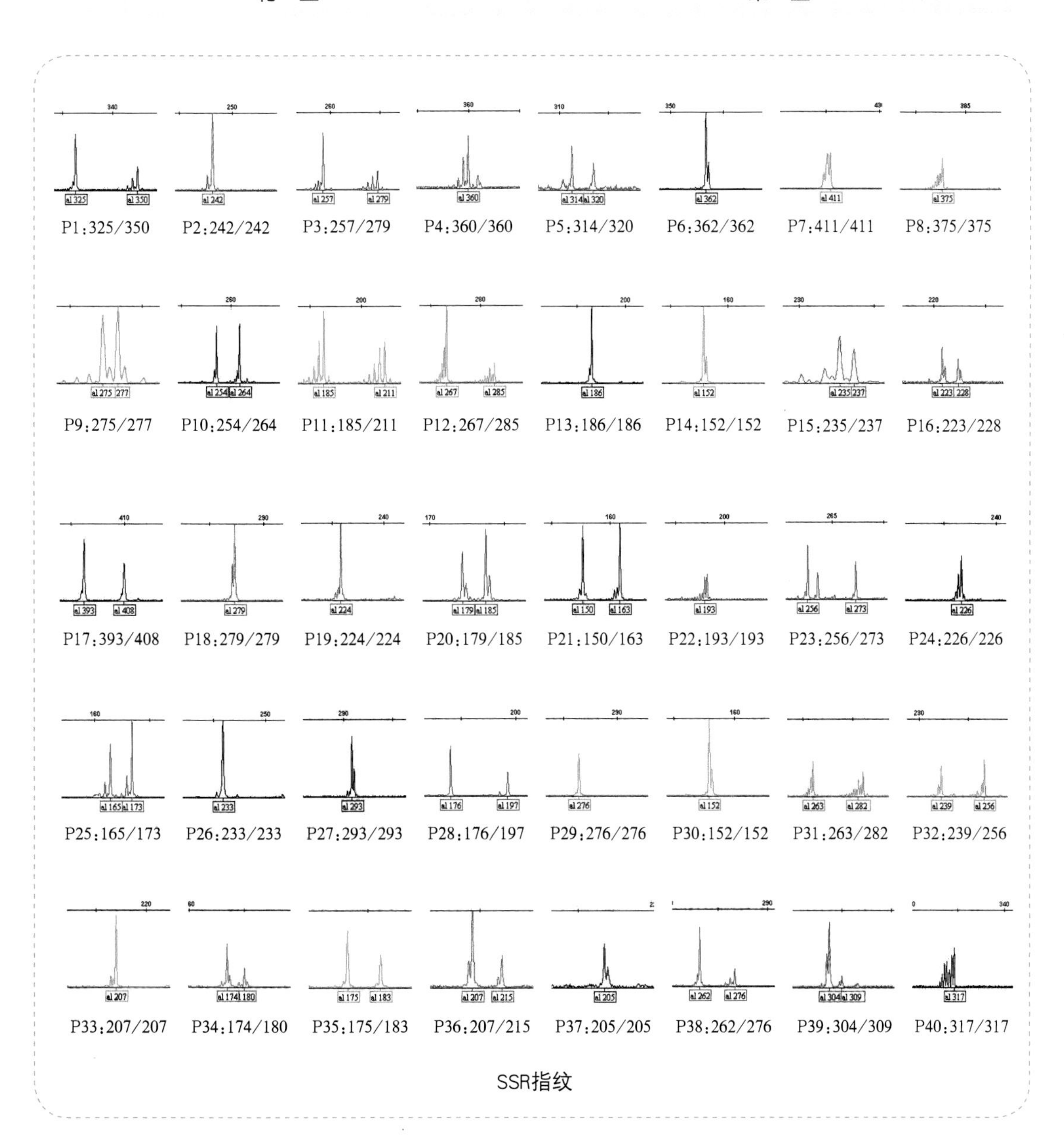
P1:325/350
P2:242/242
P3:257/279
P4:360/360
P5:314/320
P6:362/362
P7:411/411
P8:375/375
P9:275/277
P10:254/264
P11:185/211
P12:267/285
P13:186/186
P14:152/152
P15:235/237
P16:223/228
P17:393/408
P18:279/279
P19:224/224
P20:179/185
P21:150/163
P22:193/193
P23:256/273
P24:226/226
P25:165/173
P26:233/233
P27:293/293
P28:176/197
P29:276/276
P30:152/152
P31:263/282
P32:239/256
P33:207/207
P34:174/180
P35:175/183
P36:207/215
P37:205/205
P38:262/276
P39:304/309
P40:317/317
SSR指纹

118.京科甜533

基本信息	
品种名称	京科甜533
亲本组合	父本：T520　母本：T68
审定编号	京审玉2013010
品种权号	CNA20130529.3
品种类型	甜玉米
育种单位	北京市农林科学院玉米研究中心
种子标样提交单位	北京市农林科学院玉米研究中心
2016年推广区域	北京
特征特性	
生育期	北京地区种植播种至鲜穗采收期平均86天
株型	平展
株高	184.5cm
穗位高	56.1cm
空杆率	3.8%（单株有效穗数0.9个）
叶片	17片叶
花丝颜色	淡黄色
果穗	穗长18.6cm，穗粗4.8cm，穗行数16-18行，行粒数35粒，秃尖长0.1cm，出籽率67.9%
籽粒	粒色纯黄，粒深1.2cm
千粒重	390.1g
粗淀粉含量	19.79%
粗蛋白含量	12.63%
粗脂肪含量	6.99%
赖氨酸含量	0.33%
其他	还原糖22.83%，总糖23.81%，蔗糖0.93%

幼　苗

株　形

雄　蕊

花 丝

果 型

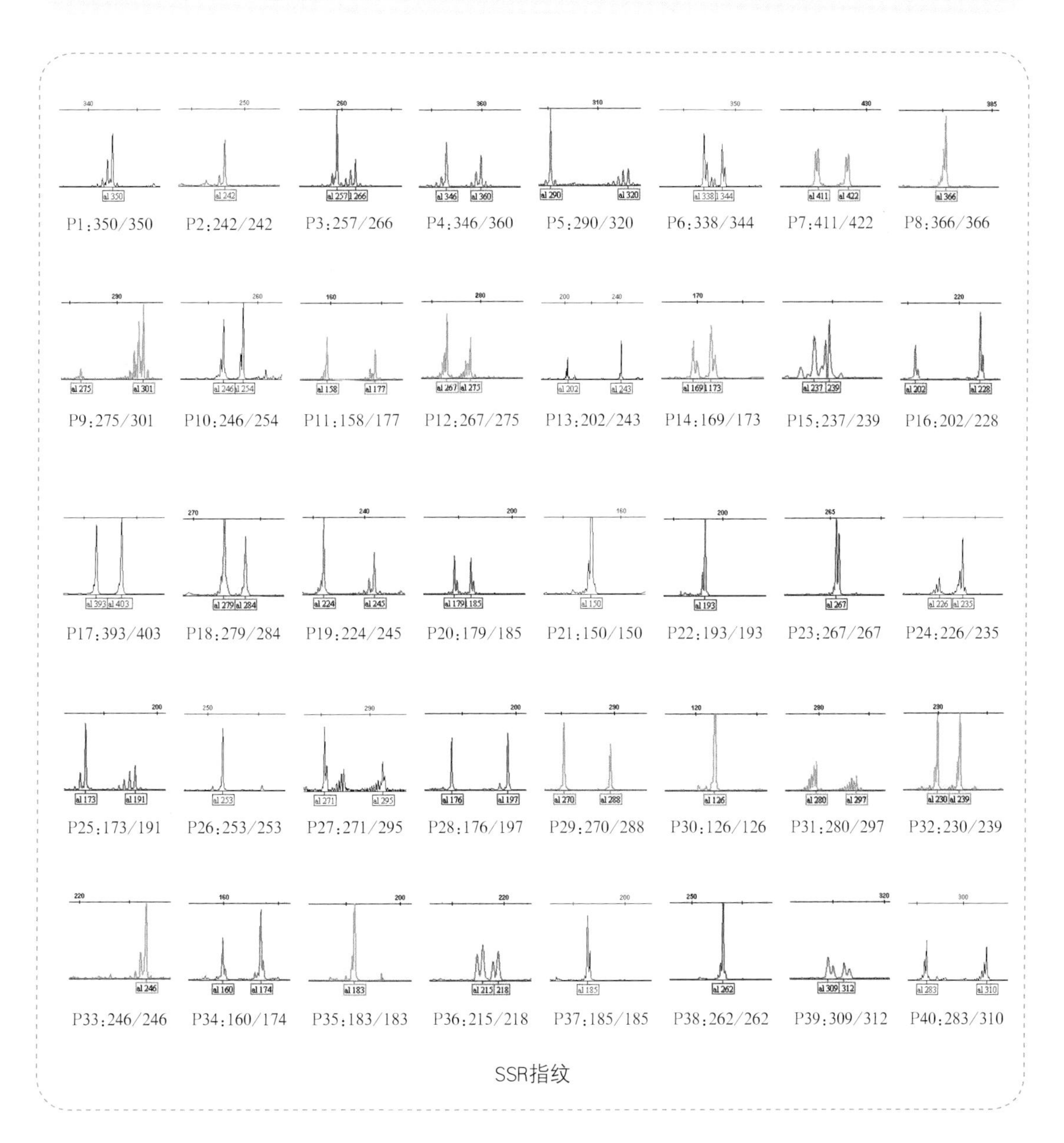
P1:350/350
P2:242/242
P3:257/266
P4:346/360
P5:290/320
P6:338/344
P7:411/422
P8:366/366
P9:275/301
P10:246/254
P11:158/177
P12:267/275
P13:202/243
P14:169/173
P15:237/239
P16:202/228
P17:393/403
P18:279/284
P19:224/245
P20:179/185
P21:150/150
P22:193/193
P23:267/267
P24:226/235
P25:173/191
P26:253/253
P27:271/295
P28:176/197
P29:270/288
P30:126/126
P31:280/297
P32:230/239
P33:246/246
P34:160/174
P35:183/183
P36:215/218
P37:185/185
P38:262/262
P39:309/312
P40:283/310
SSR指纹

123. 中单105

基本信息	
品种名称	中单105
亲本组合	父本：CA667　母本：四144
审定编号	京审玉2015005
品种类型	普通玉米
育种单位	中国农业科学院作物科学研究所
种子标样提交单位	中国农业科学院作物科学研究所
特征特性	
生育期	夏播出苗至成熟100天
株型	半紧凑
株高	253cm
穗位高	97cm
空秆率	4.0%
花丝颜色	绿
果穗	果穗筒形，穗轴白色，穗长16.9cm，穗粗4.9cm，秃尖长0.2cm，穗行数16.1行，行粒数34.6粒，穗粒重139.8g，出籽率81.6%
籽粒	黄色，硬粒型，粒深1.1cm
千粒重	322.8g
籽粒容重	741g/L
粗淀粉含量	75.73%
粗蛋白含量	8.22%
粗脂肪含量	3.82%
赖氨酸含量	0.28%
抗病性	接种鉴定抗大斑病，中抗小斑病

幼　苗

株　形

雄　蕊

花　丝

果　型

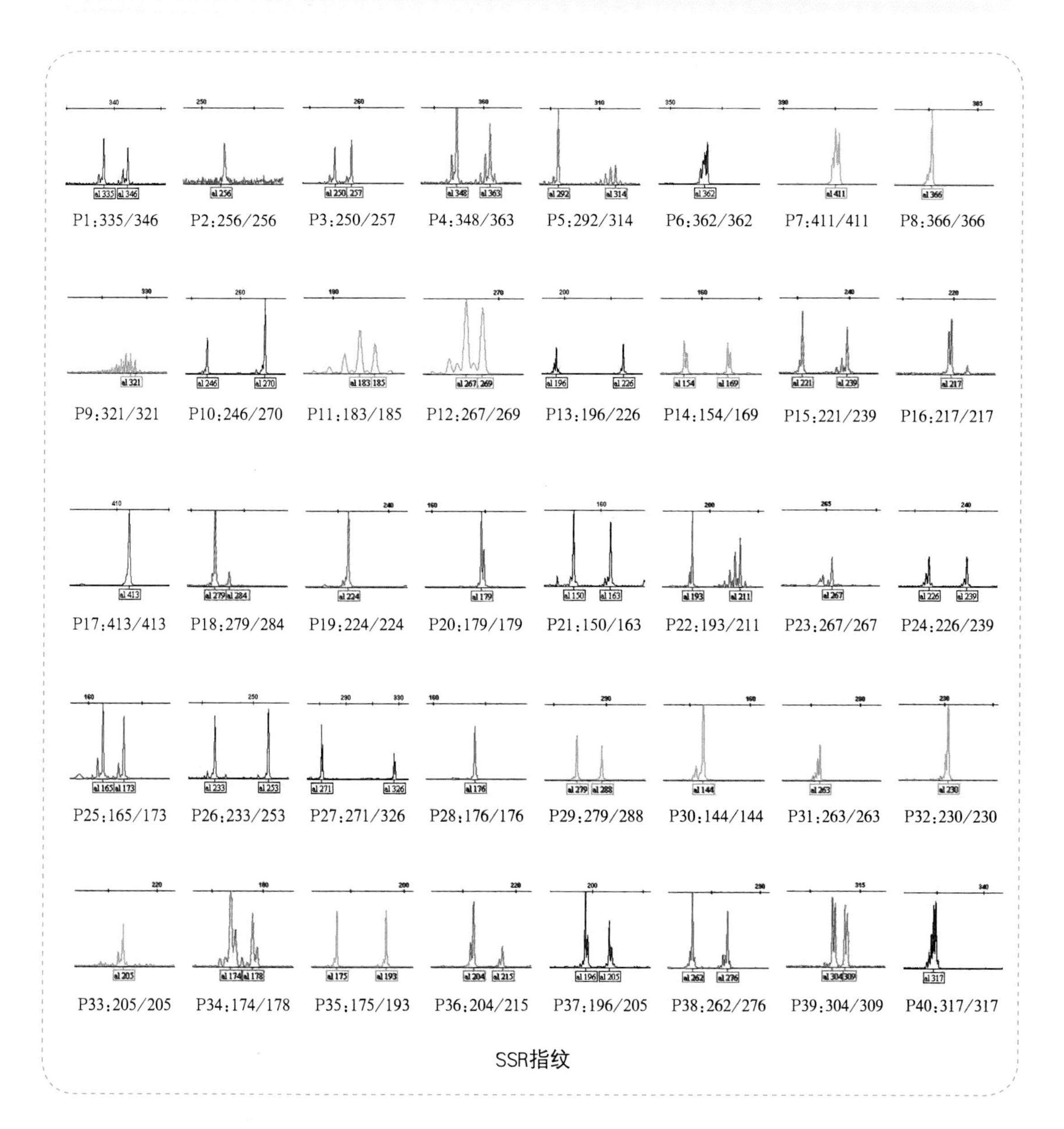
P1:335/346
P2:256/256
P3:250/257
P4:348/363
P5:292/314
P6:362/362
P7:411/411
P8:366/366
P9:321/321
P10:246/270
P11:183/185
P12:267/269
P13:196/226
P14:154/169
P15:221/239
P16:217/217
P17:413/413
P18:279/284
P19:224/224
P20:179/179
P21:150/163
P22:193/211
P23:267/267
P24:226/239
P25:165/173
P26:233/253
P27:271/326
P28:176/176
P29:279/288
P30:144/144
P31:263/263
P32:230/230
P33:205/205
P34:174/178
P35:175/193
P36:204/215
P37:196/205
P38:262/276
P39:304/309
P40:317/317
SSR指纹

124.中单121

基本信息	
品种名称	中单121
亲本组合	父本：CA509　母本：郑58
审定编号	京审玉2015002
品种类型	普通玉米
育种单位	中国农业科学院作物科学研究所
种子标样提交单位	中国农业科学院作物科学研究所
特征特性	
生育期	春播出苗至成熟114天，比对照郑单958晚2天
株型	半紧凑
株高	268cm
穗位高	121cm
空秆率	3.9%
花丝颜色	绿
果穗	果穗筒形，穗轴白色，穗长17.9cm，穗粗5.2cm，秃尖长0.3cm，穗行数17.8行，行粒数39.9粒，穗粒重180.6g，出籽率86.4%
籽粒	黄色，半马齿型，粒深1.2cm
千粒重	333.9g
籽粒容重	768g/L
粗淀粉含量	72.62%
粗蛋白含量	8.95%
粗脂肪含量	4.30%
赖氨酸含量	0.29%
抗病性	接种鉴定抗大斑病，中抗小斑病，感丝黑穗病

幼　苗

株　形

雄　蕊

花　丝

果　型

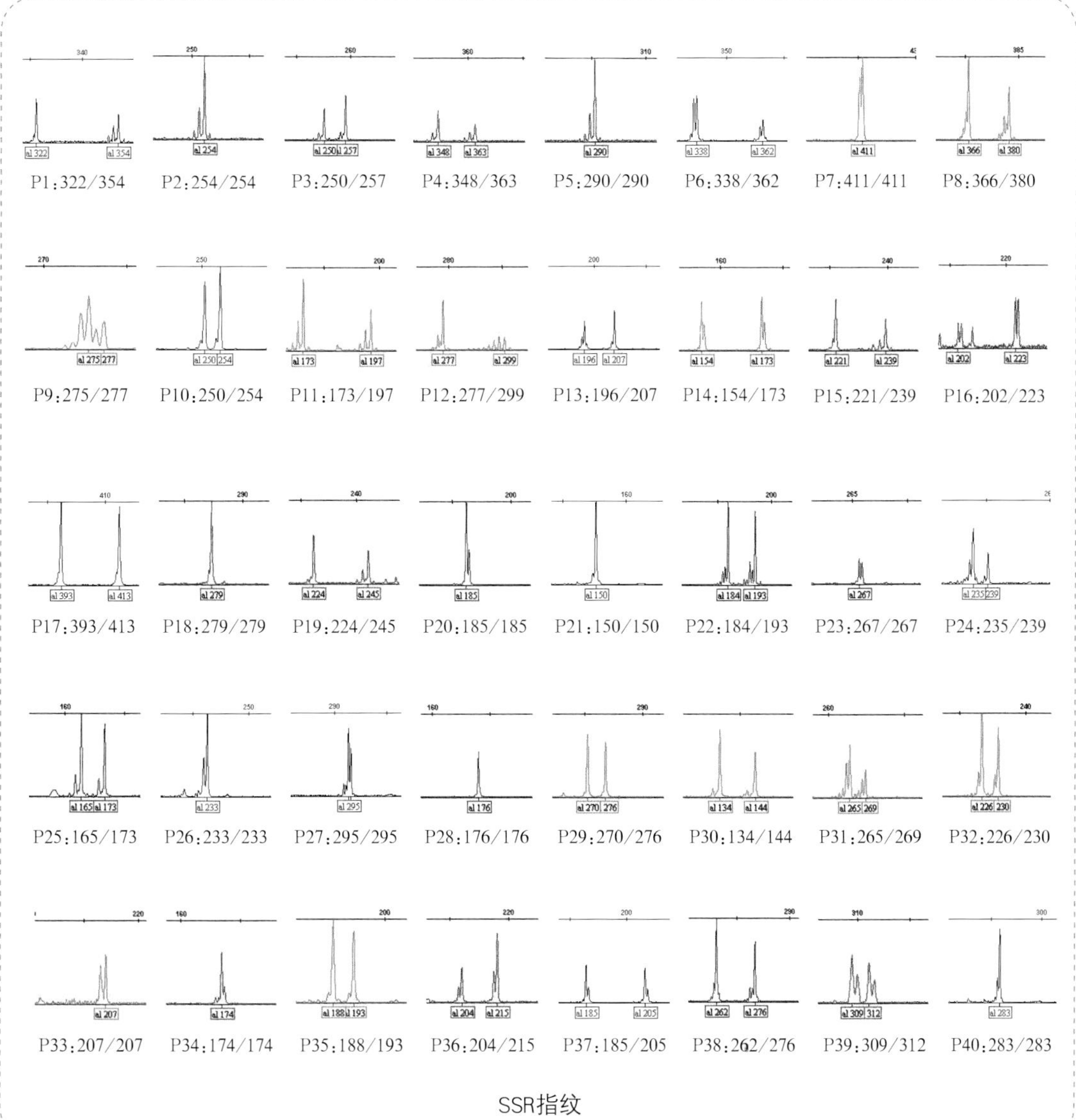
P1:322/354
P2:254/254
P3:250/257
P4:348/363
P5:290/290
P6:338/362
P7:411/411
P8:366/380
P9:275/277
P10:250/254
P11:173/197
P12:277/299
P13:196/207
P14:154/173
P15:221/239
P16:202/223
P17:393/413
P18:279/279
P19:224/245
P20:185/185
P21:150/150
P22:184/193
P23:267/267
P24:235/239
P25:165/173
P26:233/233
P27:295/295
P28:176/176
P29:270/276
P30:134/144
P31:265/269
P32:226/230
P33:207/207
P34:174/174
P35:188/193
P36:204/215
P37:185/205
P38:262/276
P39:309/312
P40:283/283

SSR指纹

125. 中甜300

基本信息	
品种名称	中甜300
亲本组合	父本：华5-2　母本：华99-1
审定编号	京审玉2014009
品种类型	甜玉米
育种单位	北京中品开元种子有限公司
种子标样提交单位	中国农业科学院作物科学研究所
特征特性	
生育期	春播播种至鲜穗采收88天
株高	227.0cm
穗位高	72.6cm
空杆率	2.0%，单株有效穗数0.99个
果穗	穗型筒型，穗长20.8cm，穗粗4.9cm，穗行数14～16行，行粒数43.9，秃尖长0.6cm，粒行整齐，出籽率67.4%
籽粒	粒色黄，粒深1.3cm
千粒重	373.2g
粗淀粉含量	18.46%
粗蛋白含量	13.47%
粗脂肪含量	6.03%
赖氨酸含量	0.41%
其他	还原糖10.8%，总糖36.3%，蔗糖24.4%

幼　苗

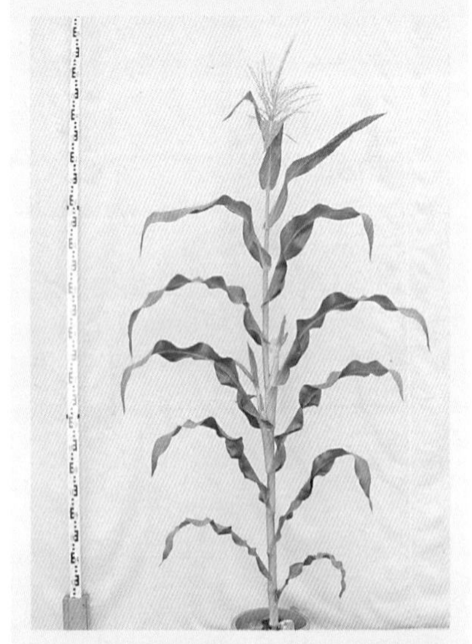
株　形

雄　蕊

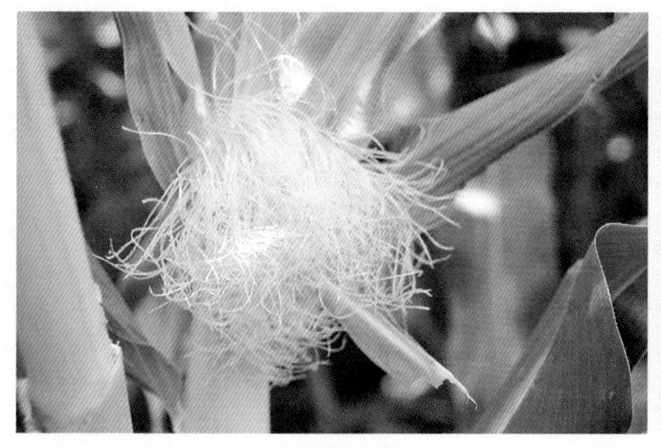
花 丝

果 型

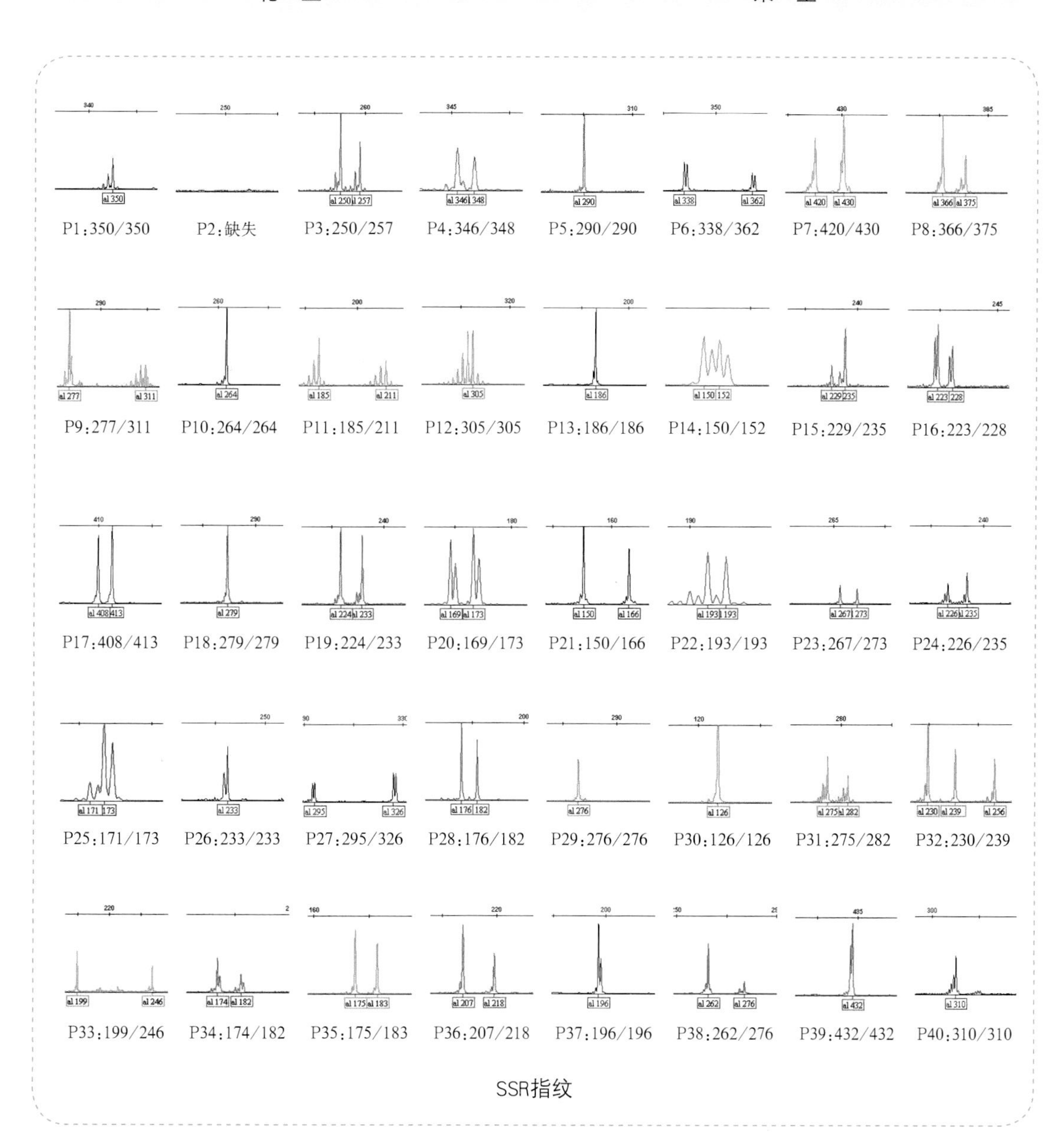
P1:350/350
P2:缺失
P3:250/257
P4:346/348
P5:290/290
P6:338/362
P7:420/430
P8:366/375
P9:277/311
P10:264/264
P11:185/211
P12:305/305
P13:186/186
P14:150/152
P15:229/235
P16:223/228
P17:408/413
P18:279/279
P19:224/233
P20:169/173
P21:150/166
P22:193/193
P23:267/273
P24:226/235
P25:171/173
P26:233/233
P27:295/326
P28:176/182
P29:276/276
P30:126/126
P31:275/282
P32:230/239
P33:199/246
P34:174/182
P35:175/183
P36:207/218
P37:196/196
P38:262/276
P39:432/432
P40:310/310
SSR指纹

126. 北白糯601

基本信息	
品种名称	北白糯601
亲本组合	父本：P1651　母本：P1476
审定编号	京审玉2013014
品种类型	糯玉米
育种单位	北京农学院
种子标样提交单位	北京农学院
特征特性	
生育期	北京地区种植播种至鲜穗采收期平均86天
株高	219.2cm
穗位高	87.6cm
空杆率	1.5%，单株有效穗数1.0个，
果穗	穗长18.3cm，穗粗4.7cm，穗行数12～14行，行粒数34粒，秃尖长1.8cm，出籽率61.4 %
籽粒	粒色白色，粒深0.9cm
千粒重	358.6g
粗淀粉含量	64.95%（支链淀粉/粗淀粉99.22%）
粗蛋白含量	10.0%
粗脂肪含量	5.15%
赖氨酸含量	0.30%

幼　苗

株　形

雄　蕊

花　丝

果　型

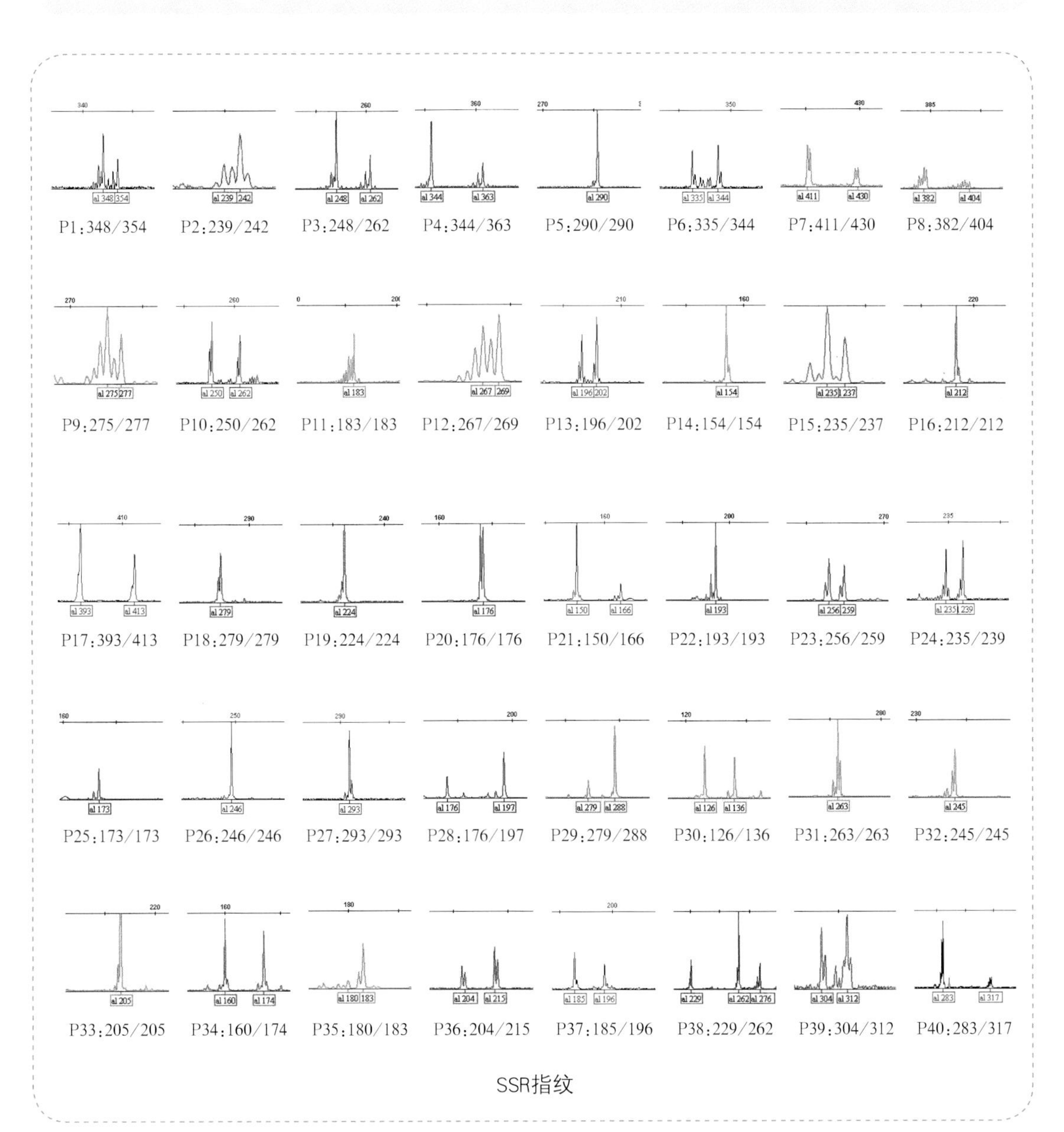
P1:348/354
P2:239/242
P3:248/262
P4:344/363
P5:290/290
P6:335/344
P7:411/430
P8:382/404
P9:275/277
P10:250/262
P11:183/183
P12:267/269
P13:196/202
P14:154/154
P15:235/237
P16:212/212
P17:393/413
P18:279/279
P19:224/224
P20:176/176
P21:150/166
P22:193/193
P23:256/259
P24:235/239
P25:173/173
P26:246/246
P27:293/293
P28:176/197
P29:279/288
P30:126/136
P31:263/263
P32:245/245
P33:205/205
P34:160/174
P35:180/183
P36:204/215
P37:185/196
P38:229/262
P39:304/312
P40:283/317

SSR指纹

127.北农青贮356

基本信息	
品种名称	北农青贮356
亲本组合	父本：2193　母本：60931
审定编号	京审玉2013006
品种类型	青贮玉米
育种单位	北京农学院
种子标样提交单位	北京农学院
特征特性	
生育期	北京地区夏播从播种至收获99天
株型	半紧凑
株高	295cm
穗位高	130cm
叶片	收获期单株叶片数15.1，单株枯叶片数2.9
粗蛋白含量	8.82%
抗病性	田间综合抗病性好，抗倒性好，保绿性较好。接种鉴定高抗大斑病和小斑病，抗茎腐病，感弯孢叶斑病和矮花叶病
其他	中性洗涤纤维含量51.03%，酸性洗涤纤维含量20.09%

幼　苗

株　形

雄　蕊

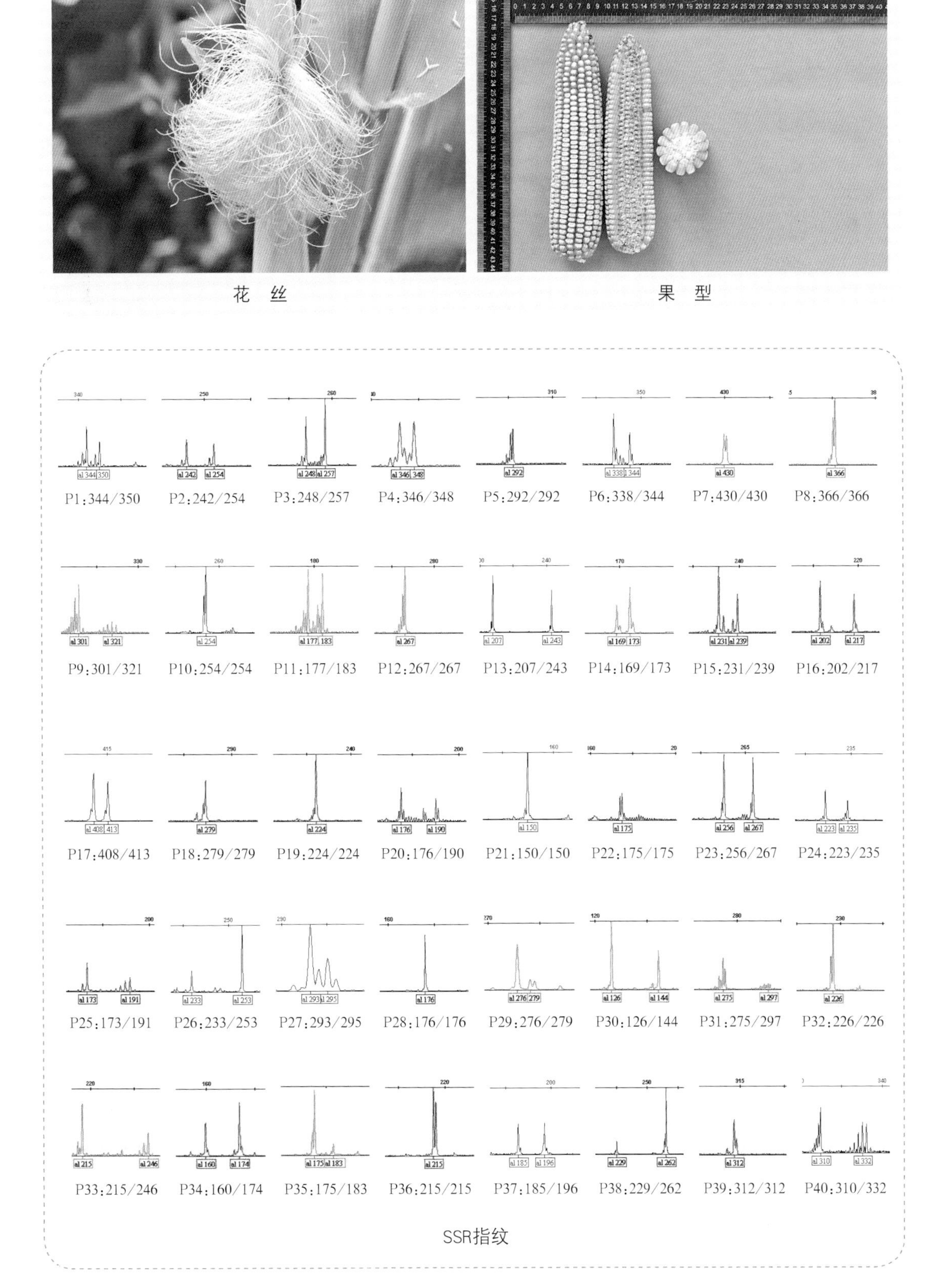
P1:344/350
P2:242/254
P3:248/257
P4:346/348
P5:292/292
P6:338/344
P7:430/430
P8:366/366
P9:301/321
P10:254/254
P11:177/183
P12:267/267
P13:207/243
P14:169/173
P15:231/239
P16:202/217
P17:408/413
P18:279/279
P19:224/224
P20:176/190
P21:150/150
P22:175/175
P23:256/267
P24:223/235
P25:173/191
P26:233/253
P27:293/295
P28:176/176
P29:276/279
P30:126/144
P31:275/297
P32:226/226
P33:215/246
P34:160/174
P35:175/183
P36:215/215
P37:185/196
P38:229/262
P39:312/312
P40:310/332

花 丝　　果 型

SSR指纹

128.北农青贮368

基本信息	
品种名称	北农青贮368
亲本组合	父本：2193　母本：60271
审定编号	京审玉2015006
品种类型	青贮玉米
育种单位	北京农学院
种子标样提交单位	北京农学院
特征特性	
生育期	在北京地区春播从播种至最佳收获期123天
株型	半紧凑
株高	302cm
穗位高	144cm
叶片	收获期单株叶片数15.6，单株枯叶片数3.6
粗蛋白含量	7.94%～8.08%
抗病性	田间综合抗病性好，保绿性较好。接种鉴定中抗大斑病，抗小斑病，高抗腐霉茎腐病和丝黑穗病
其他	中性洗涤纤维含量35.39～44.75%，酸性洗涤纤维含量14.42～15.10 %

幼　苗

株　形

雄　蕊

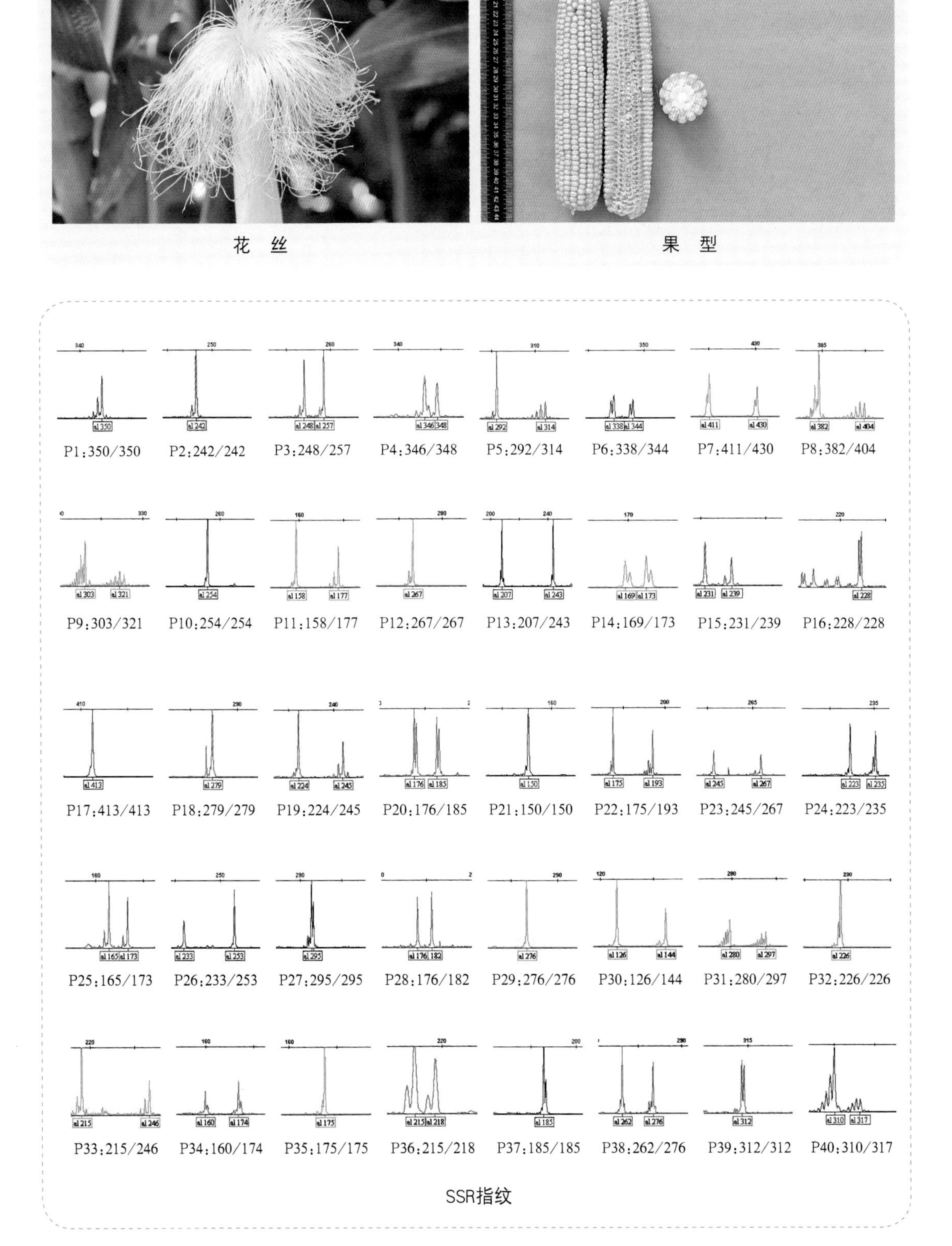
P1:350/350
P2:242/242
P3:248/257
P4:346/348
P5:292/314
P6:338/344
P7:411/430
P8:382/404
P9:303/321
P10:254/254
P11:158/177
P12:267/267
P13:207/243
P14:169/173
P15:231/239
P16:228/228
P17:413/413
P18:279/279
P19:224/245
P20:176/185
P21:150/150
P22:175/193
P23:245/267
P24:223/235
P25:165/173
P26:233/253
P27:295/295
P28:176/182
P29:276/276
P30:126/144
P31:280/297
P32:226/226
P33:215/246
P34:160/174
P35:175/175
P36:215/218
P37:185/185
P38:262/276
P39:312/312
P40:310/317

花　丝

果　型

SSR指纹

129. 农大108

基本信息	
品种名称	农大108
亲本组合	父本：黄C　母本：178
审定编号	国审玉2001002
品种权号	CNA20000110.8、CNA20000109.4
品种类型	普通玉米
育种单位	中国农业大学
种子标样提交单位	中国农业大学
特征特性	
生育期	西南地区生育期112～116天，黄淮海夏玉米区99天，需≥10℃活动积温2 800℃
株型	半紧凑
株高	260cm
穗位高	100cm
叶片	22～23片叶，叶宽直，色浓绿
花丝颜色	红色
果穗	筒形，穗长16～18cm，穗行数16行，单穗粒重127.2g
籽粒	黄色，半马齿型
百粒重	26～35g
粗淀粉含量	72.25%
粗蛋白含量	9.43%
粗脂肪含量	4.21%
赖氨酸含量	0.36%
抗病性	高抗玉米小斑病、丝黑穗病、弯孢菌叶斑病和穗腐病，抗玉米大斑病、灰斑病和玉米螟，感茎腐病和纹枯病
其他	粗纤维31.73%，灰分6.78%

幼　苗

株　形

雄　蕊

花　丝

果　型

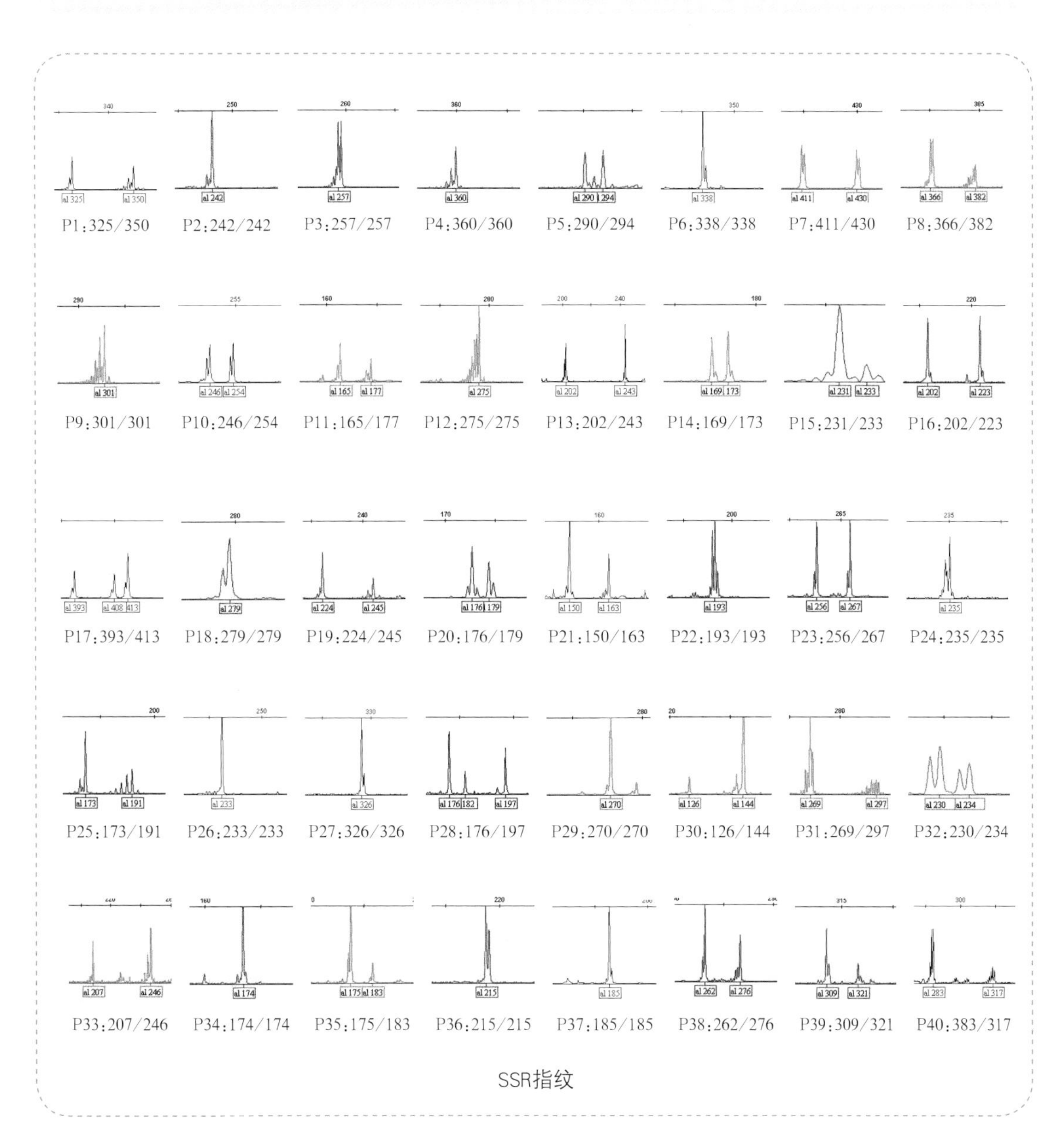
P1:325/350
P2:242/242
P3:257/257
P4:360/360
P5:290/294
P6:338/338
P7:411/430
P8:366/382
P9:301/301
P10:246/254
P11:165/177
P12:275/275
P13:202/243
P14:169/173
P15:231/233
P16:202/223
P17:393/413
P18:279/279
P19:224/245
P20:176/179
P21:150/163
P22:193/193
P23:256/267
P24:235/235
P25:173/191
P26:233/233
P27:326/326
P28:176/197
P29:270/270
P30:126/144
P31:269/297
P32:230/234
P33:207/246
P34:174/174
P35:175/183
P36:215/215
P37:185/185
P38:262/276
P39:309/321
P40:383/317
SSR指纹

130.中农大616

基本信息	
品种名称	中农大616
亲本组合	父本：C1116　母本：C228
审定编号	京审玉2014004
品种类型	普通玉米
育种单位	中国农业大学
种子标样提交单位	中国农业大学
特征特性	
生育期	夏播出苗至成熟104天，比对照京单28晚4天
株型	紧凑
株高	243cm
穗位高	89cm
空秆率	1.8%
果穗	果穗筒形，穗轴红色，穗长16.8cm，穗粗5.4cm，秃尖长0.3cm，穗行数12～14行，行粒数33.5粒，穗粒重169.7g，出籽率79.1%
籽粒	籽粒黄色，半硬粒型，粒深1.2cm
千粒重	406.2g
籽粒容重	743g/L
粗淀粉含量	74.49%
粗蛋白含量	8.73%
粗脂肪含量	3.73%
赖氨酸含量	0.28%
抗病性	接种鉴定抗大斑病、小斑病和腐霉茎腐病，感弯孢叶斑病，高感矮花叶病

幼　苗

株　形

雄　蕊

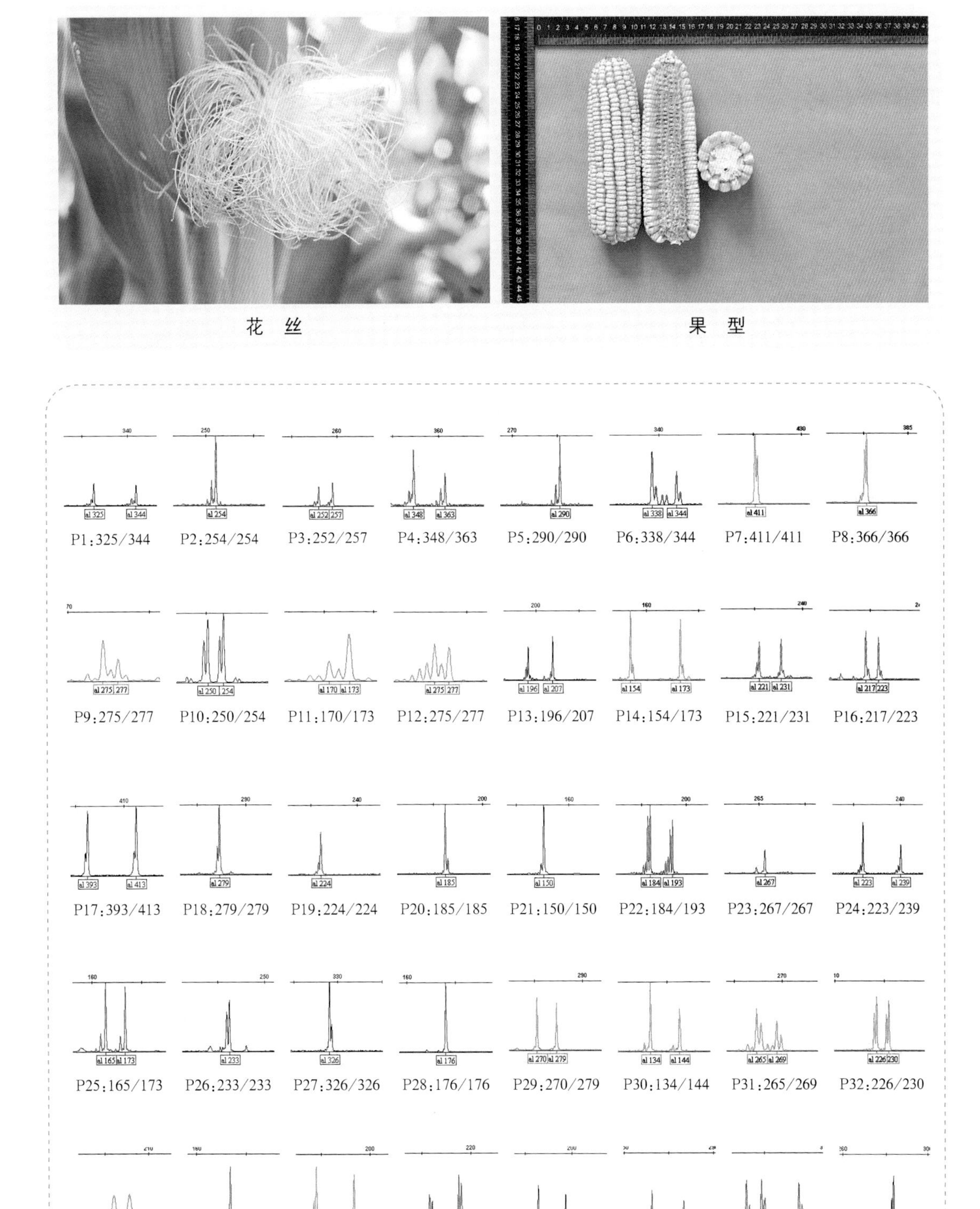
花　丝
果　型
P1:325/344
P2:254/254
P3:252/257
P4:348/363
P5:290/290
P6:338/344
P7:411/411
P8:366/366
P9:275/277
P10:250/254
P11:170/173
P12:275/277
P13:196/207
P14:154/173
P15:221/231
P16:217/223
P17:393/413
P18:279/279
P19:224/224
P20:185/185
P21:150/150
P22:184/193
P23:267/267
P24:223/239
P25:165/173
P26:233/233
P27:326/326
P28:176/176
P29:270/279
P30:134/144
P31:265/269
P32:226/230
P33:205/207
P34:174/174
P35:178/193
P36:204/215
P37:185/196
P38:262/276
P39:304/309
P40:283/283

SSR指纹

131. 许单111

基本信息	
品种名称	许单111
亲本组合	父本：X567-3　母本：X171-1
审定编号	京审玉2013002
品种类型	普通玉米
育种单位	许启凤
种子标样提交单位	许启凤
特征特性	
生育期	北京地区春播生育期平均121天
株型	半紧凑
株高	289.5cm
穗位高	128.8cm
空秆率	8.3%
果穗	短筒型，穗轴红色，穗长17.1cm，穗粗5.8cm，秃尖长0.7cm，穗行数18～20行，行粒数37.8粒，穗粒重196.0g，出籽率85.4%
籽粒	黄色，马齿型，粒深1.3cm
千粒重	361.0g
籽粒容重	751g/L
粗淀粉含量	74.45%
粗蛋白含量	10.31%
粗脂肪含量	3.94%
赖氨酸含量	0.30%
抗病性	接种鉴定高抗大斑病，抗小斑病，中抗丝黑穗病和茎腐病，高感弯孢叶斑病和矮花叶病

幼　苗

株　形

雄　蕊

花　丝

果　型

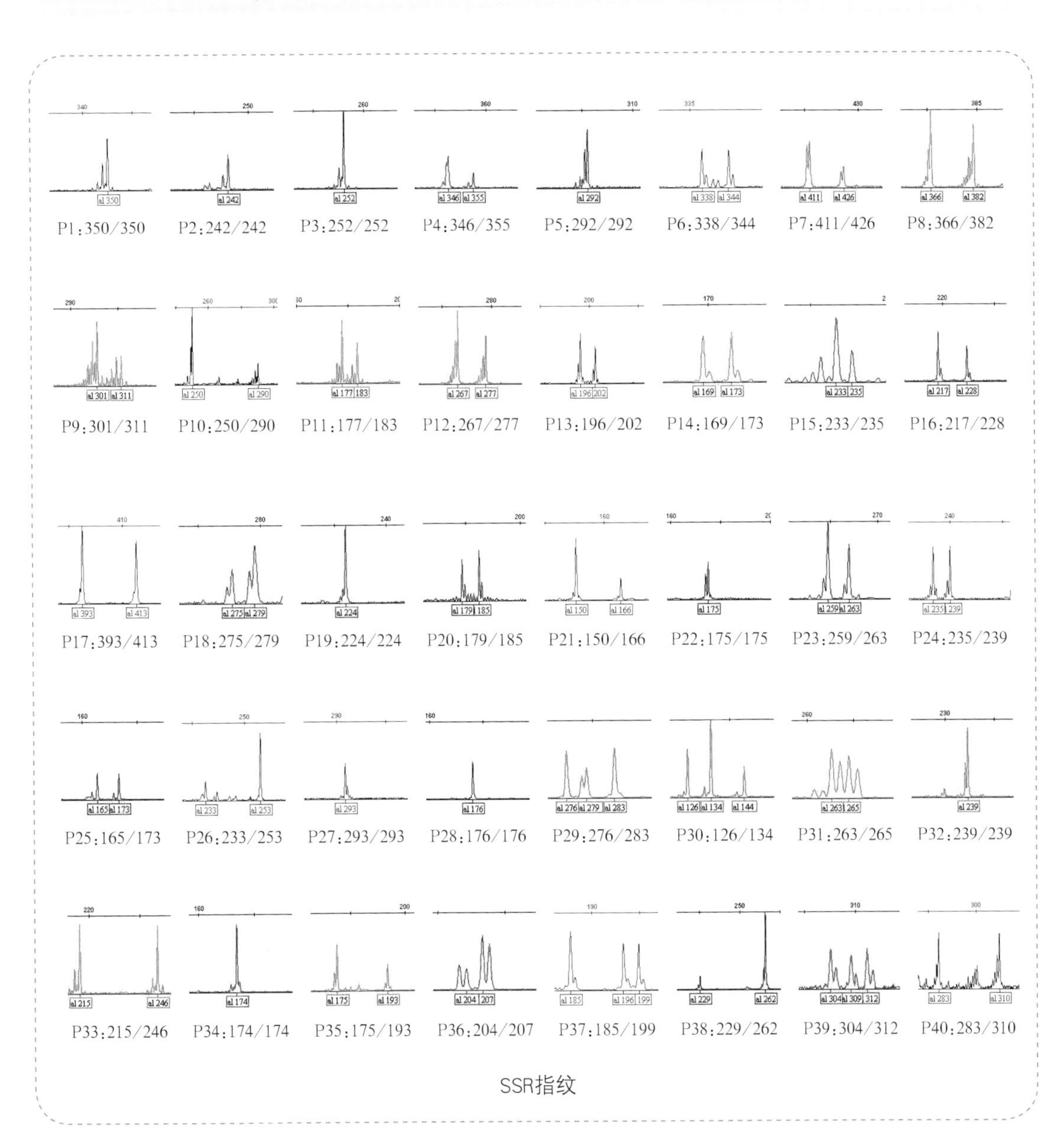
P1:350/350
P2:242/242
P3:252/252
P4:346/355
P5:292/292
P6:338/344
P7:411/426
P8:366/382
P9:301/311
P10:250/290
P11:177/183
P12:267/277
P13:196/202
P14:169/173
P15:233/235
P16:217/228
P17:393/413
P18:275/279
P19:224/224
P20:179/185
P21:150/166
P22:175/175
P23:259/263
P24:235/239
P25:165/173
P26:233/253
P27:293/293
P28:176/176
P29:276/283
P30:126/134
P31:263/265
P32:239/239
P33:215/246
P34:174/174
P35:175/193
P36:204/207
P37:185/199
P38:229/262
P39:304/312
P40:283/310

SSR指纹

132.许单112

基本信息	
品种名称	许单112
亲本组合	父本：X567-3　母本：X90B矮
审定编号	京审玉2013004
品种类型	普通玉米
育种单位	许启凤
种子标样提交单位	许启凤
特征特性	
生育期	北京地区夏播生育期平均104天
株型	紧凑
株高	269.3cm
穗位高	99.5cm
空秆率	4.3%
果穗	果穗筒型，穗轴白色，穗长17.8cm，穗粗5.2cm，秃尖长0.2cm，穗行数14～18行，行粒数34.7粒，穗粒重158.7g，出籽率84.5%
籽粒	黄色，马齿型，粒深1.2cm
千粒重	370.9g
籽粒容重	726g/L
粗淀粉含量	75.92%
粗蛋白含量	7.86%
粗脂肪含量	3.54%
赖氨酸含量	0.25%
抗病性	接种鉴定高抗大斑病，抗小斑病，高感弯孢叶斑病、矮花叶病和茎腐病。

幼　苗

株　形

雄　蕊

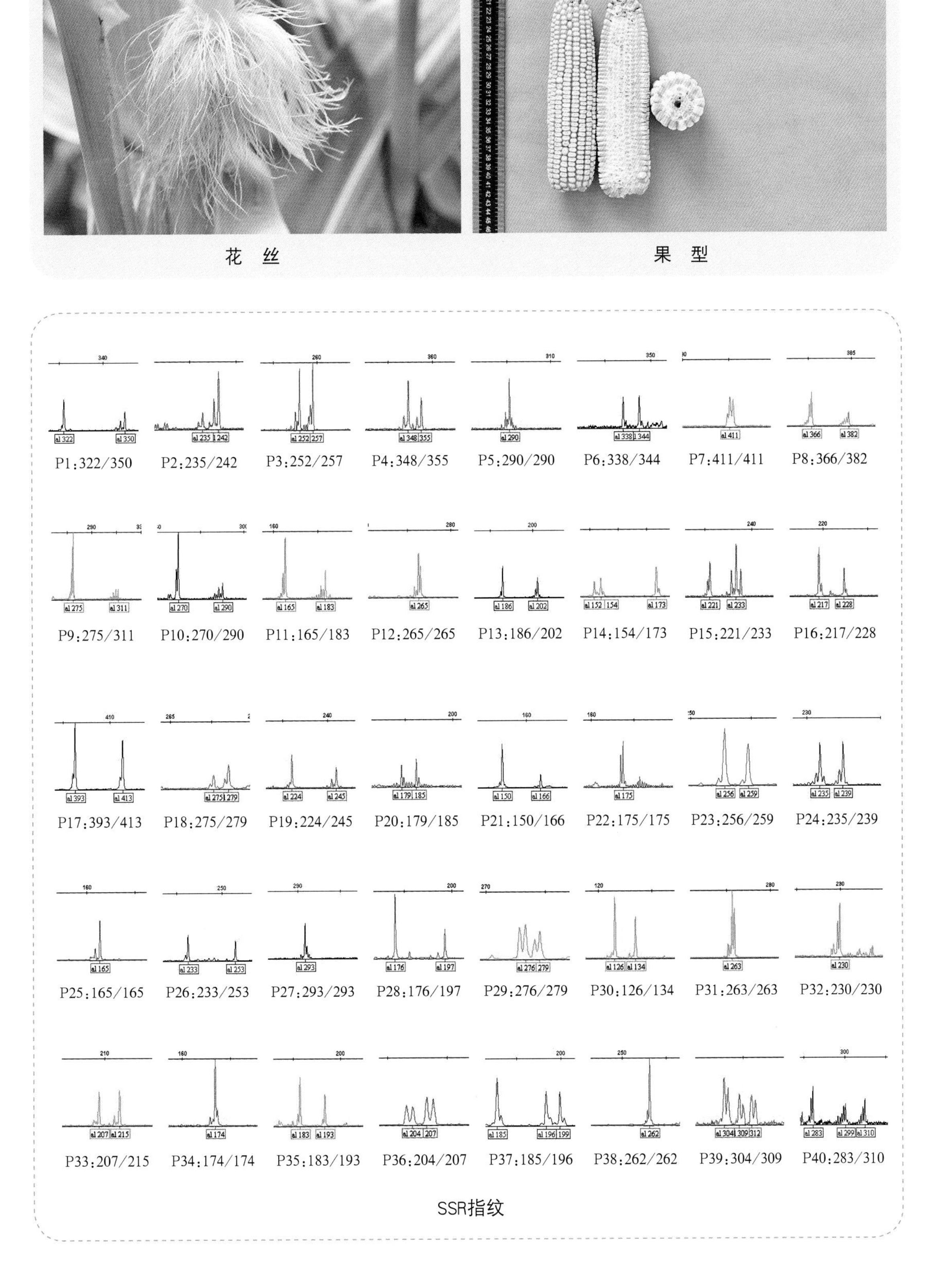
P1:322/350
P2:235/242
P3:252/257
P4:348/355
P5:290/290
P6:338/344
P7:411/411
P8:366/382
P9:275/311
P10:270/290
P11:165/183
P12:265/265
P13:186/202
P14:154/173
P15:221/233
P16:217/228
P17:393/413
P18:275/279
P19:224/245
P20:179/185
P21:150/166
P22:175/175
P23:256/259
P24:235/239
P25:165/165
P26:233/253
P27:293/293
P28:176/197
P29:276/279
P30:126/134
P31:263/263
P32:230/230
P33:207/215
P34:174/174
P35:183/193
P36:204/207
P37:185/196
P38:262/262
P39:304/309
P40:283/310

花　丝

果　型

SSR指纹

第二部分 part 2

玉米品种鉴定技术标准

ICS 62.020.20
B 05

中华人民共和国农业行业标准

NY/T 1432—2014
代替NY/T 1432—2007

玉米品种鉴定 SSR标记法

Protocol of identification on maize varieties—SSR marker method

2014-03-24发布 2014-06-01实施

中华人民共和国农业部 发布

目　次

前　　言

本标准依据GB/T 1.1—2009给出的规则起草。

本文件的某些内容可能涉及专利。本文件的发布机构不承担识别这些专利的责任。

本标准为NY/T 1432—2007《玉米品种鉴定 DNA指纹方法》的修订版，在品种鉴定过程中参考使用。本标准代替NY/T 1432—2007。本标准与NY/T 1432—2007相比主要变化如下：

——增加了荧光标记毛细管电泳检测；

——增加了特定标记的检测；

——增加了资料性附录核心引物相关信息、参照品种名单及来源，以及规范性附录数据统计记录表。

本标准由中华人民共和国农业部种子管理局提出。

本标准由全国植物新品种测试标准化技术委员会（SAC/TC277）归口。

本标准起草单位：北京市农林科学院玉米研究中心、农业部科技发展中心。

本标准主要起草人：王凤格，易红梅，赵久然，刘平，张新明，田红丽，堵苑苑。

玉米品种鉴定　SSR标记法

1　范围

本标准规定了利用简单重复序列（simple sequence repeat, SSR）标记法进行玉米（Zea mays L.）品种鉴定的操作程序、数据记录与统计、判定规则。

本标准适用于玉米自交系和单交种的SSR指纹数据采集及品种鉴定，其它杂交种类型及群体和开放授粉品种可参考本标准。

2　规范性引用文件

下列文件对于本文件的应用是必不可少的。凡是注日期的引用文件，仅所注日期的版本适用于本文件。凡是不注日期的引用文件，其最新版本（包括所有的修改单）适用于本文件。

3　术语与定义

3.1　核心引物　core primer

品种鉴定中优先选用的一套SSR引物，具有多态性高、重复性好等综合特性。

3.2　参照品种　reference variety

具有所用SSR位点上不同等位变异的品种。参照品种用于辅助确定待测样品的等位变异，校正仪器设备的系统误差。

4　原理

由于不同玉米品种遗传组成不同，基因组DNA中简单重复序列的重复次数存在差异，这种差异可通过PCR扩增及电泳方法进行检测，从而能够区分不同玉米品种。

5　仪器设备及试剂

见附录A。

6　溶液配制

见附录B。

7　引物信息

核心引物名单及序列见附录C，核心引物等位变异等相关信息见附录D。

8　参照品种信息

见附录E。

9　操作程序

9.1　样品制备

送验样品可为种子、幼苗、叶片、苞叶、果穗等组织或器官。对玉米自交系和单交种，随机数取至少20个个体组成的混合样品进行分析，或直接对至少5个个体单独进行分析；对于其他杂交种类型，随机数取至少20个个体单独进行分析。

9.2　DNA提取

CTAB提取法：幼苗或叶片约200～300mg，置于2.0mL离心管，加液氮充分研磨，或取种子充分磨碎，移入2.0mL离心管；每管加入700μL65℃预热的CTAB提取液后，充分混合，65℃保温60min，期间多次颠倒混匀；每管加入等体积的三氯甲烷/异戊醇混合液，充分混合后，静置10min；12 000rpm离心15min后，吸取上清液至一新离心管，再加入等体积预冷的异丙醇，颠倒离心管数次，在−20℃放置30min；4℃，12 000rpm离心10min，弃上清液；加入70%乙醇，旋转离心管数次，弃去乙醇；将离心管倒立于垫有滤纸的实验台上，室温干燥沉淀6h以上；加入100μL超纯水或TE缓冲液，充分溶解后备用。

SDS提取法：剥取干种子的胚，放入1.5mL离心管中，加入100μl氯仿后研磨，加入300μlSDA提取液，混匀后于10 000rpm离心2min，吸上清液加入预先装有300μl异丙醇和300μlNaCl溶液的1.5mL离心管中，待DNA成团后挑出，经70%乙醇洗涤后加入200μlTE缓冲液，待充分溶解后备用。

试剂盒提取法：使用经验证适合SSR指纹技术的商业试剂盒，按照试剂盒的使用说明操作。

注：以上为推荐的DNA提取方法，其它达到PCR扩增质量要求的DNA提取方法均适用。

9.3　PCR扩增

9.3.1　引物选择

首先选择附录C中前20对引物进行检测，当样品间检测出的差异位点数小于2时，再选用附录C中后20对引物进行检测；必要时，进一步选择特定标记进行检测。

9.3.2　反应体系

各组分的终浓度如下：每种dNTP 0.10mmol/L，正向、反向引物各0.24mmol/L，Taq DNA聚合酶0.04U/ml，1×PCR缓冲液（含Mg^{2+} 2.5mmol/L），DNA溶液2.5ng/ml，其余以超纯水补足至所需体积。如果PCR过程中不采用热盖程序，则反应液上加盖15μL矿物油，以防止反应过程中水分蒸发。

9.3.3　反应程序

94℃预变性5min，1个循环；94℃变性40s，60℃退火35s，72℃延伸45s，共35个循环；72℃延伸10min，4℃保存。

9.4 PCR产物检测

9.4.1 普通变性聚丙烯酰胺凝胶电泳(PAGE)

9.4.1.1 清洗玻璃板

用清水沾洗涤灵将玻璃板反复擦洗干净，双蒸水擦洗两遍，95%乙醇擦洗两遍，干燥。在长板上涂上0.5mL亲和硅烷工作液，带凹槽的短板上涂0.5mL剥离硅烷工作液。操作过程中防止两块玻璃板互相污染。

9.4.1.2 组装电泳版

待玻璃板彻底干燥后组装电泳板，并用水平仪调平。

9.4.1.3 灌胶

在100mL 4.5% PAGE胶中加入TEMED和25%过硫酸铵各100μl，迅速混匀后灌胶。待胶流动到下部，在上部轻轻的插入梳子，使其聚合至少1h以上。灌胶时应匀速以防止出现气泡。

9.4.1.4 预电泳

在正极槽（下槽）中加入1×TBE缓冲液600mL，在负极槽（上槽）加入预热至65℃的1×TBE缓冲液600mL，拔出梳子。90W恒功率预电泳10～20min。

9.4.1.5 变性

在20μl PCR产物中加入4μl 6×加样缓冲液，混匀后，在PCR仪上运行变性程序：95℃变性5min，4℃冷却10min以上。

9.4.1.6 电泳

用移液器吹吸加样槽，清除气泡和杂质，插入样品梳子。每一个加样孔点入5ml样品。80W恒功率电泳至上部的指示带（二甲苯青）到达胶板的中部。电泳结束后，小心分开两块玻璃板，凝胶会紧贴在长板上。

注：预期扩增产物片段大小在150bp以下时电泳时间应适当缩短，扩增产物片段大小在300bp以上时电泳时间应适当延长。

9.4.1.7 银染

a）固定：固定液中轻轻晃动3min；

b）漂洗：双蒸水快速漂洗1次，不超过10s；

c）染色：染色液中染色5min；

d）漂洗：双蒸水快速漂洗，时间不超过10s；

e）显影：显影液中轻轻晃动至带纹出现；

f）定影：固定液中定影5min；

g）漂洗：双蒸水漂洗1min。

9.4.2 荧光标记毛细管电泳

9.4.2.1 样品制备

等体积混合不同荧光标记扩增产物，混匀后从混合液中吸取1μL加入到DNA分析仪专用96孔板孔中。板中各孔分别加入0.1μL分子量内标和8.9μL去离子甲酰胺。将样品在PCR仪上95 ℃变性5min，取出，立即置于碎冰上，冷却10min以上。离心10s后置放到DNA分析仪上。

9.4.2.2　电泳检测

按照仪器操作手册，编辑样品表，执行运行程，保存数据。

10　数据记录与统计

10.1　数据记录

对普通变性聚丙烯酰胺凝胶电泳，将每个扩增位点的等位变异与参照品种的等位变异片段大小进行比较，确定样品在该位点的等位变异；对荧光标记毛细管电泳，通过参照品种消除同型号不同批次间或不同型号DNA分析仪间可能存在的系统误差，使用片段分析软件读取样品在该位点的等位变异。

纯合位点的基因型数据记录为X/X，杂合位点的基因型数据记录为X/Y，其中X、Y分别为该位点上两个等位变异，小片段数据在前，大片段数据在后；缺失位点基因型数据记录为0/0。

示例1：

样品在某个位点上仅出现一个等位变异，为150，在该位点的基因型记录为150/150；

示例2：

样品在某个位点上有两个等位变异，分别为150、160，在该位点的基因型记录为150/160。

10.2　数据统计

当对送验样品混合DNA进行分析时，可直接进行品种间成对比较，如果样品某个引物位点出现可见的异质性且影响到差异位点判定时，可重新提取至少20个个体的DNA，并用该引物重新扩增，统计在该引物位点上不同个体的基因型（或等位变异）及所占比例。当对送检样品多个个体DNA进行分析时，应统计其在各引物位点的各种基因型（或等位变异）及所占比例。对单交种，应比较两个样品在各引物位点的基因型；对自交系，应比较两个样品在各引物位点的等位变异。

成对比较的数据统计记录表见附录F。

11　判定规则

11.1　结果判定

当样品间差异位点数≥2，判定为“不同”；当样品间差异位点数=1，判定为“近似”；当样品间差异位点数=0，判定为“极近似或相同”。

对利用附录C中40对引物仍未检测到≥2个差异位点数的样品，如果相关品种存在特定标记，必要时增加其特定标记进行检测。

11.2　结果表述

比较位点数：＿＿＿＿，比较位点为：＿＿＿＿；差异位点数：＿＿＿，差异位点为：＿＿＿；判定为：＿＿＿＿。

附录A
（规范性附录）
主要仪器设备及试剂

A.1 主要仪器设备

A.1.1 PCR扩增仪

A.1.2 高压电泳仪：规格为3 000V、400mA、400W，具有恒电压、恒电流和恒功率功能。

A.1.3 垂直电泳槽及配套的制胶附件

A.1.4 普通电泳仪

A.1.5 水平电泳槽及配套的制胶附件

A.1.6 高速冷冻离心机：最大离心力不小于15 000rpm。

A.1.7 水平摇床

A.1.8 胶片观察灯

A.1.9 电子天平感应为0.01g、0.001g。

A.1.10 微量移液器：规格分别为10mL、20mL、100mL、200mL、1 000mL，连续可调。

A.1.11 磁力搅拌器

A.1.12 紫外分光光度计：波长260nm及280nm。

A.1.13 微波炉

A.1.14 高压灭菌锅

A.1.15 酸度计

A.1.16 水浴锅或金属浴：控温精度±1℃。

A.1.17 冰箱：最低温度−20℃。

A.1.18 制冰机

A.1.19 凝胶成像系统或紫外透射仪

A.1.20 DNA分析仪：基于毛细管电泳，有片段分析功能和数据分析软件，能够分辨1个核苷酸大小的差异。

A.2 主要试剂

A.2.1 十六烷基三乙基溴化铵（CTAB）

A.2.2 三氯甲烷

A.2.3 异丙醇

A.2.4 异戊醇

A.2.5 乙二胺四乙酸二钠（$EDTA\text{-}Na_2 \cdot 2H_2O$）

A.2.6 三羟甲基氨基甲烷（Tris-base）

A.2.7　盐酸：37%

A.2.8　氢氧化钠（NaOH）

A.2.9　氯化钠

A.2.10　10×Buffer缓冲液：含Mg^{2+} 25mmol/L。

A.2.11　四种脱氧核苷三磷酸：dATP、dTTP、dGTP、dCTP（10mmol/L each）。

A.2.12　Taq DNA聚合酶

A.2.13　矿物油

A.2.14　琼脂糖

A.2.15　DNA分子量标准

A.2.16　核酸染色剂

A.2.17　去离子甲酰胺（Formamide）

A.2.18　溴酚蓝（Brph Blue）

A.2.19　二甲苯青FF

A.2.20　甲叉双丙烯酰胺（bisacrylamide）

A.2.21　丙烯酰胺（acrylamide）

A.2.22　硼酸（Boric Acid）

A.2.23　尿素

A.2.24　亲和硅烷（Binding Silane）

A.2.25　剥离硅烷（Repel Silane）

A.2.26　无水乙醇

A.2.27　四甲基乙二胺（TEMED）

A.2.28　过硫酸铵（APS）

A.2.29　冰醋酸

A.2.30　乙酸铵

A.2.31　硝酸银

A.2.32　甲醛

A.2.33　DNA分析仪专用丙烯酰胺胶液

A.2.34　DNA分析仪专用分子量内标Liz标记

A.2.35　DNA分析仪专用电泳缓冲液

附录B
（规范性附录）
溶液配制

B.1 DNA提取溶液的配制

B.1.1 0.5mol/L EDTA溶液

186.1g $Na_2EDTA \cdot 2H_2O$溶于800mL水中，用固体NaOH调pH至8.0，定容至1 000mL，高压灭菌。

B.1.2 1mol/L Tris-HCl溶液

60.55g Tris碱溶于适量水中，加HCl调pH至8.0，定容至500mL，高压灭菌。

B.1.3 0.5mol/L HCl溶液

25mL浓盐酸(36%～38%)，加水定容至500mL。

B.1.4 CTAB提取液

81.7g 氯化钠和 20g CTAB溶于适量水中，然后加入1mol/L Tris-HCl 100mL，0.5mol/L EDTA 40mL，定容至1 000mL，4℃贮存。

B.1.5 SDS提取液

1mol/L Tris-HCl 50mL，0.5mol/L EDTA 50mL，5mol/L NaCl 50mL，SDS 7.5g，定容至500mL。

B.1.6 TE缓冲液

1mol/L Tris-HCl 5mL，0.5mol/L EDTA 1mL，加HCl调pH至8.0，定容至500mL。

B.1.7 5mol/L NaCl溶液

146g 固体NaCl溶于水中，加水定容至500mL。

B.2 PCR扩增溶液的配制

B.2.1 dNTP

用超纯水分别配制A、G、C、T终浓度100mmol/L的储存液。各取20μL混合，用超纯水720μL定容至终浓度2.5mmol/L each的工作液。

B.2.2 SSR引物

用超纯水分别配制前引物和后引物终浓度均40μmol/L的储存液，等体积混合成20 μmol/L的工作液。

注：干粉配制前应首先快速离心。

B.2.3 6×加样缓冲液

去离子甲酰胺49mL，0.5mol/L的EDTA溶液（pH8.0）1mL，溴酚兰0.125g，二甲苯青0.125g。

B.3　变性聚丙烯酰胺凝胶电泳溶液的配制

B.3.1　40% PAGE胶

丙烯酰胺190g和甲叉双丙烯酰胺10g，定容至500mL。

B.3.2　4.5% PAGE胶

尿素450g，10 × TBE缓冲液100mL，40% PAGE胶112.5mL，定容至1 000mL。

B.3.3　Bind缓冲液

49.75mL无水乙醇和250μL冰醋酸，加水定容至50mL。

B.3.4　亲和硅烷工作液

在1mL Bind缓冲液中加入5μL Bind原液，混匀。

B.3.5　剥离硅烷工作液

2% 二甲基二氯硅烷。

B.3.6　25%过硫酸铵溶液

0.25g过硫酸铵溶于1mL超纯水中。

B.3.7　10×TBE缓冲液

Tris碱108g，硼酸55g，0.5mol/L EDTA溶液37mL，定容至1 000mL。

B.3.8　1×TBE缓冲液

10 × TBE缓冲液500mL，加水定容至5 000mL。

B.4　银染溶液的配制

B.4.1　固定液

100mL冰醋酸，加水定容至1 000mL。

B.4.2　染色液

2g硝酸银，加水定容至1 000mL。

B.4.3　显影液

1 000mL蒸馏水中加入30g氢氧化钠和5mL甲醛。

注：除银染溶液的配制可使用符合GB/T 6682规定的三级水外，试验中仅使用确认为分析纯的试剂和GB/T 6682规定的一级水。

附录C
（规范性附录）
核心引物名单及序列

C.1 40对核心引物名单及序列

表1 40对核心引物名单及序列

编号	引物名称	染色体位置	引物序列
P01	bnlg439w1	1.03	上游：AGTTGACATCGCCATCTTGGTGAC 下游：GAACAAGCCCTTAGCGGGTTGTC
P02	umc1335y5	1.06	上游：CCTCGTTACGGTTACGCTGCTG 下游：GATGACCCCGCTTACTTCGTTTATG
P03	umc2007y4	2.04	上游：TTACACAACGCAACACGAGGC 下游：GCTATAGGCCGTAGCTTGGTAGACAC
P04	bnlg1940k7	2.08	上游：CGTTTAAGAACGGTTGATTGCATTCC 下游：GCCTTTATTTCTCCCTTGCTTGCC
P05	umc2105k3	3.00	上游：GAAGGGCAATGAATAGAGCCATGAG 下游：ATGGACTCTGTGCGACTTGTACCG
P06	phi053k2	3.05	上游：CCCTGCCTCTCAGATTCAGAGATTG 下游：TAGGCTGGCTGGAAGTTTGTTGC
P07	phi072k4	4.01	上游：GCTCGTCTCCTCCAGGTCAGG 下游：CGTTGCCCATACATCATGCCTC
P08	bnlg2291k4	4.06	上游：GCACACCCGTAGTAGCTGAGACTTG 下游：CATAACCTTGCCTCCCAAACCC
P09	umc1705w1	5.03	上游：GGAGGTCGTCAGATGGAGTTCG 下游：CACGTACGGCAATGCAGACAAG
P10	bnlg2305k4	5.07	上游：CCCCTCTTCCTCAGCACCTTG 下游：CGTCTTGTCTCCGTCCGTGTG
P11	bnlg161k8	6.00	上游：TCTCAGCTCCTGCTTATTGCTTTCG 下游：GATGGATGGAGCATGAGCTTGC
P12	bnlg1702k1	6.05	上游：GATCCGCATTGTCAAATGACCAC 下游：AGGACACGCCATCGTCATCA
P13	umc1545y2	7.00	上游：AATGCCGTTATCATGCGATGC 下游：GCTTGCTGCTTCTTGAATTGCGT
P14	umc1125y3	7.04	上游：GGATGATGGCGAGGATGATGTC 下游：CCACCAACCCATACCCATACCAG
P15	bnlg240k1	8.06	上游：GCAGGTGTCGGGGATTTTCTC 下游：GGAACTGAAGAACAGAAGGCATTGATAC

（续）

编号	引物名称	染色体位置	引物序列
P16	phi080k15	8.08	上游：TGAACCACCCGATGCAACTTG 下游：TTGATGGGCACGATCTCGTAGTC
P17	phi065k9	9.03	上游：CGCCTTCAAGAATATCCTTGTGCC 下游：GGACCCAGACCAGGTTCCACC
P18	umc1492y13	9.04	上游：GCGGAAGAGTAGTCGTAGGGCTAGTGTAG 下游：AACCAAGTTCTTCAGACGCTTCAGG
P19	umc1432y6	10.02	上游：GAGAAATCAAGAGGTGCGAGCATC 下游：GGCCATGATACAGCAAGAAATGATAAGC
P20	umc1506k12	10.05	上游：GAGGAATGATGTCCGCGAAGAAG 下游：TTCAGTCGAGCGCCCAACAC
P21	umc1147y4	1.07	上游：AAGAACAGGACTACATGAGGTGCGATAC 下游：GTTTCCTATGGTACAGTTCTCCCTCGC
P22	bnlg1671y17	1.10	上游：CCCGACACCTGAGTTGACCTG 下游：CTGGAGGGTGAAACAAGAGCAATG
P23	phi96100y1	2.00	上游：TTTTGCACGAGCCATCGTATAACG 下游：CCATCTGCTGATCCGAATACCC
P24	umc1536k9	2.07	上游：TGATAGGTAGTTAGCATATCCCTGGTATCG 下游：GAGCATAGAAAAAGTTGAGGTTAATATGGAGC
P25	bnlg1520K1	2.09	上游：CACTCTCCCTCTAAAATATCAGACAACACC 下游：GCTTCTGCTGCTGTTTTGTTCTTG
P26	umc1489y3	3.07	上游：GCTACCCGCAACCAAGAACTCTTC 下游：GCCTACTCTTGCCGTTTTACTCCTGT
P27	bnlg490y4	4.04	上游：GGTGTTGGAGTCGCTGGGAAAG 下游：TTCTCAGCCAGTGCCAGCTCTTATTA
P28	umc1999y3	4.09	上游：GGCCACGTTATTGCTCATTTGC 下游：GCAACAACAAATGGGATCTCCG
P29	umc2115k3	5.02	上游：GCACTGGCAACTGTACCCATCG 下游：GGGTTTCACCAACGGGGATAGG
P30	umc1429y7	5.03	上游：CTTCTCCTCGGCATCATCCAAAC 下游：GGTGGCCCTGTTAATCCTCATCTG
P31	bnlg249k2	6.01	上游：GGCAACGGCAATAATCCACAAG 下游：CATCGGCGTTGATTTCGTCAG
P32	phi299852y2	6.07	上游：AGCAAGCAGTAGGTGGAGGAAGG 下游：AGCTGTTGTGGCTCTTTGCCTGT
P33	umc2160k3	7.01	上游：TCATTCCCAGAGTGCCTTAACACTG 下游：CTGTGCTCGTGCTTCTCTCTGAGTATT
P34	umc1936k4	7.03	上游：GCTTGAGGCGGTTGAGGTATGAG 下游：TGCACAGAATAAACATAGGTAGGTCAGGTC

NY/T 1432—2014

（续）

编号	引物名称	染色体位置	引物序列
P35	bnlg2235y5	8.02	上游：CGCACGGCACGATAGAGGTG 下游：AACTGCTTGCCACTGGTACGGTCT
P36	phi233376y1	8.09	上游：CCGGCAGTCGATTACTCCACG 下游：CAGTAGCCCCTCAAGCAAAACATTC
P37	umc2084w2	9.01	上游：ACTGATCGCGACGAGTTAATTCAAAC 下游：TACCGAAGAACAACGTCATTTCAGC
P38	umc1231k4	9.05	上游：ACAGAGGAACGACGGGACCAAT 下游：GGCACTCAGCAAAGAGCCAAATTC
P39	phi041y6	10.00	上游：CAGCGCCGCAAACTTGGTT 下游：TGGACGCGAACCAGAAACAGAC
P40	umc2163w3	10.04	上游：CAAGCGGGAATCTGAATCTTTGTTC 下游：CTTCGTACCATCTTCCCTACTTCATTGC

附录D
（资料性附录）
核心引物相关信息

D.1　核心引物相关信息

表D.1　40对核心引物相关信息

引物编号	引物名称	推荐荧光类型	等位变异范围(bp)	等位变异(bp)	等位变异频率	参照品种名称	参照品种基因型数据
P01	bnlg439w1	NED	320～368	320	0.007	绵单1号	320/350
				322	0.115	郑单958	322/354
				325	0.085	农大108	325/350
				331	0.004		
				335	0.027	桂青贮1号	335/350
				339	0.009		
				344	0.078	农华101	344/350
				346	0.034	辽单527	322/346
				348	0.028		
				350	0.348	先玉335	350/350
				352	0.035		
				354	0.14	郑单958	322/354
				356	0.027		
				358	0.023	蠡玉16	350/358
				362	0.014	遵糯1号	325/362
				366	0.019		
				368	0.009	金玉甜1号	344/368
P02	umc1335y5	PET	234～254	234	0.076	绵单1号	234/234
				238	0.074	京玉7号	238/238
				240	0.681	浚单20	240/240
				252	0.161	郑单958	252/252
				254	0.009	本玉9号	254/254
P03	umc2007y4	FAM	238～292	238	0.025	正大619	238/282
				246	0.085	川单14	246/250
				248	0.157	郑单958	248/255
				250	0.094	先玉335	250/255
				252	0.041		
				255	0.435	郑单958	248/255

NY/T 1432—2014

（续）

引物编号	引物名称	推荐荧光类型	等位变异范围(bp)	等位变异(bp)	等位变异频率	参照品种名称	参照品种基因型数据
P03	umc2007y4	FAM	238～292	257	0.009		
				260	0.03	遵糯1号	238/260
				264	0.046	蠡玉16	255/264
				266	0.007		
				270	0.002	屯玉27	255/270
				273	0.021		
				279	0.005	金玉甜1号	252/279
				282	0.005	正大619	238/282
				284	0.032	兴垦10	246/284
				288	0.005		
				292	0.002	奥玉28	284/292
P04	bnlg1940k7	PET	344～386	344	0.018	正大619	344/363
				346	0.11	中科4号	346/360
				348	0.247	郑单958	348/363
				351	0.021		
				353	0.051	成单22	353/363
				355	0.035		
				360	0.269	先玉335	360/360
				363	0.159	郑单958	348/363
				365	0.007		
				367	0.004	奥玉28	360/367
				369	0.004	金海5号	360/369
				371	0.002		
				379	0.057	本玉9号	353/379
				386	0.018	京科968	386/386
P05	umc2105k3	PET	288～335	288	0.018	本玉9号	288/317
				290	0.376	郑单958	290/335
				292	0.233	中科4号	292/335
				294	0.049	农华101	294/317
				299	0.002		
				302	0.019	绵单1号	292/302
				305	0.044	万糯1号	305/323
				309	0.005		
				317	0.115	先玉335	290/317
				323	0.085	浚单20	323/335
				335	0.053	郑单958	290/335
P06	phi053k2	NED	333～362	333	0.032	万糯1号	333/336
				336	0.39	郑单958	336/362

（续）

引物编号	引物名称	推荐荧光类型	等位变异范围（bp）	等位变异（bp）	等位变异频率	参照品种名称	参照品种基因型数据
P06	phi053k2	NED	333 ~ 362	341	0.053	奥玉28	341/362
				343	0.329	浚单20	343/362
				357	0.023	正大619	343/357
				362	0.173	郑单958	336/362
P07	phi072k4	VIC	410 ~ 430	410	0.622	郑单958	410/410
				416	0.018	正大619	416/420
				420	0.088	正大619	416/420
				422	0.049	蠡玉16	422/430
				426	0.035		
				430	0.187	蠡玉16	422/430
P08	bnlg2291k4	VIC	364 ~ 404	364	0.314	郑单958	364/380
				374	0.014	金玉甜1号	374/376
				376	0.009	金玉甜1号	374/376
				378	0.012		
				380	0.175	郑单958	364/380
				382	0.26	农华101	382/404
				386	0.012	蠡玉6号	386/404
				388	0.002		
				390	0.005	川单14	390/404
				396	0.021		
				404	0.175	农华101	382/404
P09	umc1705w1	VIC	269 ~ 319	269	0.035	万糯1号	269/275
				271	0.016		
				273	0.269	郑单958	273/275
				275	0.14	郑单958	273/275
				279	0.034	川单14	279/301
				289	0.011		
				291	0.021	中科4号	273/291
				293	0.005		
				297	0.004	郑加甜5039	275/297
				299	0.004		
				301	0.228	浚单20	275/301
				303	0.005		
				311	0.012	京科甜126	273/311
				319	0.217	先玉335	319/319
P10	bnlg2305k4	NED	244 ~ 290	244	0.039	中科4号	244/268
				248	0.15	郑单958	248/252
				252	0.283	郑单958	248/252

NY/T 1432—2014

(续)

引物编号	引物名称	推荐荧光类型	等位变异范围(bp)	等位变异(bp)	等位变异频率	参照品种名称	参照品种基因型数据
P10	bnlg2305k4	NED	244～290	254	0.009	正大619	248/254
				260	0.06	绵单1号	252/260
				262	0.141	成单22	252/262
				268	0.186	农华101	252/268
				274	0.027	本玉9号	262/274
				281	0.002		
				290	0.104	先玉335	252/290
P11	bnlg161k8	VIC	154～219	154	0.004	成单22	154/183
				158	0.064	中科10	158/181
				165	0.177	农华101	165/173
				170	0.002		
				173	0.196	郑单958	173/197
				175	0.018		
				177	0.069	浚单20	177/197
				179	0.002		
				181	0.064	辽单527	173/181
				183	0.125	先玉335	173/183
				185	0.083	成单19	165/185
				187	0.009		
				189	0.014	金海5号	177/189
				191	0.037		
				193	0.002	遵糯1号	183/193
				195	0.012		
				197	0.085	郑单958	173/197
				199	0.012		
				201	0.016	金玉甜1号	158/201
				211	0.005		
				212	0.002	雅玉青贮04889	158/211
				219	0.004	资玉3号	219/219
P12	bnlg1702k1	VIC	265～319	265	0.267	先玉335	265/265
				267	0.099	成单19	267/305
				269	0.007		
				272	0.012	雅玉青贮04889	265/272
				274	0.152	浚单20	274/276
				276	0.147	郑单958	276/299
				278	0.005	正大619	278/278
				280	0.046	川单14	274/280
				282	0.005	兴垦10	265/282

（续）

引物编号	引物名称	推荐荧光类型	等位变异范围(bp)	等位变异(bp)	等位变异频率	参照品种名称	参照品种基因型数据
P12	bnlg1702k1	VIC	265～319	284	0.021	金玉甜1号	284/289
				287	0.004		
				289	0.002	金玉甜1号	284/289
				292	0.065	农华101	265/292
				299	0.102	郑单958	276/299
				305	0.06	中科4号	276/305
				313	0.002		
				319	0.004	农乐988	276/319
P13	umc1545y2	NED	190～246	190	0.148	先玉335	190/206
				202	0.226	郑单958	202/212
				206	0.375	先玉335	190/206
				212	0.177	郑单958	202/212
				229	0.011		
				246	0.064	农大108	206/246
P14	umc1125y3	VIC	150～173	150	0.027	川单14	150/173
				152	0.155	先玉335	152/173
				154	0.253	郑单958	154/173
				169	0.168	农大108	169/173
				173	0.398	郑单958	154/173
P15	bnlg240k1	PET	221～239	221	0.216	郑单958	221/237
				229	0.069	农大108	229/233
				231	0.08	正大619	231/237
				233	0.147	农大108	229/233
				235	0.074	成单22	231/235
				237	0.376	郑单958	221/237
				239	0.037	金玉甜1号	233/239
P16	phi080k15	PET	202～227	202	0.032	郑单958	202/222
				207	0.012		
				212	0.092	中科4号	212/212
				217	0.495	先玉335	217/217
				222	0.217	郑单958	202/222
				227	0.152	农华101	217/227
P17	phi065k9	NED	393～413	393	0.362	郑单958	393/413
				403	0.005		
				408	0.15	先玉335	408/413
				413	0.482	郑单958	393/413
P18	umc1492y13	PET	275～284	275	0.014	正大619	275/284
				278	0.843	农华101	278/284
				284	0.143	农华101	278/284

NY/T 1432—2014

（续）

引物编号	引物名称	推荐荧光类型	等位变异范围(bp)	等位变异(bp)	等位变异频率	参照品种名称	参照品种基因型数据
P19	umc1432y6	PET	220～240	220	0.041	农华101	220/222
				222	0.726	郑单958	222/240
				224	0.023	遵糯1号	220/224
				230	0.062	本玉9号	222/230
				240	0.136	郑单958	222/240
				257	0.012	奥玉28	222/257
P20	umc1506k12	FAM	166～190	166	0.014	遵糯1号	166/166
				169	0.092	川单14	169/176
				173	0.037	金海5号	173/176
				176	0.164	金海5号	173/176
				179	0.2	成单19	179/185
				185	0.373	先玉335	185/190
				190	0.12	先玉335	185/190
P21	umc1147y4	NED	154～168	154	0.804	先玉335	154/168
				168	0.196	先玉335	154/168
P22	bnlg1671y17	FAM	175～230	175	0.133	中科4号	175/184
				179	0.034		
				184	0.23	郑单958	184/194
				186	0.041		
				194	0.322	郑单958	184/194
				207	0.005		
				209	0.009	金海5号	194/209
				211	0.081	本玉9号	184/211
				213	0.051	中科10	213/123
				215	0.072	蠡玉6号	184/215
				218	0.007		
				230	0.016	金甜678	230/230
P23	phi96100y1	FAM	245～277	245	0.034	桂青贮1号	245/257
				253	0.373	先玉335	253/266
				257	0.064	蠡玉16	257/266
				259	0.002		
				262	0.049	农华101	253/262
				266	0.42	先玉335	253/266
				273	0.041	金海5号	266/273
				277	0.018	鲜玉糯2号	253/277
P24	umc1536k9	NED	216～238	216	0.014	成单22	216/224
				222	0.398	先玉335	222/222
				224	0.053	成单22	216/224

（续）

引物编号	引物名称	推荐荧光类型	等位变异范围(bp)	等位变异(bp)	等位变异频率	参照品种名称	参照品种基因型数据
P24	umc1536k9	NED	216 ~ 238	233	0.38	郑单958	233/238
				238	0.155	郑单958	233/238
P25	Bnlg1520K1	FAM	160 ~ 195	160	0.011	铁单20	160/173
				165	0.329	郑单958	165/173
				171	0.012		
				173	0.426	郑单958	165/173
				176	0.004		
				179	0.041	先玉335	165/179
				183	0.009		
				187	0.012	正大619	173/187
				189	0.005		
				191	0.104	农大108	173/191
				193	0.046		
				195	0.002	川单14	173/195
P26	umc1489y3	NED	230 ~ 265	230	0.673	农华101	230/253
				245	0.122	辽单527	230/245
				253	0.189	农华101	230/253
				265	0.016	遵糯1号	230/265
P27	bnlg490y4	NED	271 ~ 330	271	0.406	先玉335	271/294
				294	0.203	先玉335	271/294
				297	0.095	成单22	297/328
				301	0.018	辽单527	294/301
				308	0.014		
				328	0.214	郑单958	328/328
				330	0.049	兴垦10	294/330
P28	umc1999y3	FAM	176 ~ 200	176	0.521	先玉335	176/197
				182	0.03		
				185	0.007	金玉甜1号	185/191
				188	0.004		
				191	0.101	中科4号	176/191
				197	0.336	先玉335	176/197
				200	0.002	郑青贮1号	176/200
P29	umc2115k3	VIC	270 ~ 293	270	0.222	郑单958	270/275
				275	0.362	郑单958	270/275
				278	0.163	农华101	275/278
				283	0.149	中科4号	283/288
				288	0.098	中科4号	283/288
				291	0.002		

NY/T 1432—2014

（续）

引物编号	引物名称	推荐荧光类型	等位变异范围(bp)	等位变异(bp)	等位变异频率	参照品种名称	参照品种基因型数据
P29	umc2115k3	VIC	270～293	293	0.005	成单19	270/293
P30	umc1429y7	VIC	126～144	126	0.571	先玉335	126/144
				134	0.115	郑单958	134/144
				136	0.037		
				144	0.277	郑单958	134/144
P31	Bnlg249K2	VIC	261～301	261	0.005	鄂玉25	261/265
				263	0.373	先玉335	263/275
				265	0.129	郑单958	265/269
				269	0.053	郑单958	265/269
				275	0.072	先玉335	263/275
				278	0.078	蠡玉16	278/297
				280	0.074	川单14	263/280
				282	0.088	京科968	275/282
				285	0.016		
				291	0.002	济单94-2	278/291
				293	0.002		
				297	0.104	浚单20	269/297
				301	0.004	兴垦10	263/301
P32	phi299852y2	VIC	210～251	210	0.002	桂青贮1号	210/225
				222	0.284	郑单958	222/228
				225	0.256	农大108	225/228
				228	0.071	郑单958	222/228
				233	0.046		
				234	0.235	先玉335	234/234
				239	0.055	万糯1号	239/239
				246	0.004		
				251	0.048	辽单527	234/251
P33	umc2160k3	VIC	199～244	199	0.009	绵单1号	199/205
				205	0.163	郑单958	205/207
				207	0.277	郑单958	205/207
				213	0.016		
				215	0.194	先玉335	207/215
				224	0.011	金玉甜1号	224/244
				230	0.011		
				232	0.044	蠡玉16	232/244
				234	0.004		
				237	0.002	京科甜126	207/237
				242	0.004		

（续）

引物编号	引物名称	推荐荧光类型	等位变异范围(bp)	等位变异(bp)	等位变异频率	参照品种名称	参照品种基因型数据
P33	umc2160k3	VIC	199～244	244	0.267	浚单20	205/244
P34	umc1936k4	PET	156～184	156	0.239	先玉335	156/170
				170	0.606	先玉335	156/170
				172	0.012		
				174	0.094	正大619	174/174
				176	0.025		
				178	0.016	济单94-2	170/178
				180	0.002		
				184	0.005	兴垦10	170/184
P35	bnlg2235y5	VIC	175～193	175	0.226	农大108	175/183
				178	0.011		
				180	0.072	先玉335	180/183
				183	0.431	先玉335	180/183
				186	0.021		
				188	0.159	郑单958	188/193
				193	0.08	郑单958	188/193
P36	phi233376y1	PET	204～218	204	0.284	郑单958	204/215
				207	0.228	蠡玉6号	204/207
				215	0.353	郑单958	204/215
				218	0.134	正大619	215/218
P37	umc2084w2	NED	185～213	185	0.364	郑单958	185/205
				193	0.004		
				196	0.3	先玉335	196/199
				199	0.044	先玉335	196/199
				205	0.21	郑单958	185/205
				213	0.078	成单22	205/213
P38	umc1231k4	FAM	228～275	228	0.004	苏玉糯8号	228/260
				260	0.528	郑单958	260/275
				273	0.004		
				275	0.465	郑单958	260/275
P39	phi041y6	PET	295～324	295	0.011	苏玉糯8号	295/304
				304	0.332	郑单958	304/309
				309	0.349	郑单958	304/309
				312	0.206	先玉335	309/312
				316	0.002		
				319	0.005	屯玉27	312/319
				321	0.051	农大108	309/321
				324	0.044	蠡玉6号	304/324

NY/T 1432—2014

（续）

引物编号	引物名称	推荐荧光类型	等位变异范围(bp)	等位变异(bp)	等位变异频率	参照品种名称	参照品种基因型数据
P40	umc2163w3	NED	283 ~ 332	283	0.406	郑单958	283/317
				299	0.152	中科4号	299/299
				310	0.261	先玉335	310/332
				317	0.037	郑单958	283/317
				332	0.144	先玉335	310/332

注1：附录D中提供的等位变异包括了至今在审定和品种权保护已知品种中检测到的所有等位变异，今后对于附录D中未包括的等位变异，应按本标准方法，确定其大小和对应参照品种后再补充发布。

注2：每个引物位点上提供的参照品种包含了该位点最大、最小和等位基因频率大于0.05的等位变异，且每间隔一个等位变异至少提供一个参照品种。逐位点进行电泳检测时可从中选择使用部分或全部参照品种。

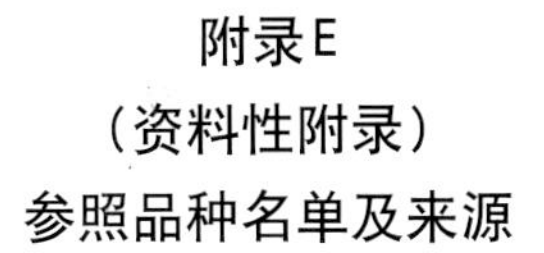

附录E
（资料性附录）
参照品种名单及来源

E.1　参照品种名单及来源

表E.1　参照品种名单及来源

编号	品种名称	国家库编号	分组	编号	品种名称	国家库编号	分组
R01	浚单20	S1G01057	核心	R21	万糯1号	S1G00256	扩展
R02	农华101	S1G01969	核心	R22	遵糯1号	S1G01666	扩展
R03	中科4号	S1G01120	核心	R23	农乐988	S1G01052	扩展
R04	正大619	S1G01514	核心	R24	郑青贮1号	S1G01059	扩展
R05	农大108	S1G01237	核心	R25	济单94-2	S1G01070	扩展
R06	郑单958	S1G01076	核心	R26	郑加甜5039	S1G01073	扩展
R07	蠡玉16	S1G00275	核心	R27	金玉甜1号	S1G01199	扩展
R08	先玉335	S1G00011	核心	R28	京科甜126	S1G01218	扩展
R09	京科968	S1G00859	核心	R29	金甜678	S1G01231	扩展
R10	金海5号	S1G00523	核心	R30	桂青贮1号	S1G01508	扩展
R11	蠡玉6号	S1G00272	核心	R31	鄂玉25	S1G01590	扩展
R12	辽单527	S1G00042	核心	R32	雅玉青贮04889	S1G01896	扩展
R13	成单22	S1G01857	核心	R33	屯玉27	S1G02343	扩展
R14	绵单1号	S1G01866	核心	R34	鲜玉糯2号	S1G00001	扩展
R15	本玉9号	S1G00177	核心	R35	铁单20	S1G00087	扩展
R16	川单14	S1G01865	核心	R36	兴垦10	S1G00412	扩展
R17	成单19	S1G01952	核心	R37	资玉3号	S1G01906	扩展
R18	奥玉28	S1G01891	核心	R38	苏玉糯8号	S1G02512	扩展
R19	京玉7号	S1G01221	核心	R39	豫爆2号	S1G01068	扩展
R20	中科10	S1G01214	核心	R40	三北9号	S1G00231	扩展

注1：同一名称不同来源的参照品种在某一位点上的等位变异可能不相同，如果使用了同名的其它来源的参照品种，应与原参照品种核对，确认无误后使用。

注2：多个品种在某一SSR位点上可能具有相同的等位变异，在确认这些品种该位点等位变异大小与参照品种相同后，这些品种也可以代替附录E中的参照品种使用。

注3：参照品种共40个，覆盖了几乎全部的等位变异，分为核心和扩展两组，核心参照品种共20个，包涵了基因频率在0.05以上的所有等位变异；扩展参照品种共20个，主要补充基因频率在0.05以下的稀有等位变异。荧光毛细管电泳只需从核心参照品种名单中选择部分或全部使用，普通变性聚丙烯酰胺凝胶电泳需要将核心参照品种和扩展参照品种组合起来使用。

附录F
（规范性附录）
数据统计记录表

F.1 数据统计记录表

表F.1 数据统计记录表

样品1编号、名称及来源：
样品2编号、名称及来源：

编号	引物名称	指纹数据		是否存在差异	备注
		样品1	样品2		
P01	bnlg439w1				
P02	umc1335y5				
P03	umc2007y4				
P04	bnlg1940k7				
P05	umc2105k3				
P06	phi053k2				
P07	phi072k4				
P08	bnlg2291k4				
P09	umc1705w1				
P10	bnlg2305k4				
P11	bnlg161k8				
P12	bnlg1702k1				
P13	umc1545y2				
P14	umc1125y3				
P15	bnlg240k1				
P16	phi080k15				
P17	phi065k9				
P18	umc1492y13				
P19	umc1432y6				
P20	umc1506k12				
P21	umc1147y4				
P22	bnlg1671y17				
P23	phi96100y1				
P24	umc1536k9				

（续）

编号	引物名称	指纹数据		是否存在差异	备注
		样品1	样品2		
P25	bnlg1520K1				
P26	umc1489y3				
P27	bnlg490y4				
P28	umc1999y3				
P29	umc2115k3				
P30	umc1429y7				
P31	bnlg249k2				
P32	phi299852y2				
P33	umc2160k3				
P34	umc1936k4				
P35	bnlg2235y5				
P36	phi233376y1				
P37	umc2084w2				
P38	umc1231k4				
P39	phi041y6				
P40	umc2163w3				
比较位点数：________，差异位点数：________。					

注1：是否存在差异栏可填写是、否、无法判定、缺失。当样品在某个引物位点出现可见的异质性且影响到差异位点判定时，可填写无法判定，或重新提取至少20个个体的DNA，并用该引物重新扩增，统计在该引物位点上不同个体的基因型（或等位变异）及所占比例后予以判定。

注2：如果采用了备案的其它特征标记进行鉴定，可在记录表中依次添加。

注3：当以两个自交系样品的组合作为待测样品时，指纹数据栏应填写两个自交系的指纹组合作为待测样品指纹。

ICS 65.020.20
B 05

中华人民共和国农业行业标准

NY/T 2232—2012

植物新品种特异性、一致性和稳定性测试指南　玉米

Guidelines for the conduct of tests for distinctness, uniformity and stability
Maize（*Zea mays* L.）
（UPOV: TG/2/7,Guidelines for the conduct of tests for distinctness, uniformity and stability—Maize NEQ）

2012-12-07发布　　2013-03-01实施

中华人民共和国农业部 发布

目　次

前　　言

本标准依据GB-T 1.1—2009给出的规则起草。

本标准使用重新起草法修改采用了国际植物新品种保护联盟（UPOV）指南《GUIDELINES FOR THE CONDUCT OF TESTS FOR DISTINCTNESS, UNIFORMITY AND STABILITY MAIZE》TG/2/7（2009-04-01）。

本标准对应于UPOV指南TG/2/7，本标准与TG/2/7的一致性程度为非等效。

本标准与UPOV指南TG/2/7相比存在技术性差异，主要差异如下：

——增加了15个性状：抽雄期，植株：下部叶片与茎秆夹角，植株：穗位高度，籽粒：形状，雄性不育性，抗性：矮花叶病，抗性：大斑病，抗性：小斑病，抗性：褐斑病，抗性：锈病，抗性：弯孢菌叶斑病，抗性：茎腐病，抗性：穗腐病，抗性：丝黑穗病，抗性：玉米螟；

——删除了2个性状：叶：叶缘波状，茎秆：节间花青甙显色；

——调整了2个性状的表达状态：茎秆："之"字型程度，果穗：籽粒颜色数量。

本标准由全国植物新品种测试指南化技术委员会（SAC/TC277）归口。

起草单位：农业部科技发展中心、吉林省农业科学院、中国农业科学院作物科学研究所、山东省农业科学院、四川省农业科学院。

主要起草人：徐岩、王凤华、张世煌、崔野韩、彭泽斌、郝彩环、田志国、李汝玉、余毅、杨坤、周海涛。

植物新品种特异性、一致性和稳定性测试指南玉米

1 范围

本标准规定了玉米新品种特异性、一致性和稳定性测试的技术要求和结果判定的一般原则。

本标准适用于玉米（Zea mays L.）新品种特异性、一致性和稳定性测试和结果判定。

2 规范性引用文件

下列文件对于本标准的应用是必不可少的。凡是注日期的引用文件，仅注日期的版本适用于本文件。凡是不注日期的引用文件，其最新版本（包括所有的修改单）适用于本标准。

GB/T 19557.1 植物新品种特异性、一致性和稳定性测试指南 总则

GB/T 3543 农作物种子检验规程

GB 4404.1 粮食作物种子 禾谷类

NYT 1248 玉米抗病虫性鉴定技术规范

3 术语和定义

GB/T 19557.1 界定的以及下列术语和定义适用于本文件。

3.1 群体测量 Single measurement of a group of plants or parts of plants

对一批植株或植株的某器官或部位进行测量，获得一个群体记录。

3.2 个体测量 Measurement of a number of individual plants or parts of plants

对一批植株或植株的某器官或部位进行逐个测量，获得一组个体记录。

3.3 群体目测 Visual assessment by a single observation of a group of plants or parts of plants

对一批植株或植株的某器官或部位进行目测，获得一个群体记录。

3.4 个体目测 Visual assessment by observation of individual plants or parts of plants

对一批植株或植株的某器官或部位进行逐个目测，获得一组个体记录。

4 符号

下列符号适用于本文件：

MG：群体测量

MS：个体测量

VG：群体目测

VS：个体目测

QL：质量性状

QN：数量性状

PQ：假质量性状

*：标注性状为UPOV用于统一品种描述所需要的重要性状，除非受环境条件限制性状的表达状态无法测试，所有UPOV成员都应使用这些性状。

(S)：标注性状在三交种和双交种中可能出现分离。

(a)～(d)：标注内容在B.2中进行了详细解释。

(+)：标注内容在B.3中进行了详细解释。

__：本文件中下划线是特别提示测试性状的适用范围。

5　繁殖材料的要求

5.1　繁殖材料以种子形式提供。

5.2　递交的种子数量，杂交种和开放授粉品种至少为10 000粒，自交系至少为5 000粒。若申请品种为杂交种，必要时，应额外递交每个亲本材料3 000粒种子。

5.3　提交的繁殖材料应外观健康，活力高，无病虫侵害。繁殖材料的具体质量要求如下：净度≥98%，发芽率≥85%，含水量≤13%。

5.4　提交的繁殖材料一般不进行任何影响品种性状正常表达的处理（如种子包衣处理）。如果已处理，应提供处理的详细说明。

5.5　提交的繁殖材料应符合中国植物检疫的有关规定。

6　测试方法

6.1　测试周期

测试周期至少为两个独立的生长周期。

6.2　测试地点

测试通常在一个地点进行。如果某些性状在该地点不能充分表达，可在其他符合条件的地点进行。

6.3　田间试验

6.3.1　试验设计

申请品种和近似品种相邻种植。

以穴播方式种植，自交系和单交种每个小区不少于40株，小区设4行；其他类型杂交种和开放授粉品种每个小区不少于60株，小区设6行。株距30～40cm，行距60～70cm，等行距种植，共设2个重复。

6.3.2　田间管理

按当地大田生产管理方式进行。各小区田间管理应严格一致，同一管理措施应当日完成。

6.4　性状观测

6.4.1　观测时期

性状观测应按照表A.1和表A.2列出的生育阶段进行。生育阶段描述见附录B表B.1。

6.4.2　观测方法

性状观测应按照表A.1和表A.2规定的观测方法（VG、VS、MG、MS）进行。部分性

状观测方法见B.2和B.3

6.4.3　观测数量

除非另有说明，个体观测性状（VS、MS）每个小区植株取样数量不少于20个，在观测植株的器官或部位时，每个植株取样数量应为1个。群体观测性状（VG、MG）应观测整个小区或规定大小的群体。

6.5　附加测试

必要时，可选用表A.2中的性状或本标准未列出的性状进行附加测试。

7　特异性、一致性和稳定性结果的判定

7.1　总体原则

特异性、一致性和稳定性的判定按照GB/T 19557.1确定的原则进行。

7.2　特异性的判定

申请品种应明显区别于所有已知品种。在测试中，当申请品种至少在一个性状上与近似品种具有明显且可重现的差异时，即可判定申请品种具备特异性。

7.3　一致性的判定

对于自交系和单交种品种，一致性判定时，采用3%的群体标准和至少95%的接受概率。当样本大小为40株时，最多可以允许有3个异型株；当样本大小为80株时，最多可以允许有5个异型株。

对于三交种、双交种和开放授粉品种，一致性判定时，品种的变异程度不能显著超过同类型品种。

7.4　稳定性的判定

如果一个品种具备一致性，则可认为该品种具备稳定性。一般不对稳定性进行测试。

必要时，可以种植该品种的下一代种子，与以前提供的繁殖材料相比，若性状表达无明显变化，则可判定该品种具备稳定性。

杂交种的稳定性判定，除直接对杂交种本身进行测试外，还可以通过测试其亲本系的一致性或稳定性进行判定。

8　性状表

根据测试需要，将性状分为基本性状、选测性状，基本性状是测试中必须使用的性状。玉米基本测试性状见表A.1，玉米可以选择测试的性状见表A.2。

8.1　概述

性状表列出了性状名称、表达类型、表达状态及相应的代码和标准品种、观测时期和方法等内容。

8.2　表达类型

根据性状表达方式，将性状分为质量性状、假质量性状和数量性状三种类型。

8.3　表达状态和相应代码

8.3.1　每个性状划分成一系列表达状态，以便于定义性状和规范描述；每个表达状态赋予一

个相应的数字代码，以便于数据记录、处理和品种描述的建立与交流。

8.3.2　对于质量性状和假质量性状，所有的表达状态都应当在测试标准中列出；对于数量性状，为了缩小性状表的长度，偶数代码的表达状态可以不列出，偶数代码的表达状态可描述为前一个表达状态到后一个表达状态的形式。

8.4　标准品种

性状表中列出了部分性状有关表达状态可参考的标准品种，以助于确定相关性状的不同表达状态和校正环境因素引起的差异。

9　分组性状

本文件中，品种分组性状如下：

a）散粉期（表A.1中性状4）；

b）植株：上部叶片与茎秆夹角（表A.1中性状6）；

c）籽粒：类型（表A.1中性状38）；

d）籽粒：背面主要颜色（表A.1中性状40）；

e）穗轴：颖片花青甙显色强度（表A.1中性状42）。

10　技术问卷

申请人应按附录C格式填写玉米技术问卷。

附录A
（规范性附录）
玉米性状表

A.1 玉米基本性状见表A.1

表A.1 玉米基本性状表

序号	性 状	观测时期和方法	表达状态	标准品种	代码
1	幼苗：第一叶鞘花青甙显色强度 QN （S）	13 VG	无或极弱 弱 中 强 极强	本7884-7 丹340 黄早四 P138 DH14	1 3 5 7 9
2	幼苗：第一叶顶端形状 PQ （+）	13 VG	尖 尖到圆 圆 圆到匙形 匙形	CA335 黄早四 4F1 丹玉13 掖单13	1 2 3 4 5
3	抽雄期 QN （+）	51 MG	极早 极早到早 早 早到中 中 中到晚 晚 晚到极晚 极晚		1 2 3 4 5 6 7 8 9
4	*散粉期 QN （a） （+）	65 MG	极早 极早到早 早 早到中 中 中到晚 晚 晚到极晚 极晚	太16-3 早49 黄早四 Mo17 掖478 掖107 黄C	1 2 3 4 5 6 7 8 9
5	抽丝期 QN （+）	65 MG	极早 极早到早 早 早到中 中 中到晚 晚 晚到极晚 极晚	太16-3 早49 黄早四 U8112 Mo17 掖107 黄C	1 2 3 4 5 6 7 8 9

（续）

序号	性　状	观测时期和方法	表达状态	标准品种	代码
6	植株：上部叶片与茎秆夹角 QN (b) (+)	65 ~ 69 VG	极小 小 中 大 极大	吉963 掖107 E28 Mo17	1 3 5 7 9
7	植株：下部叶片与茎秆夹角 QN (+)	65 ~ 69 VG	极小 小 中 大 极大		1 3 5 7 9
8	叶片：弯曲程度 QN (b) (+)	65 ~ 69 VG	无或极弱 弱 中 强 极强	8902 掖107 Mo17 自330	1 3 5 7 9
9	*雄穗：颖片基部花青甙显色强度 QN (a) (+) (S)	65 ~ 69 VG	无或极弱 弱 中 强 极强	Mo17 H21 吉963 K22	1 3 5 7 9
10	雄穗：颖片除基部外花青甙显色强度 QN (a) (S)	65 ~ 69 VG	无或极弱 弱 中 强 极强	Mo17 沈5003 掖107 P138 F31	1 3 5 7 9
11	雄穗：花药花青甙显色强度 QN (a) (S)	65 VG	无或极弱 弱 中 强 极强	Mo17 黄早四 P138 吉963 E006	1 3 5 7 9
12	雄穗：小穗密度 QN (a)	61 ~ 69 VG	疏 中 密	Mo17 黄早四 丹340	3 5 7
13	*雄穗：侧枝与主轴夹角 QN (c) (+)	65 ~ 69 VG	极小 小 中 大 极大	F16 掖107 丹340 本7884-7	1 3 5 7 9
14	*雄穗：侧枝弯曲程度 QN (c) (+) (S)	69 VG	无或极弱 弱 中 强 极强	Mo17 黄早四 本7884-7 沈农92-67 桦94	1 3 5 7 9

NY/T 2232—2012

（续）

序号	性　状	观测时期和方法	表达状态	标准品种	代码
15	*雌穗：花丝花青甙显色强度 QN (S)	65 VG	无或极弱 弱 中 强 极强	8902 沈5003 P138 黄早四 获白	1 3 5 7 9
16	雄穗：最低位侧枝以上主轴长度 QN (+)	71 ~ 75 MS	极短 短 中 长 极长	U8112 黄早四 Mo17 黄C	1 3 5 7 9
17	*雄穗：最高位侧枝以上主轴长度 QN (+)	71 ~ 75 MS	极短 短 中 长 极长	U8112 黄早四 Mo17 黄C	1 3 5 7 9
18	*雄穗：一级侧枝数目 QN	71 ~ 75 MS	极少 少 中 多 极多	太16-3 Mo17 掖478 自330	1 3 5 7 9
19	雄穗：侧枝长度 QN (c)	71 ~ 75 MS	极短 短 中 长 极长	黄早四 Mo17 自330	1 3 5 7 9
20	茎秆：“之”字形程度 QN (S)	65 ~ 71 VG	无或极弱 弱 中 强	黄早四 Mo17 C8605-2	1 2 3 4
21	茎秆：支持根花青甙显色强度 QN (S)	65 ~ 75 VG	无或极弱 弱 中 强 极强	吉833 Mo17 铁7922 沈137 P138	1 3 5 7 9
22	叶片：宽度 QN (b) (+)	75 MS	极窄 窄 中 宽 极宽	U8112 黄早四 E28 掖52106	1 3 5 7 9
23	叶片：绿色程度 QN	71 ~ 75 VG	浅 中 深	中451 Mo17 掖478	1 2 3
24	叶：叶鞘花青甙显色强度 QN (+) (S)	71 ~ 75 VG	无或极弱 弱 中 强 极强	C8605-2 K22 掖52106 F26 F9	1 3 5 7 9

（续）

序号	性 状	观测时期和方法	表达状态	标准品种	代码
25.1	植株：穗位高度（自交系） QN (+)	75 MS	极矮 矮 中 高 极高	沈5003 吉833 铁7922	1 3 5 7 9
25.2	植株：穗位高度（杂交种等） QN (+)	75 MS	极矮 矮 中 高 极高	西玉3 丹玉13 掖单2	1 3 5 7 9
26.1	*植株：高度（自交系） QN (+)	75 MS	极矮 矮 中 高 极高	沈5003 Mo17 铁7922	1 3 5 7 9
26.2	*植株：高度（杂交种等） QN (+)	75 MS	极矮 矮 中 高 极高	西玉3 沈单7号 掖单2 铁单8	1 3 5 7 9
27.1	植株：穗位高与株高比率（自交系） QN	75 MS	极小 小 中 大 极大	沈5003 掖478 自330	1 3 5 7 9
27.2	植株：穗位高与株高比率（杂交种等） QN	75 MS	极小 小 中 大 极大	西玉3 掖单13 掖单2号	1 3 5 7 9
28	果穗：穗柄长度 QN (+)	85 VG	极短 短 中 长 极长	中451 掖107 Mo17	1 2 3 4 5
29.1	*果穗：长度（自交系） QN (+)	普通玉米 93 甜、糯玉米 75～79 MS	极短 短 中 长 极长	黄早四 掖478 Mo17	1 3 5 7 9
29.2	*果穗：长度（杂交种等） QN (+)	普通玉米 93 甜、糯玉米 75～79 MS	极短 短 中 长 极长	掖单4号 掖单13 丹玉13 本玉9号	1 3 5 7 9

NY/T 2232—2012

（续）

序号	性　状	观测时期和方法	表达状态	标准品种	代码
30.1	果穗：直径（自交系） QN (d)	普通玉米 93 甜、糯玉米 75 ~ 79 MS	极小 小 中 大 极大	Mo17 掖478 丹340	1 3 5 7 9
30.2	果穗：直径（杂交种等） QN (d)	普通玉米 93 甜、糯玉米 75 ~ 79 MS	极小 小 中 大 极大	掖单4号 丹玉13 掖单13	1 3 5 7 9
31.1	果穗：穗行数（自交系） QN	普通玉米 93 甜、糯玉米 75 ~ 79 MS	极少 少 中 多 极多	Mo17 铁7922 丹340	1 3 5 7 9
31.2	果穗：穗行数（杂交种等） QN	普通玉米 93 甜、糯玉米 75 ~ 79 MS	极少 少 中 多 极多	掖单4号 丹玉13 掖单13	1 3 5 7 9
32	果穗：形状 QN (+)	普通玉米 93 甜、糯玉米 75 ~ 79 VG	锥形 锥到筒形 筒形	黄早四 掖478 自330	1 2 3
33	果穗：籽粒颜色数量 QL (S)	普通玉米 93 甜、糯玉米 75 ~ 79 VG	单色 双色 多色		1 2 3
34	*仅适用于甜玉米：籽粒：黄色程度 QN (d)	75 ~ 79 VG	浅 中 深	甜单8号 王朝 脆王	3 5 7
35	仅适用于甜玉米：籽粒：长度 QN (d)	75 ~ 79 VG	短 中 长	麦哥娜姆 王朝 脆王	3 5 7
36	仅适用于甜玉米：籽粒：宽度 QN (d) (+)	75 ~ 79 VG	窄 中 宽	王朝 脆王 麦哥娜姆	3 5 7

（续）

序号	性 状	观测时期和方法	表达状态	标准品种	代码
37	*仅适用于甜玉米：籽粒：皱缩程度 QN (d) (+)	93 VG	弱 中 强	甜单8号 珠贝粒 脆王	1 3 5
38	*籽粒：类型 QN (d) (+) (S)	93 VG	硬粒型 偏硬粒型 中间型 偏马齿型 马齿型 甜质型 爆裂型 糯质型 粉质型	X178 黄早四 掖107 自330 丹341	1 2 3 4 5 6 7 8 9
39	*仅适用于单色玉米：籽粒：顶端主要颜色PQ (d) (S)	普通玉米 93 甜、糯玉米 75 ~ 79 VG	白色 浅黄色 中等黄色 橙黄色 橙色 橙红色 红色 紫色 褐色 蓝黑色	获白 黄早四 黄C 8902 掖107 P138 中134	1 2 3 4 5 6 7 8 9 10
40	*仅适用于单色玉米：籽粒：背面主要颜色PQ (d) (S)	93 VG	白色 浅黄色 中等黄色 橙黄色 橙色 橙红色 红色 紫色 褐色 蓝黑色	获白 掖478 黄C Mo17 8902 掖107 中134	1 2 3 4 5 6 7 8 9 10
41	籽粒：形状 PQ (d)	93 VG	圆形 近圆形 中间形 近楔形 楔形	齐318 Mo17 武314 中451	1 2 3 4 5
42	*穗轴：颖片花青甙显色强度 QN	93 VG (S)	无或极弱 弱 中 强 极强	黄早四 黄C Mo17 掖107 P138	1 3 5 7 9

（续）

序号	性　状	观测时期和方法	表达状态	标准品种	代码
43	仅适用于爆裂玉米：籽粒：爆花形状 QN (+)	99 VG	蝶形 中间型 球形		1 2 3

A.2　玉米选测性状见表A.2。

表A.2　玉米选测性状表

序号	性　状	观测时期和方法	表达状态	标准品种	代　码
44	雄性不育性 QL	61 ～ 69	可育 败育		1 2
45	抗性：矮花叶病 QN	51	高感 感 中抗 抗 高抗	掖107 Mo17 获白 黄早四 齐319	1 3 5 7 9
46	抗性：大斑病 QN	75	高感 感 中抗 抗 高抗	CA091 Mo17 齐319	1 3 5 7 9
47	抗性：小斑病 QN	75	高感 感 中抗 抗 高抗	B73 丹340 Mo17	1 3 5 7 9
48	抗性：褐斑病 QN	75	高感 感 中抗 抗 高抗		1 3 5 7 9
49	抗性：锈病 QN	75	高感 感 中抗 抗 高抗		1 3 5 7 9
50	抗性：弯孢菌叶斑病 QN	75	高感 感 中抗 抗 高抗		1 3 5 7 9

（续）

序号	性　状	观测时期和方法	表达状态	标准品种	代 码
51	抗性：茎腐病 QN	79	高感 感 中抗 抗 高抗		1 3 5 7 9
52	抗性：穗腐病 QN	93	高感 感 中抗 抗 高抗		1 3 5 7 9
53	抗性：丝黑穗病 QN	93	高感 感 中抗 抗 高抗	黄早四 Mo17	1 3 5 7 9
54	抗性：玉米螟 QN	93	高感 感 中抗 抗 高抗	自330 丹340 Mo17	1 3 5 7 9

附录B
（规范性附录）
玉米性状表的解释

B.1 玉米生育阶段

见表B.1。

表B.1 玉米生育阶段表

编号	描述
00	干种子
12	幼苗第2叶展开
13	幼苗第3叶展开
14	幼苗第4叶展开
21	分蘖期
31	拔节期
41	孕穗期
51	抽雄期，全小区50%植株雄穗尖端露出顶叶3～5cm
61	开花始期，（雄穗，雌穗）开始开花
65	（雄穗，雌穗）开花盛期，全小区50%的植株开花
69	（雄穗，雌穗）开花结束
71	乳熟初期
75	乳熟中期，鲜食玉米适采期（授粉后20～25天）
79	乳熟末期
81	腊熟始期
85	腊熟中期
91	成熟期，苞叶干黄疏松，籽粒坚硬，乳线消失，子粒基部出现黑层
93	成熟期，籽粒松动
99	干果穗（籽粒含水量<14.5%）

B.2 涉及多个性状的解释

（a）应观测雄穗主轴中部1/3处。

（b）应观测植株上位穗上叶片。

（c）应观测雄穗倒数第二分枝。

（d）应观测上位穗果穗中间部分。

表C.1　申请品种需要指出的性状

性　状	表达状态	代　码	测量值
8.1 抽雄期（性状3）	极早 极早到早 早 早到中 中 中到晚 晚 晚到极晚 极晚	1[ ] 2[ ] 3[ ] 4[ ] 5[ ] 6[ ] 7[ ] 8[ ] 9[ ]	
8.2 *散粉期（性状4）	极早 极早到早 早 早到中 中 中到晚 晚 晚到极晚 极晚	1[ ] 2[ ] 3[ ] 4[ ] 5[ ] 6[ ] 7[ ] 8[ ] 9[ ]	
8.3 抽丝期（性状5）	极早 极早到早 早 早到中 中 中到晚 晚 晚到极晚 极晚	1[ ] 2[ ] 3[ ] 4[ ] 5[ ] 6[ ] 7[ ] 8[ ] 9[ ]	
8.4 植株：上部叶片与茎秆夹角（性状6）	极小 极小到小 小 小到中 中 中到大 大 大到极大 极大	1[ ] 2[ ] 3[ ] 4[ ] 5[ ] 6[ ] 7[ ] 8[ ] 9[ ]	
8.5叶片：弯曲程度（性状8）	无或极弱 极弱到弱 弱 弱到中 中 中到强 强 强到极强 极强	1[ ] 2[ ] 3[ ] 4[ ] 5[ ] 6[ ] 7[ ] 8[ ] 9[ ]	

NY/T 2232—2012

（续）

性　状	表达状态	代　码	测量值
8.6 *雄穗：颖片基部花青甙显色强度（性状9）	无或极弱 极弱到弱 弱 弱到中 中 中到强 强 强到极强 极强	1[ ] 2[ ] 3[ ] 4[ ] 5[ ] 6[ ] 7[ ] 8[ ] 9[ ]	
8.7 *雄穗：侧枝与主轴夹角（性状13）	极小 极小到小 小 小到中 中 中到大 大 大到极大 极大	1[ ] 2[ ] 3[ ] 4[ ] 5[ ] 6[ ] 7[ ] 8[ ] 9[ ]	
8.8 *雄穗：侧枝弯曲程度（性状14）	无或极弱 极弱到弱 弱 弱到中 中 中到强 强 强到极强 极强	1[ ] 2[ ] 3[ ] 4[ ] 5[ ] 6[ ] 7[ ] 8[ ] 9[ ]	
8.9 *雌穗：花丝花青甙显色强度（性状15）	无或极弱 极弱到弱 弱 弱到中 中 中到强 强 强到极强 极强	1[ ] 2[ ] 3[ ] 4[ ] 5[ ] 6[ ] 7[ ] 8[ ] 9[ ]	
8.10 *雄穗：一级侧枝数目（性状18）	极少 极少到少 少 少到中 中 中到多 多 多到极多 极多	1[ ] 2[ ] 3[ ] 4[ ] 5[ ] 6[ ] 7[ ] 8[ ] 9[ ]	

（续）

性　状	表达状态	代　码	测量值
8.11 果穗：穗行数（性状31）	极少 极少到少 少 少到中 中 中到多 多 多到极多 极多	1[ ] 2[ ] 3[ ] 4[ ] 5[ ] 6[ ] 7[ ] 8[ ] 9[ ]	
8.12 果穗：形状（性状32）	锥形 锥到筒形 筒形	1[ ] 2[ ] 3[ ]	
8.13 *籽粒：类型（性状38）	硬粒型 偏硬粒型 中间型 偏马齿型 马齿型 甜质型 爆裂型 糯质型 粉质型	1[ ] 2[ ] 3[ ] 4[ ] 5[ ] 6[ ] 7[ ] 8[ ] 9[ ]	
8.14 *仅适用于单色玉米：籽粒：顶端主要颜色（性状39）	白色 浅黄色 中等黄色 橙黄色 橙色 橙红色 红色 紫色 褐色 蓝黑色	1[ ] 2[ ] 3[ ] 4[ ] 5[ ] 6[ ] 7[ ] 8[ ] 9[ ] 10[ ]	
8.15仅适用于单色玉米：籽粒：背面主要颜色（性状40）	白色 浅黄色 中等黄色 橙黄色 橙色 橙红色 红色 紫色 褐色 蓝黑色	1[ ] 2[ ] 3[ ] 4[ ] 5[ ] 6[ ] 7[ ] 8[ ] 9[ ] 10[ ]	
8.16*穗轴：颖片花青甙显色强度（性状42）	无或极弱 极弱到弱 弱 弱到中 中 中到强 强 强到极强 极强	1[ ] 2[ ] 3[ ] 4[ ] 5[ ] 6[ ] 7[ ] 8[ ] 9[ ]	

图书在版编目（CIP）数据

北京市主要玉米品种信息图册.第一册 / 张连平主编. — 北京：中国农业出版社，2018.5
ISBN 978-7-109-24101-5

Ⅰ.①北… Ⅱ.①张… Ⅲ.①玉米—品种—北京—图集 Ⅳ.①S513.029.2-64

中国版本图书馆CIP数据核字（2018）第094103号

中国农业出版社出版
（北京市朝阳区麦子店街18号楼）
（邮政编码 100125）
责任编辑 张丽四

北京中科印刷有限公司印刷 新华书店北京发行所发行
2018年5月第1版 2018年5月北京第1次印刷

开本：787mm×1092mm 1/16 印张：21
字数：380千字
定价：110.00元